农业生态环境保护理念与污染防治实用技术

王桂梅 李钦存 等 主编

U0306843

中国农业科学技术出版社

图书在版编目（CIP）数据

农业生态环境保护理念与污染防治实用技术／王桂梅，李钦存等主编 . —北京：中国农业科学技术出版社，2016.8

ISBN 978 – 7 – 5116 – 2661 – 5

Ⅰ.①农… Ⅱ.①王…②李… Ⅲ.①农业环境保护 – 研究 – 中国 Ⅳ.①X322.2

中国版本图书馆 CIP 数据核字（2016）第 154410 号

责任编辑　徐　毅
责任校对　马广洋

出 版 者　中国农业科学技术出版社
　　　　　北京市中关村南大街 12 号　邮编：100081
电　　话　（010）82106631（编辑室）　（010）82109702（发行部）
　　　　　（010）82109709（读者服务部）
传　　真　（010）82106631
网　　址　http://www.castp.cn
经 销 者　各地新华书店
印 刷 者　北京富泰印刷有限责任公司
开　　本　880mm×1230mm　1/32
印　　张　10.5
字　　数　240 千字
版　　次　2016 年 8 月第 1 版　2016 年 8 月第 1 次印刷
定　　价　35.00 元

《农业生态环境保护理念与污染防治实用技术》
编　委　会

前　言

　　生态农业是以生态学理论为主导，运用系统工程方法，以合理利用农业自然资源和保护良好的生态环境为前提，因地制宜地规划、组织和进行农业生产的一种农业。建设生态农业，走可持续发展的道路已成为当今世界各国农业发展的共同选择。

　　发展生态农业，良好的农业生态环境是基础，没有一个良好的农业生态环境，发展生态农业将是一句空话。当前，在我国农业取得举世瞩目成就的同时，农业生态环境也遭到不同程度的污染，引起了农业环境质量下降，已成为妨碍生态农业发展的突出问题之一，必须加强农业生态环境保护工作，有效地治理和防止污染，为建设生态农业奠定良好的基础。

　　生态农业既是有机农业与无机农业相结合的综合体，又是一个庞大的综合系统工程和高效的、复杂的人工生态系统以及先进的农业生产体系。我国的生态农业主张在继承并革新传统农业实践经验的同时，以现代农业科学理论为基础加以整合，引入最新的实用技术进行二次革新创造，并对整个系统的各个环节进行再优化，最终实现传统农业向现代化生态农业的有效转型。提倡避免石油农业的弊端，通过适量施用化肥和低毒高效农药，并保持其精耕细作、施用有机肥、间作套种等优良传统。我国的生态农业包括农、林、牧、副、渔和某些乡镇企业在内的多成分、多层次、多部门相结合的复合农业系统。20 世纪 70 年代主要措施是实行粮、豆轮作，混种牧草，混合放牧，增施有机肥，采用生物防治，实行少免耕，减少化肥、农药、机械的投入等；80 年代创造了许多具有明显增产增收效益的生态农业模式，如稻田养鱼、养萍，林粮、林果、林药间作的主体农业模式，农、林、牧结合，粮、桑、渔结合，种、养、加结合等复合生态系统模式，鸡粪喂猪、猪粪喂鱼等有机废物多级综合利用的模式。生态农业的生产以资源的永续利用和生态环境保护为重要前提，根据生物与环境相协调适应、物种优化组合、能量物质高效率运转、输入输出平衡等原理，运用系统工程方法，依靠现代科学技术和社会经济信息的输入组织生产。以生态经济系统原理为指导建立起来的资源、环境、效率、效益兼顾的综合性农业生产体系。通过食物链网络化、农业废弃物资源化，充分发挥资源潜力和物种多样性优势，建立良性物质循环体系，促进农业持续稳定地发展，实现经济、社会、生态效益的统一。因此，生态农业是一种知识密集型的现代农业体系，也是农业发展的新型模式。

重视和强化农业生态环境保护工作，是确保农产品质量安全，提升农村环境品质，建设美丽乡村的重要举措。也是发展生态农业，促使农业生产能量和物质流动实现良性循环，实现经济和生态环境协调发展的重要途径。为对农业废弃物实行综合利用，实现资源化处理，使其对环境的不良影响减少到最低限度，确保实现"一控两减三基本"（即严格控制农业用水总量，减少化肥农药施用量，地膜、秸秆、畜禽粪便基本资源化利用）目标，并实施轮作休耕制度，我们组织有关专家编写了本书，愿为我国农业生态环境治理与保护工作和生态农业的快速、稳固、持续发展尽一份微薄之力。

本书在对我国影响农业生态环境的主要因素与农业生产自身污染主要因素来源与现状认真分析的基础上，分别针对畜禽粪便、化肥和农药这3个主要污染因素的资源化利用与科学施用所需要的相关实用技术进行了较全面阐述；还对轮作休耕与科学间作套种的概念、原则以及实用技术进行了介绍。本书以理论和实践相结合为指导原则，较系统地阐述了畜禽粪便与秸秆的沼气处理利用实用技术；土壤培肥与科学施肥实用技术；农药性质和在多种农作物上的科学施用技术以及对生产环境的影响与防控；轮作休耕与间作套种技术。本书深入浅出，通俗易懂，可操作性强；可供广大基层农技人员及广大农民朋友参考。

由于编者水平所限，书中不当之处，敬请读者批评指正。

编　者

2016 年 4 月

目　　录

第一章　农业生态环境保护的概念与现状 ················· （1）

　　第一节　农业生态环境 ································ （1）

　　第二节　农业生态环境保护 ·························· （6）

　　第三节　农业生态环境因素分析与保护问题 ·········· （8）

　　第四节　保护好农业生态环境需采取的措施 ·········· （11）

第二章　目前农业生产自身污染概述 ····················· （15）

　　第一节　农业生产自身污染的概念 ·················· （15）

　　第二节　农业生产自身污染的主要因素与现状 ········· （15）

　　第三节　我国农业生产自身污染的治理目标与方式 ····· （18）

　　第四节　农业生产自身污染的防治对策与措施 ········· （25）

第三章　畜禽粪便与秸秆的沼气处理实用技术 ············· （28）

　　第一节　关于沼气的概述 ·························· （28）

　　第二节　沼气的生产原理与生产方法 ················ （32）

　　第三节　沼气的综合利用技术 ······················ （65）

　　第四节　稳步发展沼气事业的几点体会 ·············· （97）

第四章　科学施肥与土壤培肥及污染防治实用技术 ········· （99）

　　第一节　作物营养元素概述 ························ （100）

　　第二节　有机肥料的作用与合理施用技术 ············ （132）

　　第三节　合理施用化学肥料 ························ （136）

　　第四节　应用叶面肥喷肥技术 ······················ （138）

　　第五节　推广应用测土配方施肥技术 ················ （142）

　　第六节　高产土壤的特点与培肥 ···················· （152）

　　第七节　土壤的障碍因素与改良 ···················· （155）

第五章 农药基础知识与科学使用技术 ……………… （158）

第一节 农药基础知识 ……………… （158）

第二节 农药污染与防控 ……………… （169）

第三节 主要农作物病虫害防治历 ……………… （177）

第四节 当前农作物病虫草害防治中存在的问题及
对策 ……………… （223）

第六章 耕地轮作休耕制度与实用技术 ……………… （236）

第一节 实行轮作休耕制度的意义 ……………… （236）

第二节 实行轮作休耕应注意的问题 ……………… （237）

第三节 轮作休耕实用技术 ……………… （240）

第七章 科学的间作套种技术 ……………… （312）

第一节 间套种植的概念与意义 ……………… （312）

第二节 间套种植的增产机理 ……………… （314）

第三节 作物间套种植应具备的基本条件 ……………… （316）

第四节 农作物间套种植的技术原则 ……………… （320）

第五节 间套种植模式应不断完善与发展 ……………… （325）

第一章 农业生态环境保护的概念与现状

第一节 农业生态环境

一、农业生态环境的基本含义

农业生态环境是指农业生物赖以生存和繁衍的各种天然的和经过人工改造的环境因素的总称，包括土壤、水、大气和生物等，也可以说是指直接或者间接影响农业生存和发展的土地资源、水资源、气候资源和生物资源等各种要素的总称，是农业生存和发展的前提，也是人类社会生产发展最重要的物质基础。

二、农业生态环境污染

当前由人类活动所引起的农业环境质量恶化，已成为妨害农业生物正常生长发育、破坏农业生态平衡的突出问题之一。其中，既有由农业外的人类活动引起的，也有由农业生产本身引起的。

（一）来自农业外的污染

主要包括对农区大气、农业用水和农田土壤的污染等。

1. 农区大气污染

全世界每年排入大气的废气中约含 400 种有毒物质，通常造成危害的约 30 种。主要有害气体如下。

（1）二氧化硫。排放量最大，危害最严重。主要来源于火力发电厂和石油加工、石油化工厂等的煤炭燃烧。对植物的危害，多发生在生理功能旺盛的叶片上，导致叶片枯萎、早期落叶，并影响结实。受污染的桑叶，会损害蚕的消化器官。二氧化硫以气溶胶形式进入动物呼吸系统后，会引起支气管炎、肺气肿和心力衰竭。在空气中的二氧化硫可成为硫酸雾，随雨（雪）的降落而形成酸雨（酸雪），使土壤变酸，或使原来的酸土变得酸度更大，直接毒害农作物、林木和牧草，也不利于土壤中硝化细菌、共生和非共生固氮细菌的活动和繁殖，导致土壤肥力降低。酸雨降入水域，还会毒死鱼类。

（2）氟化物。以氟化氢的排放量最大，毒性最强。主要来源于制造磷肥、釉瓦、搪瓷、玻璃等用萤石或氟硅化钠做原料的工厂；煤炭燃烧时也有排放。受害植物的基本症状与二氧化硫相似。家畜的氟中毒，主要由摄食氟含量高的饲料或饮水后引起（见氟化物中毒）。

（3）氯。来源于食盐电解工业以及制造农药、漂白粉、消毒剂、合成纤维等工厂的排气及溢漏事故。作物受害时，叶片由出现白色或浅黄褐色伤斑，发展到全部变白，干枯死亡。空气中氯气超过 1/250 000 时，动物可发生肺水肿、黏膜充血、咳嗽、呼吸急促等症状。

（4）光化学烟雾。由汽车尾气在紫外线作用下，通过光化学反应产生。主要为含有臭氧、氮氧化物、醛类和过氧乙酰硝酸酯等氧化物气体的氧化烟雾；此外，还含硫酸雾。其中，臭氧的危害限于成熟叶片，常使叶面布满褐色斑点，导致早期落叶和落花、落果。对动物的主要危害是刺激呼吸道，引起肺水肿和出血。过氧乙酰硝酸酯常使双子叶植物如豆类、番茄等的幼叶受害，气孔附近细胞原生质解体，导致小形叶或畸形叶；单子叶作物受害时，叶色褪绿，叶内受损；也有些受害作物不表现外表症状，但酶活性受抑制，光合作用因而减弱。氮氧化物中以二氧化氮的毒性较大，可溶于水而被叶片吸收；还能使动物发生急性肺水肿，并致死。

（5）粉尘。即空气中的固体或液体微粒。粒径大于 10 微米可很快沉降到地面的，称落尘；小于 10 微米的，称飘尘。其中，煤烟粉尘覆盖在植物的嫩叶、新梢或果实时会影响叶片的光合作用和呼吸作用；果实受害后果皮变粗糙，品质下降，并使成熟果糜烂。金属粉尘中含有铅、镉、铬、锌、镍、锰、砷等微粒，降落后常对土壤和水源造成严重污染。水泥粉尘与水结合后能在植物体上形成薄膜，阻碍植物的正常生理活动；水泥的碱性则可使植物体表面的角质皂化，丧失保护作用。飘尘造成空中多云、多雾霾，减弱太阳光照射，降低地面温度，也影响农业生产。

2. 农业用水污染

由工矿企业排放的未经净化的废水、废渣、废气和城镇居民排放的生活污水是主要的污染源。农业用水中危害较大的污染物质主要如下。

（1）氰化物和酚、苯类。电镀废水和焦炉、高炉的洗涤、冷却水是氰化物的主要来源；酚则主要来源于焦化厂、煤气厂、炼油厂的废水。低浓度时都有刺激作物生长的作用；但含量较高（如氰化物超过 50mg/L）时，则作物生长明显受抑制直至死亡。它们在谷物、蔬菜内的蓄积，还会使产品的食用价值降低以至丧失，影响人、畜健康。但自然界中许多植物和微生物能将氰、酚等转化为无毒物质；只有当有毒物质的含量超过了它们的自净能力时，才造成危害。

（2）三氯乙醛。即水合氯醛，主要来源于化工、医药和农药等工厂的废水，对单子叶植物特别是小麦危害严重。灌溉水中含量达 5 毫克/升时，就能使麦苗生长畸形。

（3）次氯酸。主要来源于电解食盐水制碱工艺过程中排放的含氯废水。白菜、黄瓜、棉花和大豆等最易受害，大麦、小麦、玉米和豌豆次之，水稻和高粱的抗性较强。

（4）油类。油污染主要由油田和石油工业、汽车工业以及由洗涤金属、鞣革等产生的废水造成。以轻油的为害最大。对水稻除因直接附着或侵入植株体内而影响其生长发育外，还常因覆盖稻田水面而妨碍土壤中氧的补给，或促使水温和地温上升，土壤异常还原，引起根腐现象。

（5）洗涤剂。主要来自家庭生活污水。在水中的硬型 ABS（烷基苯磺酸盐）浓度在 10 毫克/升以上时，水稻生长即受抑制，100 毫克/升时产量急剧下降，对米质则 5 毫克/升的含量就能造成影响。土壤中硬型 ABS 的残留量较大；软型易被微生物分解，残留较少，危害较轻。

（6）氮素过剩。城市污水和畜舍污水中均富含氮素。用于灌溉时如水中氮素浓度适当，对水稻等作物有利；氮素供给过剩时，水稻会呈现贪青倒伏、结实不良、病虫害多发等现象。

（7）病原微生物。农田用水被未经净化的城市生活污水污染时，其中，所含的大量沙门氏杆菌、痢疾杆菌、肝炎病毒、蛔虫卵等病原微生物和寄生虫卵可黏附在蔬菜上，成为多种疾病的传染源。

3. 农田土壤污染

与农业用水污染密切有关。当土壤中增添了某些通常不存在的有害物质，或某些固有物质含量增高时，土壤的物理性质就发生改变，从而影响土壤微生物活动，降低土壤肥力，妨碍作物生长发育。某些有毒物质被作物吸收后残留于子实和茎秆中，还会影响人畜健康。土壤本身对这些有害物质具有一定的自净作用：生存于土壤中的大量微生物和原生动物能分解各种有毒物质；土壤本身有很大的表面积，能使很多毒物被吸附和固定；同时，土壤中的某些物理、化学作用还可使有毒物质分解。但当进入土壤中的有毒物质超过一定限度时，就会危害农业生产。造成农田土壤污染的有毒物质主要如下。

（1）镉。主要来自金属矿山、冶炼和电镀工业等排放的废水，会在土壤中累积，通过作物根系富集于植物体或子实中。每1千克稻米中镉的累积量超过1毫克/千克的称为"镉米"，人长期食用后会产生"疼痛病"，使骨质松脆易折，全身疼痛；在尿中出现糖和蛋白，并常并发其他病而死亡。

（2）汞。主要来源于农药、医药、仪表、塑料、印染、电器等工业排放的含汞废水，汞矿矿山的废渣和选矿厂的废水、尾砂等。汞被作物的根系和叶片吸收后，大部分残留在根部。灌溉水中含汞2.5毫克/升时，即对水稻和油菜的生长有抑制作用。

（3）砷。主要来源于制造硬质合金的冶金工业、制药工业等排放的废水。农作物和果树都能受害。土壤和灌溉水中含砷时，植物茎、叶或子实内产生砷的残留，影响产品质量，危害人、畜健康。

（4）铅。来源于有色金属冶炼，铅字和铅板的浇铸，陶瓷、电池制造等工业排出的废水、废气以及汽车排出的尾气等。作物的根或叶能吸收土壤或大气中的铅，蓄积在根部，部分转移并残留在子实内。铅污染还使植物的光合作用和蒸腾作用减弱，影响生长发育。

（5）硒。硒主要来源于燃煤动力工业、玻璃、电子工业以及铜、铅、锌矿石的焙烧工业等。土壤中含硒过量时，会使作物受害，并在植物体内造成残留。含硒过多的饲料会引起家畜慢性硒中毒和患碱质病，但适当的硒含量对家畜生长发育有利。硒常与硫共存，土壤中施加适量的硫酸盐可减轻硒的危害。土壤中的其他微量元素如钼、铜、锌、铬等虽有刺激植物生长的作用，过量时，也会对作物造成危害。

此外，农业用水和农田土壤中的有害物质还常污染水体，对水产业造成危害。如水中氰化物 0.3～0.5 毫克/升的含量就可使许多鱼类致死；酚可影响鱼、贝类的发育繁殖；虾对石油污染特别敏感，鱼卵和幼鱼为油膜粘住后会变畸形或失去生活能力，成鱼会因鳃上沾油而窒息死亡。镉、汞和铅对鱼类生存的威胁也大。水中镉含量为 0.01～0.02 毫克/升时，即致鱼类死亡。汞易在鱼体内富集。

（二）农业本身的污染

主要包括下述几种。

1. 农药污染

一些长效性农药如滴滴涕、六六六等，由于化学结构较稳定，不易被酸、磷、氧和紫外线等的作用所分解，且脂溶性强而水溶性小，喷撒时除一部分为作物所吸收、造成作物内的残留外，降落到地面的农药，有的残留于土壤中，被土壤动物如蚯蚓等所摄取而在其体内积累与浓缩，并通过家禽的捕食等辗转危害；有的则随灌溉水或雨水流入江河湖海，通过水生动物食物链的传递而在鱼体内浓缩数千、数万，甚至数百万倍，造成危害。另外，农药的长期使用，还会因害虫的天敌被消灭或者因害虫的致病微生物产生抗药性，而加剧病虫为害。

2. 化肥污染

长期过量施用化肥或施用不当可造成明显的环境污染或潜在性污染。除由于长期单一施用化肥，有机质得不到及时补充而造成的土质恶化和土壤生产力减退外，化肥中的氮、磷元素还会造成水体富营养化，使藻类等水生生物大量孳生，导致缺氧和嫌气分解，使鱼类失去生存条件。由此造成食物、饲料及饮水中的硝酸盐积累，也危害人畜健康。同时，氮肥的分解不仅污染大气，所产生的氮氧化物上升至平流层时，还会对臭氧层起破坏作用。此外，含氮量高的农业废物如畜禽粪尿、农田果园残留物和农产品加工废、弃物等，也会造成水体富营养化，危害鱼类和多种水生生物。另外，盲目性的农事活动，如对森林、草原以及水、土等农业自然资源不合理的开发利用等，也是恶化农业环境、破坏农业生态平衡的重要原因。

第二节　农业生态环境保护

农业生态环境保护的基本任务是保护农业资源，改善农业生态环境，防治环境污染和生态破坏。20 世纪 60 年代以来，农业环境保护工作有了较大规模的开展并取得了显著成就。中国的农业环境保护工作始于 20 世纪 70 年代初。随后相继成立了农业环境保护研究机构和农业环境保护监测所（站）。1981 年成立农业环境保护协会和科技情报网，并在部分高等农业院校开设了农业环境保护系或专业，初步形成了农业环境的管理、监测、科研和教育系统。具体可分为以下几项。

一、开发利用和保护农业资源

农业生态环境保护要按照农业环境的特点和自然规律办事，宜农则农，宜林则林，宜牧则牧，宜渔则渔，因地制宜，多种经营，并搞好废物资源合理利用，进行良性循环。我国土地资源相对紧缺，要切实保护好我国的土地资源，建立基本农田保护区，严禁乱占耕地。同时，还要加强渔业水域环境的管理，保护我国的渔业资源。建立不同类型的农业保护区，保护名、特、优、新农产品和珍稀濒危农业生物物种资源。

二、防治农业环境污染

防治农业环境污染是指预防和治理工业污染（含工业废水、废气、废渣、粉尘、城镇垃圾）和农业生产自身污染（含农药、化肥、农膜、牲畜粪便、秸秆、植物生长激素）等；是保障农业环境质量，保护和改善农业环境，促进农业和农村经济发展的重要措施，也是农业现代化建设中重要的一项任务。

（一）防治工业污染

防治工业污染主要是严格防止新污染的产生。对属于布局不合理，资源、能源浪费大的，对环境污染严重、又无有效的治理措施的项目，应坚决停止建设；新建、扩建、改建项目和技术开发项目（包括小型建设项目），必须严格执行"三同时"的规定；新安排的大、中型建设项目，必须严格执行环境影响评价制度；所有新建、改建、扩建或转产的乡镇、街道企业，都必须填写"建设项目环境影响报告表（登记表、备案表)"，严格执行"三同时"的规定；凡列入国家计划的建设项目，环境保护设施的投资、设备、材料和施工力量必须给予保证，不准留缺口，不得挤掉；坚决杜绝污染转嫁。

抓紧解决突出的污染问题。当前要重点解决一些位于生活居住区、水源保护区、基本农田保护区的污染问题。一些生产上工艺落后、污染危害大、又不好治理的工厂企业，要根据实际情况有计划地关停并转。要采取既节约能源，又保护环境的技术政策，减轻城市、乡村大气污染。按照"谁污染，谁治理"的原则，切实负起治理污染的责任；要利用经济杠杆，促进企业治理污染。

（二）积极防治农业生产自身污染

随着农业生产的发展，我国化肥、农药、农用地膜的使用量将会不断增加，同时，生产副产物秸秆量也不断增加。必须积极防治农用化学物质对农业环境的污染。鼓励将秸秆过腹还田、多施有机肥、合理施用化肥，在施用化肥时要求农民严格按照标准科学合理地施用。提倡生物防治和综合防治，严格按照安全使用农药的规程科学、合理施用农药。鼓励回收农用地膜，组织力量研制新型农用地膜，防治农用地膜的污染。

（三）大力开展农业生态工程建设

保护农业生态环境，积极示范和推广生态农业，加强植树育林，封山育林育草生态工程，治理水土流失的水土保持工程措施和农村能源工程的建设，通过综合治理，保护和改善农业生态环境。积极开展沼气生态农业工程，合理处理牲畜粪便与秸秆，促进农业良性循环，走可持续发展的道路。

（四）生物多样性保护

加强保护区的建设，防止物种退化，有步骤、有目标地建设和完善物种保护区工作，加速进行生物物种资源的调查和摸清濒危实情，在此基础上，通过运用先进技术，建立系统档案等，划分濒危的等级和程度，依此采取不同的保护措施，科学地利用物种，禁止猎杀买卖珍稀物种，有计划、有允许地进行采用，不断繁殖，扩大种群数量和基因库，发掘野生种，培育抗逆性强的动植物新品种。

第三节　农业生态环境因素分析与保护问题

一、农业生态环境影响因素分析

（一）生态资源总量

生态资源总量是一个国家或地区农业生态环境承载能力的决定性因素。生态资源总量包括耕地、森林、草地、光照以及水资源等。农业经济活动的进行也是以这些资源为基础的。生态资源总量越丰富，农业生态环境越优越，可承载的污染破坏强度越大。一般生态资源丰富的地区，农业生态环境质量越高，但不排除经济发展方面的诸多因素带来的不利影响。

（二）污染破坏

随着农业现代化进程的加快，高科技的手段和方法在农业耕作和养殖中的不断使用，导致农业生态环境从根本上遭到了一定程度的污染和破坏。例如，化肥如果施用过量还会引起大气环境质量的变化，直接威胁人类生存。目前，已经明确的许多世界性的环境问题，如臭氧层破坏、温室效应等都直接或间接地与施用化肥有密切关联。以臭气层为例，因为氮肥施入土壤后，通过 NH_3 挥发和反硝化过程形成 NO_2 或 NO，NO_2 会在平流层中参与重要的大气反应而消耗臭氧，使臭氧层遭到破坏。

（三）经济发展

在社会经济发展初期，农业生态环境多处于原生态阶段，几乎没有遭到污染和破坏。然而，随着社会经济的深入发展，人类的经济活动不断向生态环境靠近。种植、养殖规模的不断扩大，机械农具的普及推广，化肥农药的不断使用，给农业生态环境带来了巨大压力。通常来讲，在其他条件一致的情况下，一个地区农业经济越发达，农业生态环境质量越低；农业经济越落后，农业生态环境的质量越高。

（四）环境保护

在应对农业生态环境遭到破坏的问题上，相关部门也做出了不懈的努力，在一定程度上缓解了农业生态环境面临的压力。一方面，体现在环境污染治理资金的投入上；另一方面，水土流失治理、自然保护区建设、森林病虫鼠害防治、林业建设等方面也是保护的重点内容。随着人们对农业生态环境保护力度的加大，农业生态环境质量会有所改善。国家《水污染防治行动计划》简称"水十条"、《大气污染防治行动计划》简称"气十条"已相继出台，《土壤污染防治行动计划》简称"土十条"也在 2016 年 5 月 28 日由国务院公布实施。另外，在被称为"史上最严环保法"的新环保法里，提出了生态文明理念，围绕生态文明提出了制度建设，并采取了一些硬的措施和考核机制。

二、农业生态环境保护问题

农业环境问题，在国家农业经济发展进程的某些时段呈恶化趋势，似乎具有某种必然性。在此阶段，不要说想使环境污染得到完全的治理，即使想让恶化的趋势得到较为有效的控制，都是困难的。只有越过这一艰难时期，当工业化和农业科技水平达到一定程度之后，环境问题才可得到根本改观。这也不是说在经济飞速发展时期，如我国现阶段，环境污染还不能从根本上解决，只是说这里存在着经济发展引起环境变坏的规律性和由于经济发展水平限制所导致环境治理的困难性。

（一）资源市场缺陷

市场经济有利于资源的优化配置与高效率利用，但资源利用的外部性负效应可以妨碍效率的实现，如产权问题、价格问题等，往往不得不靠政府的干预和社会矫正，如干预不及时或不妥当，则很可能造成严重的环境污染和资源的破坏。从原则上讲，市场规律本身可使供需各方均获得最大收益，但效率实现的有些机制有不利于环境、影响环境持续的副作用。

1. 市场非对称性

对于基础资源的开发、加工与分配，市场运作有效率，而对于由于生产过程造成的污染，则市场运作往往失灵，不受市场力量的约束。如以海洋捕捞为例，由于经济利益驱动，大家尽量加大捕鱼量，而且不断开发捕鱼新技术，使海洋中可捕之鱼越来越少，很少有人去做保护渔场的投入和研究，最后可能使大家都捕不到鱼。获益是自己的，不利影响转嫁给大家，这种转嫁超出市场作用范围。

2. 非市场交易资源

在环境资源中，有一些是被认为（或暂时被认为）没有市场价值的资源，它伴随其他经济活动而被随意处置，如生物多样性、生态系统功能，一些未被人类开发利用的生物品种等。实际上，它们并非没有价值，只是没有直接使用价值，而有间接使用价值和存在价值。这两种价值虽然不容忽视，但不在市场上交换，也不受市场力量保护。

（二）资源利用的不可逆性和唯一性

资源开发具有不可逆性，对于耗竭性资源是这样，可再生资源也有相似属性。如一般认为生物资源是可再生的，但有史以来许多物种的灭绝即是不可逆性的表现。土地利用中，荒原变城镇，湿地变粮田，林地变荒山，草原变沙漠，均存在相当程度的不可逆性。环境资源由于其自身特点，有其唯一性，任何一种资源都难于被其他资源所完全替代，资源开发的不确定性和不可逆性，便形成了一种内在的危险，威胁着环境的持续。

（三）权衡取舍关系

环境保护与经济发展存在着权衡取舍关系，一种是此消彼长关系，即资源存量与经济增长的转换关系；另一种是互为促进关系，经济水平提高了，资源利用效率也会提高，环境改善的投入也可能增长。如果从环境中获取的资源量转化为经济增长后，部分经济增长又可转换为环境资源，补偿资源消耗量，很可能呈良性发展状况。否则，必将不可持续。历史和现实都告诫我们，靠牺牲农业生态环境赢得的农业发展终究是暂时的，最终必将导致不可持续，为了不重蹈古文明的覆辙，农业必须走生态经济型的发展道路。

第四节　保护好农业生态环境需采取的措施

一、不断完善法律法规制度，依法控制和消除污染源

世界各国已颁布几十项有关农业环境保护的法律、条例，规定了 50 多种污染物的环境标准。中国已颁布的有关条例有《农田灌溉水质标准》《农药安全使用标准》《农业环境保护工作条例》《农业环境监测条例》等。此外，在《中华人民共和国环境保护法》《中华人民共和国土地管理法》《中华人民共和国草原法》和《中华人民共和国渔业法》等法规中也有有关规定。内容主要包括对污染物的净化处理、排放标准以及排放量和浓度的限制等。除立法手段外，还常辅以行政措施和经济制裁，如排污收费、超标罚款等。

一方面在不断完善法律法规的基础上，各级政府在决策发展经济时，应充分考虑环境、资源和生态的承受力，保持人和自然的和谐共处，实现自然资源的持久利用和社会的持久发展。环境是人类赖以生存和发展的基础。环境与发展相互依靠、相互促进，这是千百年来人类从与自然界的不断冲突中得来的教训。经济发展和环境

保护是一种相辅相成的关系，保护环境就是保护生产力。如果在经济发展中不考虑环境保护和资源消耗，一味地拼资源、拼环境、拼物（能）耗，表面上看 GDP 在增长，但除去资源成本和生态成本，实际上可能是低增长或者负增长。

另一方面在创造和享受现代物质文明的同时，不能剥夺后代的发展和消费权力，因此，必须改变传统的发展思维模式，努力实现经济持续发展、社会全面进步、资源永续利用和环境不断改善，避免人口增长失控、资源过度消耗、环境严重污染和生态失去平衡。加强对自然资源的合理开发利用。促进人与自然的和谐共处，以最小的资源环境代价，谋求经济和社会的最大限度发展。

二、努力提高全社会的生态环保意识防治污染

全社会民众的环保意识和环保观念是塑造良好生态环境的基础和条件，任何一个国家的生态环境如果没有民众支持，是不可想象的。农业生产方式的转变离不开农村人口观念的转变。要提高农民的生态观念。首先要加强生态教育。提高他们的生态文明意识和生态道德修养。强化农业污染带来的生存危机意识，引导农民树立人与自然平等的发展观，与自然和谐共处，确保生态环境安全。

2015 年 7 月 25 日，农业部在四川成都召开全国农业生态环境保护与治理工作会议，会议强调各级农业部门要认真学习、深刻领会中央指示精神，切实增强做好农业生态环境保护与治理工作的责任感紧迫感使命感，坚定不移、坚持不懈推进农业生态环境保护与治理，给子孙后代留下良田沃土、绿水青山，夯实我国农业可持续发展的资源环境基础。

当前，我国已到了必须更加合理地利用农业资源、更加注重保护农业生态环境、加快推进农业可持续发展的历史新阶段。实现农业可持续发展、加强生态文明建设，都迫切需要加强农业生态环境保护与治理。农业连年增产增收，使我们有条件、有能力加强农业生态环境保护与治理。全面推进农业生态环境保护与治理，总的要求是，坚持以农业生产力稳定提高、资源永续利用、生态环境不断改善、实现农业可持续发展为总目标，立足于保障国家粮食安全、促进农民持续增收、提升农业质量效益和竞争力，依靠科技支撑、创新体制机制、完善政策措施、加强法制建设，加快转变农业发展方式，建立农业生态环境保护与治理的长效机制，促进农业发展由主要依靠资源消耗型向资源节约型、环境友好型转变，努力实现"一控两减三基本"，就是严格控制农业用水总量，把化肥、农药施用总量逐步减下来，实现畜禽粪便、农作物秸秆、农膜基本资源化利用。

三、积极培育农民科学种田观念，合理施肥用药

要积极引导广大农民科学、合理施肥用药，大力推进生态农业和农业循环经济发展，围绕实现"一控两减三基本"的目标，要重点做好7个方面工作：坚持控量提效，大力发展节水农业；坚持减量替代，实施化肥零增长行动；坚持减量控害，实施农药零增长行动；坚持种养结合，推进畜禽粪污治理；坚持五化并进，全面开展秸秆资源化利用；坚持综合施策，着力解决农田残膜污染；坚持点面结合，稳步推进耕地重金属污染治理工作。创新体制机制和方式方法，确保农业生态环境保护与治理工作取得实效。

良好的农业生态环境是实现农业可持续发展的前提和基础。农业生态环境是经济发展的生命线，是农业发展和人类生存的基本条件，它为农业生产提供了物质保证。"农业环境质量恶化和农产品污染严重，不仅制约农业的可持续发展，影响我国农产品的国际竞争力；而且危害人民的身体健康和生命安全。加强农业生态环境建设和保护，尽快制定和完善这方面的政策和法律、法规，加强对主要农畜产品污染的监测和管理，对重点污染区进行综合治理，实属重大而紧迫的工作"。因此，只有农业生态环境得到良好的保护，农业生产才能得到保障，我国的农业才能实现可持续发展

农业可持续发展是农业生态环境的保障。可持续发展是指既要满足当代人的需求同时，也不损害后代人满足需求的能力。也就是指经济、社会、资源和环境保护协调发展，它们是一个密不可分的系统，既要达到发展经济的目的，又要保护好人类赖以生存的大气、淡水、海洋、土地和森林等自然资源和环境，使子孙后代能够

永续发展和安居乐业。农业可持续发展不仅要保持农业生产率稳定增长，而且还要提高粮食生产的产量，这就强调了农业生产与资源利用和农业生态环境保护的协调发展。只有农业生态环境得以保护，才可以实现农业的可持续发展。同时，实现了农业可持续发展，便会更进一步促使农业生态环境不断提高，两者是辩证统一的关系。

四、建立健全土壤环境保护体系

要建立土壤环境质量调查、监测制度，构建土壤环境质量监测网，落实破坏生态环境的责任和法律追究。政府、企业和农民各司其职、多方联动、多管齐下，切实抓好土壤污染的源头防治，减少土壤污染，守护好土地这条人民赖以生存的"生命线"。

第二章　目前农业生产自身污染概述

第一节　农业生产自身污染的概念

农业面源污染，也称为农业自身污染，一般指在农业生产和农民生活等活动中，由溶解的或固体的污染物，如化肥、农药、农膜、畜禽粪便、重金属以及其他有机物或无机物等，通过农田地表径流、农田渗漏、农田排水、蒸发等进入水体、土壤和大气中，引起地表水体氮、磷等营养盐质量浓度上升、溶解氧减少，导致地表水水质恶化，从而最终形成水、土、空气等农业生产环境的污染。简单地说农业自身污染指用于发展农业生产的化肥、农药、农膜、畜禽粪便等造成的污染。

当前，我国农业生产活动的非科学经管理念和较落后的生产方式是造成农业环境面源污染严重的重要因素，剧毒农药使用、过量化肥施撒、不可降解农膜年年弃于田间、露天焚烧秸秆、大型养殖场禽畜粪便不做无害化处理随意堆放等。这些面源污染有日益加重的趋势，已超过了工业和生活污染，成为当前我国最大的污染源。农业面源污染对农业生产环境影响很大，随着我国农业生产水平的不断提高，农业面源污染问题日益突出，农业生产能力和可持续发展能力受到严重挑战，必须下决心解决好农业面源污染问题，保护好农业生态环境。

第二节　农业生产自身污染的主要因素与现状

随着人口增长、膳食结构升级和城镇化不断推进，我国农产品需求持续刚性增长，对保护农业资源环境提出了更高要求。目前，我国农业资源环境遭受着外源性污染和内源性污染的双重压力，已成为制约现代农业健康发展的瓶颈约束。一方面，工业和城市污染向农业农村转移排放，农产品产地环境质量令人担忧；另一方面，化肥、农药等农业投入品过量使用，畜禽粪便、农作物秸秆和农田残膜等农业废弃物不合理处置，导致农业面源污染日益严重，加剧了土壤和水体污染风险。

一、农用化学品投入量大，利用率低，大量流失

随着我国农业生产水平特别是谷物粮食生产水平的不断提高，农用化学品投入量大并且不断增加，如化肥的施用，虽然我国普遍使用化肥只有 40 多年的历史，但目前施用量很大，同时，利用率却很低，大量流失，造成了污染。资料显示，从 1979—2013 年的 35 年间，我国化肥的施用量由 1 086 万吨增加到 5 912 万吨，年均增长率 5.2%。近年来，因大力推广了测土配方施肥技术，化肥用量的增长率有所降低，但仍程逐年增长的趋势。我国化肥用量约占到世界总用量的 1/3 左右，目前，果树化肥使用量已达到每公顷550 千克；蔬菜化肥使用量已达到每公顷 365 千克；一些农田单位面积的施用量也远远超过国际上公认的安全施用上限（每公顷 225千克）。在大量施用的同时，肥料利用率较低，一般氮肥的利用率为 30%～35%，磷肥的利用率为 10%～20%，钾肥的利用率为35%～50%。化肥用量过多不仅造成生产成本的增加，也对农业的生态环境带来很大的影响。

在大量施用化肥的同时，随着近些年气候的变化和耕作制度的改变，农作物病虫草害也成多发、频发、重发的态势，用于防治病虫草害的化学农药的用量也在不断增加。我国目前各种农药制剂已达 600 多种，每年施用总量已超过 130 万吨，单位面积化学农药的平均用量比一些世界发达国家高 15%，但实际利用率只有 1/3 左右，每年遭受残留农药污染的作物面积超过 0.67 亿公顷左右。

另外，根据农业部发布的《中国农业统计资料》显示，地膜覆盖技术在 1979 年从日本引进我国，极大地提高了我国部分农作物的产量和效益。在我国北方广大的旱作区，地膜覆盖技术是粮食

生产的关键技术，能大面积使农作物产量提高 30% 左右。短短的 30 多年里，地膜覆盖技术从北方开始向南发展，如今几乎中国全境都能看到地膜的使用。截至 2011 年年底，我国地膜用量达到 125.5 万吨，覆盖面积已达 0.2 亿公顷。据测算，未来 10 年，我国地膜覆盖面积将以每年 10% 的速度增加，有可能达到约 0.33 亿公顷，地膜用量也将达到 200 万吨以上。正当人们兴奋于地膜覆盖技术到来的增产时，大量使用地膜带来的危害也凸显出来。地膜是由高分子的聚乙烯化合物及其树脂制成的，具有不易腐烂，难以降解的性能。已有研究结果表明，自然状态下残留地膜能够在土壤中存留百年以上。这种性能，导致残膜对农业生产及环境都具有极大的副作用，不仅影响到土壤特性，降低土壤肥力，严重的还可造成土壤中水分养分运移不畅，在局部地区引起次生盐碱化等。同时，对农作物生长的危害也不轻，主要表现在农作物根系生长可能受阻，降低作物获得水分养分的能力，导致产量降低。

二、畜禽养殖量大，粪便处理率低，大多直接排放

随着人民生活水平的不断提高，对肉、蛋、奶的需求量大幅增加，农村的畜禽养殖业得到了迅猛发展，养殖业已成为一些地方农村的支柱产业和主要经济增长点。随着畜禽养殖业的迅速发展，畜禽粪便所带来的环境污染问题也越来越突出。统计资料表明，我国每年畜禽养殖业产生的粪便量约为 17.3 亿吨，是我国每年排放的 6.34 亿吨工业固体废弃物的 2.7 倍，目前畜禽养殖粪便处理率低，大多直接排放。怎样有效地解决畜禽粪便的污染问题，既是关系到畜禽养殖业能否实现可持续发展的重要问题，也是解决好农业面源污染的突出问题。

三、作物秸秆产量大，资源化利用率低，部分露天焚烧

种植业投入要素约 50% 以上最终转化为农作物秸秆。秸秆资源的浪费，实质上是耕地、水资源和农业投入的浪费。我国是粮食生产大国，也是秸秆生产大国，全国农作物秸秆数量大、种类多、分布广，目前每年整个农作物秸秆的生物量大概超过 9 亿吨，占全世界秸秆总量的 1/4 左右，其中水稻、小麦、大豆、玉米、薯类等粮食作物秸秆约 5.8 亿吨，占秸秆总量的 89%；花生、油菜籽、芝麻、向日葵等油料作物秸秆占总量的 8%，棉花、甘蔗秸秆占总量的 3%。目前，我国农作物秸秆利用率很低，情况不容乐观，据粗略估计，直接用作生活燃料的部分秸秆占总量的 20% 左右，用作肥料直接还田的部分秸秆占总量的 15% 左右，用作饲料的秸秆量占总量的 15% 左右，用作工业原料的秸秆量占总量的 2% 左右，废弃或露天焚烧的部分秸秆占总量的 33% 左右。露天焚烧仍是目前解决秸秆去向的主要途径，既浪费了资源又污染了大气环境，还带来严重的社会问题，特别是在秋收冬播季节，焚烧秸秆引起附近居民呼吸道疾病、高速公路被迫关闭、飞机停飞等问题。所以，加大秸秆等农业废弃物的综合利用新技术的研究开发，科学高效地利用秸秆资源，禁止焚烧秸秆，一方面可以变废为宝，提高资源利用率，提高农民收入，解决秸秆利用先期投入和长期收益的矛盾，将秸秆资源优势转化为可见的经济优势；另一方面可以保护环境，保护人民身体健康，保持交通、民航畅通运行，是建设资源节约型、环境友好型社会的重要举措。

四、生活垃圾与生活污水处理率低，无序排放

据估算，我国农村每年生活垃圾量接近 3 亿吨，无害化处理仅为 10%；每年产生 200 亿立方米的生活污水，无害化处理率不足 1%，有 94% 的乡镇村污水采取自出随排方式，直接排放。随着乡镇建设的发展，估计今后我国 80% 的污水将来自乡镇，也是造成农村面源污染的因素之一。

第三节　我国农业生产自身污染的治理目标与方式

我国的农业生产自身污染问题，已引起国家的高度重视，目前国务院审议通过了《全国农业可持续发展规划》，明确提出要着力转变农业发展方式，促进农业可持续发展，走新型农业现代化道路。要把农业生产自身污染防治作为一项重要工作来抓，作为转变农业发展方式的重大举措，作为实现农业可持续发展的重要任务。到 2020 年实现化肥农药使用量零增长行动，化肥和主要农作物农药利用率均超过 40%。分别比 2013 年提高 7 个百分点和 5 个百分点，实现农作物化肥、农药使用量零增长。经过一段时间的努力，使农业生产自身污染加剧的趋势得到有效遏制，确保实现"一控两减三基本"（即严格控制农业用水总量，减少化肥农药施用量，地膜、秸秆、畜禽粪便基本资源化利用）目标。

一、节约用水

我国水资源短缺，旱涝灾害频繁发生，水土资源分布和组合很不平衡，并且各地作物和生产条件差异很大，特别是华北平原农区缺水严重，农作物产量高，自然降水少，地表可重复利用水源缺乏，农业生产用水主要依靠抽取深层地下水来补充，但近些年地下水位下降较快、较大。一些农业大县地表水和地下水的可重复量是目前农业生产用水量的 1/2，缺水 50% 左右。下一步需要通过南水北调补源和节约用水提高水利用率的办法来解决水资源问题。目前，我国农业灌溉用水的有效利用率仅为 40% 左右，一些发达国家农业灌溉用水的有效利用率可达到 70% 以上，我们节约用水的潜力还很大。到 2020 年，全国农业灌溉用水总量保持在 3 720 亿立方米左右，农田灌溉水有效利用系数达到 0.55。

确立水资源开发利用控制红线、用水效率控制红线和水功能区限制纳污红线。要严格控制入河湖排污总量，加强灌溉水质监测与管理，确保农业灌溉用水达到农田灌溉水质标准，严禁未经处理的工业和城市污水直接灌溉农田。实施"华北节水压采、西北节水增效、东北节水增粮、南方节水减排"战略，加快农业高效节水体系建设。加强节水灌溉工程建设和节水改造，推广保护性耕作、农艺节水保墒、水肥一体化、喷灌、滴灌等技术，改进耕作方式，在水资源问题严重地区，适当调整种植结构，选育耐旱新品种。推进农业水价改革、精准补贴和节水奖励试点工作，增强农民节水意识。

二、化肥减量

分析造成我国化肥用量较大的主要因素有以下几个方面：一是有机肥用量偏少，化肥施用方便，用大量施用化肥来补充。二是化肥品种和区域性结构不尽合理，加上施用方式方法欠佳，利用率偏低，浪费污染严重。三是经济效益相对较高的蔬菜和水果作物上施用量偏大，尤其是设施蔬菜上用量更大，有的地方已经达到严重污染的地步。四是绿肥种植几乎被忽视，面积较小，不能适应生态农业的发展。同时，过量施肥带来的危害也显而易见：①经济效益受影响，在获得相同产量的情况下，多施化肥就是多投入，经济效益必然下降；②产品品质不高，特别是氮肥过量后，会增加产品中硝态氮的含量，影响产品品质；③土壤理化性状变劣，由于化肥对土壤团粒结构有破坏作用，所以，过量施肥后，土壤物理性状不良，通透性变差，致使耕作几年后不得不换土；④造成环境污染，包括地下水的硝态氮含量超标及土壤中的重金属元素积累；⑤过量施肥，会对大棚菜产生肥害。化肥是作物的"粮食"，既要保证作物生产水平的提高，又要控制化肥的使用量，就必须通过增施有机肥料，在此基础上调整化肥品种结构，并大力推广应用测土配方施肥技术，提高化肥利用率等途径来实现。到 2020 年，确保测土配方施肥技术覆盖率达 90% 以上，化肥利用率达到 40% 以上。

三、农药减量

分析造成我国农药用量较多的主要因素有以下几个方面：一是由于尽些年来气候的变化和耕作栽培制度的改变，农作物病虫草害呈多发、频发、重发的态势。二是没有实行科学防控，重治轻防和过度依赖化学农药防治，加上用药不科学、喷药机械落后等造成用药数量大，流失浪费污染严重，利用率不高。三是农药品种结构不科学，高效低毒低残留（或无毒无残留）的农药开发应用比重偏低。农药是控制农作物病虫草害发生的一项主要措施，是农作物丰产丰收的保证，在今后的农作物病虫草害防治工作中，要努力实现"三减一提"，减少农药用量的目标。①减少施药次数。应用农业防治、生物防治、物理防治等绿色防控技术，创建有利于农作物生长、天敌保护而不利于病虫草害发生的环境条件，预防控制病虫草害发生，从而达到少用药的目的。②减少施药剂量。在关键时期用药、对症用药、用好药、适量用药，避免盲目加大施用剂量，把过量施用减下来。③减少农药流失。开发应用现代植保机械，替代跑冒滴漏落后机械，减少农药流失和浪费。④提高防治效果。扶持病虫草害防治专业服务组织，大规模开展专业化统防统治，提高防治效果，减少用药。到 2020 年，农作物病虫害绿色防控覆盖率达30% 以上，农药利用率达到40% 以上。

四、地膜回收资源化利用

我国地膜进入大面积推广已 30 多年，成效显著，当前我国地膜覆盖栽培面积达以上 4 亿 667 平方米，地膜年销量已将突破 140 万吨。但是，地膜残留污染渐趋严重，据中国农科院监测数据显示，目前中国长期覆膜的农田每 667 平方米地膜残留量在 5 ~ 15 千克。目前，对地膜污染采取的防治途径主要是增加膜厚提高回收率和开发可控全生物降解材料的地膜。到 2020 年，农膜回收率要达到80% 以上。

农膜之所以造成生态污染，主要是回收不力。现在农民普遍使用的农膜非常薄，仅 5 ~ 6 微米，使用后的残膜难回收；其次自愿回收缺乏动力，强制回收缺乏法律依据；加之机械化回收应用率极低，残膜收购网点少，残膜回收加工企业耗电量大、工艺落后等因素，造成残膜回收十分困难。增加地膜厚度是提高回收率的有效方法之一，但成本也随之增加。目前，农民愿意购买的是 6 微米的地膜，政府制定的标准厚度要求是（10 ± 0.01）微米。这就需要政府作为，进行有效的补贴。

在提高回收率的基础上，开发可控全生物降解材料的地膜，推广应用于生产还需先解决三大问题。目前，还存在降解进程不够稳定可控、成本过高、强度低难减薄三大问题，如能有效解决这些问题，市场前景不可估量。目前，河南省已开始对地膜回收企业制定了奖励政策。

五、秸秆资源化利用

农作物秸秆也是重要的农业资源，用则为宝，弃则为害。农作物秸秆综合利用有利于推动循环农业发展、绿色发展，有利于培肥地力、提升耕地质量，事关转变农业发展方式、建设现代农业、保护生态环境和防治大气污染，做好秸秆综合利用工作意义重大。当前秸秆资源化利用的途径是秸秆综合利用，禁止露天焚烧。随着我国农民生活水平提高、农村能源结构改善以及秸秆收集、整理和运输成本高等因素，秸秆综合利用的经济性差、商品化和产业化程度低。还有相当多秸秆未被利用，已经利用的也是粗放的低水平利用。从生态良性循环农业的角度出发，秸秆资源化利用，首先满足过腹还田（饲料加工）、食用菌生产、有机肥积造、机械直接还田的需要；其次再考虑秸秆能源和工业原料利用。到 2020 年，秸秆综合利用率达 85% 以上，

秸秆饲料技术。其特点是依靠有益微生物来转化秸秆有机质中的营养成分，增加经济价值，达到过腹还田的效果。秸秆可通过黄贮、青贮、微贮、氨化和压块等多种方式制成饲料用于养殖。氨化指秸秆中加入氨源物质密封堆制。青贮指青玉米秆切碎、装窖、压实、封埋，进行乳酸发酵。微贮指在秸秆中加入微生物制剂，密封发酵。压块指在秸秆晒干后，应用秸秆粉碎机粉碎秸秆，加入其他添加剂后拌匀，倒入颗粒饲料机料斗后，由磨板与压轮挤压加工成颗粒饲料。传统的用途是饲喂草食动物，主要是反刍动物。如何提高秸秆的消化率，补充蛋白质来源是该技术的关键。近几年来，用秸秆发酵饲料饲喂猪、禽等单胃动物，软化和改善适口性，增加采食量来看有一定效果，但关键是看所采用的菌种是否真正具有分解转化粗纤维的能力和能否提高蛋白质的含量。这需通过一定的检验方法和饲喂试验来取得可靠的证据，才可进行推广。把秸秆晾干后利用机械粉碎成小段并碾碎，再和其他原料混合，以此作为基料栽培食用菌，生产食用菌，大大降低了生产成本。利用秸秆栽培食用菌也是传统技术，只要能选育和开发出新菌种，或在栽培技术上取得突破，仍将有很大的增值潜力。秸秆肥料技术，包括就地还田和快速沤肥、堆肥等技术。其核心是加速有机质的分解，提高土壤肥力，以利于农业生态系统的良性循环和种植业的持续发展。把秸秆利用菌种制剂将作物秸秆快速堆沤成高效、优质有机肥；或者经过粉碎、传输、配料、挤压造粒、烘干等工序，工厂化生产出优质的

商品有机肥料。我国人多地少，复种指数高，要求秸秆和留茬必须快速分解，才有利于接茬作物的生长，这是近期秸秆利用的主要方式。

秸秆作能源和工业原料技术。包括秸秆燃气化能源工业和建筑、包装材料工业等生产技术。秸秆热解气化工程技术，是利用秸秆气化装置，将干秸秆粉碎后在经过气化设备热解、氧化和还原反应转换成一氧化碳、氢气、甲烷等可燃气体，经净化、除尘、冷却、储存加压，再通过输配系统，输送到各家各户或企业，用于炊事用能或生产用能。燃烧后无尘无烟无污染，在广大农村这种燃气更具有优势。秸秆燃烧后的草木灰，还可以无偿地返还给农民作为肥料。该工程特点是生产规模大，技术与管理要求高，经济效益明显。秸秆气化供气技术比沼气的成本高，投资大，但可集中供应乡镇、农村作为生活用能源。秸秆作建材是利用秸秆中的纤维和木质作填充材料，以水泥、树脂等为基料压制成各种类型的纤维板，其外形美观，质轻并具有较好的耐压强度。把秸秆粉碎、烘干、加入黏合剂、增强剂等利用高压模压机械设备，经辗磨处理后的秸秆纤维与树脂混合物在金属模具中加压成型，可制造纤维板、包装箱、快餐盒、工艺品、装饰板材和一次成型家具等产品，既减轻了环境污染，又缓解了木材供应的压力。秸秆板材制品具有强度高、耐腐蚀、不变形、不开裂、强度高、美观大方及价格低廉等特点。

六、畜禽粪便资源化利用

随着养殖业的迅猛发展，在解决了人类肉、蛋、奶需求的同时，也带来了严重的环境污染问题。大量畜禽粪便污染物被随意排放到自然环境中，给我国生态环境带来了巨大的压力，严重污染了水体、土壤以及大气等环境，因此，对畜禽粪便进行减量化、无害化和资源化处理，防止和消除畜禽粪便污染，对于保护城乡生态环境、推动现代农业产业和发展循环经济具有十分积极的意义。到2020年，要确保规模畜禽养殖场（小区）配套建设废弃物处理设施比例达75%以上。

畜禽粪便污染治理是一项综合技术，是关系着我国畜禽业发展的重要因素。要想从根本上解决畜禽粪便污染问题，需要在各有关部门转变观念、相互协调、相互配合、各司其职、认真执法的基础上，同时，加强对畜禽粪便处理技术和综合利用技术的不断摸索，特别是对畜禽粪便生态还田技术、生态养殖模式等新思维进行反复探索试验，力争摸索出一条真正适合我国国情、具有中国特色的畜禽粪便污染防治的道路，争取到 2020 年规模养殖场配套建设粪污处理设施比例达到 75% 以上，实现畜禽粪便生态还田和"零排放"的目标。具体途径有以下几个方面。

1. 沼气法

通过畜禽粪便为主要原料的厌氧消化制取沼气、治理污染的全套工程在我国已有近 30 年历史，近年来技术上又有了很大的发展。总体来说，目前我国的畜禽养殖场沼气无论是装置的种类、数量，还是技术水平，在世界上都名列前茅。用沼气法处理禽畜粪便和高浓度有机废水，是目前较好的利用办法。

2. 堆制生产有机肥

由于高温堆肥具有耗时短、异味少、有机物分解充分、较干燥、易包装、可制成有机肥等优点，目前正成为研究开发处理粪便的热点。但堆肥法也存在一些问题，如处理过程中 NH_3 损失较大，不能完全控制臭气。采用发酵仓加上微生物制剂的方法，可减少 NH_3 的损失并能缩短堆肥时间。随着人们对无公害农产品需求的不断增加和可持续发展的要求，对优质商品有机肥料的需求量也在不断扩大，用畜禽粪便生产无害化生物有机肥也具有很大市场潜力。

3. 探索生态种植养殖模式

生态种植养殖模式主要分为以下几种。

（1）自然放牧与种养结合模式，如林（果）园养鸡、稻田养鸭、养鱼等。

（2）立体养殖模式，如鸡—猪—鱼、鸭（鹅）—鱼—果—草、鱼—蛙—畜—禽等。

（3）以沼气为纽带的种养模式，如北方的"四位一体"模式。

4. 其他处理技术

（1）用畜禽粪便培养蛆和蚯蚓。如用牛粪养殖蚯蚓，用生石灰作缓冲剂并加水保持温度，蚯蚓生长较好，此项技术已不断成熟，在养殖业将有很好的经济效益。

（2）用畜禽粪便养殖藻类。藻类能将畜禽粪便中的氨转化为蛋白质，而藻类可用作饲料。螺旋藻的生产培养正日益引起人们的关注。

（3）发酵床养猪技术。发酵床由锯末、稻糠、秸秆、猪粪等按一定比例混合并加入专用发酵微生物制剂后制作而成。猪在经微生物、酶、矿物元素处理的垫料上生长，粪尿不必清理，粪尿被垫料中的微生物分解、转化为有益物质，可作为猪饲料，这样既对环境无污染，猪舍无臭味，还可减少猪饲料用量。

第四节　农业生产自身污染的防治对策与措施

解决农业生产自身污染问题，要坚定不移发展生态农业，使农业生产中的能量和物质流动实现良性循环，实现经济和生态环境协调发展。并对农业废弃物实行综合利用，实现资源化处理，可以使其对环境的不良影响减少到最小。主要对策与措施如下。

一、推广科学施肥

施用化肥并非施得愈多愈好，农田投入养分过大，盈余部分并未起作用，而最终是进入土壤和水环境，造成土壤和水环境的污染。据有关调查研究，一般当农田氮素平衡盈余超过20%、钾素超过50%即会分别引起对环境的潜在威胁，因而防治重点应在化肥的减量提效上。从技术上指导农民，严格控制氮肥的使用量，平衡氮、磷、钾的比例，减少流失量。科学施肥要重点抓住以下几个环节：化肥的施肥方法、数量，要根据天气情况、土地干湿情况、农作物生长期及农作物的特异性等决定，实现高效低耗，物尽其用。另外，把农家肥和化肥混合使用，也可提高肥效，增加农作物产量，同时，又能改良土壤。

二、在农业病虫害防治方面，提倡综合防治

主要包括：利用耕作、栽培、育种等农事措施来防治农作物病虫害；利用生物技术和基因技术防治农业有害生物；应用光、电、微波、超声波、辐射等物理措施来控制病虫害。但鉴于目前农药的不可替代性，在使用农药时，喷药前要仔细阅读农药使用说明书，严格按照说明书要求使用，并注意自身安全，并防止二次污染。

三、实现有机肥资源化利用、减量化处置

最大限度地将畜禽粪便与作物秸秆等有机肥料用于农业生产，并实现以沼气为纽带的畜禽粪便的多样化综合利用。另外，对规模化养殖业制定相应的法律法规，提倡"清污分流，粪尿分离"的处理方法。在粪便利用和污染治理以前，采取各种措施，削减污染物的排放总量。对作物秸秆实行露天禁烧，进行资源化利用。

四、发展绿肥种植

用生态农业理念统筹规划轮作休闲耕作制度，积极发展绿肥种植。绿肥是重要的有机肥源，长期以来中国农民把绿肥作为重要的养地措施，同时，绿肥也是养畜的良好饲草，能在生态农业发展中起到不可估量在作用。特别是绿肥作为一种减碳、固氮的环境友好型作物品种，在当今世界提倡节能减排、低碳经济的情况下，科学统筹规划轮作休闲耕作制度，积极发展绿肥种植，将成为发展生态农业的重要途径。

五、加大宣传，制定法规

贯彻落实有关农业自身污染防治的法律法规要求，并积极推动出台有关农业自身污染防治的法律法规的修订工作。制定完善农业投入品生产、经营、使用，节水、节肥、节药等农业生产技术及农业自身污染监测、治理等标准和技术规范体系。依法明确农业部门的职能定位，围绕执法队伍、执法能力、执法手段等方面加强执法体系建设。切实加强管理，控制农药、化肥中对环境有长期影响的有害物质的含量，控制规模化养殖畜禽粪便的排放。加大舆论宣传力度，提高人们，特别是广大农民对农业自身污染的认识，引导农民科学种田、科学施肥、喷洒农药等，尽量减少由于农事活动的不

科学而造成的资源浪费和环境中残余污染物的增加。建立健全农业自身污染的检测和研究机制，为更有效地防治农业自身污染，提供科学的理论依据。

总之，农业生产自身污染的防治是一个社会系统工程，既有艰巨复杂性，也有长期性，更有科学性；既需要法律政策规范管理，也需要科学防治机制的研究，更需要相关的技术支撑。目前，造成农业生产自身污染的主要因素有 3 个，即畜禽粪便、化肥和农药，本书将分别针对这 3 个主要污染因素的资源化利用与科学施用所需要的相关实用技术进行较全面阐述。同时，也对科学统筹规划轮作休闲耕作制度，积极发展绿肥种植与科学间套种植实用技术进行相关介绍。

第三章 畜禽粪便与秸秆的沼气处理实用技术

第一节 关于沼气的概述

随着近年来粮食生产持续丰收，畜牧养殖业也得到了长足发展，为发展沼气生产奠定了物质基础。近年来，由科技人员技术创新与广大农民丰富实践经验相结合，创造了南方"猪—沼—果（菜、鱼等）"生态模式和北方"四位一体"的生态模式，这些模式将种植业生产、动物养殖转化、微生物还原的生态原理运用到整个大农业生产中，促进了经济、社会、生态环境的协调发展，也推动了农业可持续发展战略的进行。目前，沼气建设也已从单一的能源效益型，发展到以沼气为纽带，集种植业、养殖业以及农副产品加工业为一体的生态农业模式，在更大范围内，为农业生产和农业生态环境展示了沼气的魅力。

一、沼气的概念与发展

沼气是有机物质如秸秆、杂草、人畜粪便、垃圾、污泥、工业有机废水等在厌氧的环境和一定条件下，经过种类繁多、数量巨大、功能不同的各类厌氧微生物的分解代谢而产生的一种气体，因为人们最早是在沼泽地中发现的，因此，称为沼气。

沼气是一种多组分的混合气体，它的主要成分是甲烷，占体积的 50% ~ 70%；其次是二氧化碳，占体积的 30% ~ 40%；此外，还有少量的一氧化碳、氢气、氧气、硫化氢、氮气等气体组成。沼气中的甲烷、一氧化碳、氢、硫化氢是可燃气体，氧是助燃气体，二氧化碳和氮是惰性气体。未经燃烧的沼气是一种无色、有臭味、有毒、比空气轻、易扩散、难溶于水的可燃性混合气体。沼气经过充分燃烧后即变为一种无毒、无臭味、无烟尘的气体。沼气燃烧时最高温度可达 1 400℃，每立方米沼气热度值为 2.13 万 ~ 2.51 万焦耳，因此，沼气是一种比较理想的优质气体燃料。

沼气在自然界分布很广，凡是有水和有机物质同时存在的地方几乎都有沼气产生。如海洋、湖泊以及在日常生活中我们常见的水沟、粪坑、污泥塘等地方冒出的气泡就是沼气。

沼气中的主要气体甲烷还是大气层中产生"温室效应"的主要气体，其对全球气候变暖的贡献率达 20% ~ 25%，仅次于二氧化碳气体。目前，大气中甲烷气体的含量已达 1.73 微升/升，平均年增长率达到 0.9%，其近年来的增长率是所有温室气体中最高的。但是，甲烷气体在空气中存在的时间较短，一般只有 12 年。所以，其浓度的变化比较敏感且快速，比二氧化碳快 7.5 倍。

当空气中甲烷气体的含量占空气的 5% ~ 15% 时，遇火会发生爆炸，而含 60% 的沼气的爆炸下限是 9%，上限是 23%。当空气中甲烷含量达 25% ~ 30% 时，对人畜会产生一定的麻醉作用。沼气与氧气燃烧的体积比为 1:2，在空气中完全燃烧的体积比为 1:10，沼气不完全燃烧后产生的一氧化碳气体可以使人中毒、昏迷，严重的会危及生命。因此，在使用沼气时，一定要正确地使用，避免发生事故。

沼气最早被发现于 100 多年前，我国是世界上最早制取和利用沼气的国家之一，20 世纪 50 年代我国台湾省新竹县的罗国瑞先生就在上海开办了"中华国瑞天然瓦斯全国总行"，他编写了许多技术资料，并举办了全国性的技术培训班，就这样，人工制取沼气在我国许多地方发展起来。大规模开发利用沼气是从 20 世纪 50 年代开始的，到了 70 年代又掀起了一个高潮，进入 80 年代，沼气技术得到了长足发展，沼气工作者在总结过去经验教训的基础上，研究出了以"园、小、浅"为特点的水压式沼气池，从建池材料上也由过去的以土为主，变成了混凝土现浇或砖砌水泥结构，加上密封胶的应用，使池的密封性和永固性得到根本性改变。由于人们重视科学，重视管理，因此，20 世纪 80 年代以后所建的沼气池大多能较长时间利用。近几年来，随着科技的发展和农业特别是粮食的连年丰收，一方面促进了畜牧业的发展，发展沼气的好原料牲畜粪便增多；另一方面随着生活水平的提高，人们对卫生条件和环保的重视，加上各级政府的大力支持和发展生态农业的需要，沼气事业在全国各地得到了快速发展，目前，已迎来了又一个历史发展高潮。

二、发展沼气的好处与用途

多年来的实践证明，农村办沼气是一举多得的好事。它能给国家、集体和农民带来许多好处，是我国农村小康社会建设的重要组成部分，也是建设生态家园的关键环节。在农村发展沼气不但可用于做饭、照明等生活方面，它还可以用于农业生产中，如温室保温、烧锅炉、加工和烘烤农产品、防蛀、储备粮食、水果保鲜等。并且沼气也可发电做农机动力。在农村办沼气的好处，概括起来主要有以下几个方面。

1. 农村办沼气是解决农村燃料问题的重要途径之一

一户 3～4 口人的家庭，修建一口容积为 6～10 立方米的沼气池，只要发酵原料充足，并管理的好就能解决点灯、煮饭的燃料问题。同时，凡是沼气办得好的地方，农户的卫生状况及居住环境都大有改观，尤其是广大农妇通过使用沼气，从烟熏火燎的传统炊事方式中解脱了出来。另外，办沼气改变了农村传统的烧柴习惯，节约了柴草，有利于保护林草资源，促进植树造林的发展，减少水土流失，改善农业生态环境。

2. 农村办沼气可以改变农业生产条件，促进农业生产发展

（1）增加肥料。办起沼气后，过去被烧掉的大量农作物秸秆和畜禽粪便加入沼气池密闭发酵，既能产气，又沤制成了优质的有机肥料，扩大了有机肥料的来源。同时，人畜粪便、秸秆等经过沼气池密闭发酵，提高了肥效，消灭寄生虫卵等危害人们健康的病原菌。沼气办得好，有机肥料能成倍增加，带动粮食、蔬菜、瓜果连年增产，同时，产品的质量也大大提高，生产成本下降。

（2）增强作物抗旱、防冻能力，生产健康的绿色食品。凡是施用沼肥的作物均增强了抗旱防冻的能力，提高秧苗的成活率。由于人畜粪便及秸秆经过密闭发酵后，在生产沼气的同时，还产生一定量的沼肥，沼肥中因存留丰富的氨基酸、B 族维生素、各种水解酶、某些植物激素和对病虫害有明显抑制作用的物质，对各类作物均具有促进生长、增产、抗寒、抗病虫害之功能。使用沼肥不但节省化肥、农药的喷施量，也有利于生产健康的绿色产品。

（3）有利于发展畜禽养殖。办起沼气后，有利于解决"三料"（燃料、饲料和肥料）的矛盾，促进畜牧业的发展。

（4）节省劳动力和资金。办起沼气后，过去农民拣柴、运煤花费的大量劳动力就能节约下来，投入到农业生产第一线去。同时节省了买柴、买煤、买农药、买化肥的资金，使办沼气的农户减少了日常的经济开支，得到实惠。

3. 农村办沼气，有利于保护生态环境，加快实现农业生态化

据统计，全球每年因人为活动导致甲烷气体向大气中排放量多达 3.3 亿吨。农村办沼气后，把部分人、畜、禽和秸秆所产沼气收集起来并有益地利用，不但能减少向大气中的排放量，有效地减轻大气"温室效应"，保护生态环境。而且用沼气做饭、照明或作动力燃料，开动柴油机（或汽油机）用于抽水、发电、打米、磨面、粉碎饲料等效益也十分显著，深受农民欢迎。柴油机使用沼气的节油率一般为 70%～80%。用沼气作动力燃料，清洁无污染，制取方便，成本又低，既能为国家节省石油制品，又能降低作业成本，为实现农业生态化开辟了新的动力资源，是农村一项重要的能源建设，也是实现农业生态环境的重要措施。

4. 农村办沼气是卫生工作的一项重大变革

消灭血吸虫病、钩虫病等寄生虫病的一项关键措施，就是搞好人、畜粪便管理。办起沼气后，人、畜粪便都投入到沼气池密闭发酵，粪便中寄生虫卵可以减少 95% 左右，农民居住的环境卫生大有改观，控制和消灭寄生虫病，为搞好农村除害灭菌工作找到了一条新的途径。

5. 农村办沼气推动科学技术普及工作的开展

农村办沼气，既推动了农村科学技术普及工作的开展，也有利于畜禽养殖粪便的无害化处理和作物秸秆有效利用，实现畜禽养殖粪便的"零排放"。

第二节　沼气的生产原理与生产方法

一、沼气发酵的原理与产生过程

沼气是有机物在厌氧条件下（隔绝空气），经过多种微生物（统称沼气细菌）的分解而产生的。沼气细菌分解有机物产出沼气的过程称为沼气发酵。沼气发酵是一个极其复杂的生理化过程。沼气微生物种类繁多，目前已知的参与沼气发酵的微生物有 20 多个属、100 多种，包括细菌、真菌、原生动物等类群，它们都是一些很小、肉眼看不见的微小生物，需要借助显微镜才能看到。生产上一般把沼气细菌分为两大类：一类细菌叫做分解菌，它的作用的将复杂的有机物，如碳水化合物、纤维素、蛋白质、脂肪等，分解成简单的有机物（如乙酸、丙酸、丁酸、脂类、醇类）和二氧化碳等；另一类细菌叫做甲烷菌，它的作用是把简单的有机物及二氧化碳氧化或还原成甲烷。沼气的产生需要经过液化、产酸、产甲烷 3 个阶段。

（一）液化阶段

在沼气发酵中首先是发酵性细菌群利用它所分泌的胞外酶，如纤维酶、淀粉酶、蛋白酶和脂肪酶等，对复杂的有机物进行体外酶解，也就是把畜禽粪便、作物秸秆、农副产品废液等大分子有机物分解成溶于水的单糖、氨基酸、甘油和脂肪酸等小分子化合物。这些液化产物可以进入微生物细胞，并参加微生物细胞内的生物化学反应。

（二）产酸阶段

上述液化产物进入微生物细胞后，在胞内酶的作用下，进一步转化成小分子化合物（如低级脂肪酸、醇等），其中，主要是挥发酸，包括乙酸、丙酸和丁酸，乙酸最多，约占 80%。

液化阶段和产酸阶段是一个连续过程，统称不产甲烷阶段。在这个过程中，不产甲烷的细菌种类繁多，数量巨大，它们的主要作用是为产甲烷菌提供营养和产甲烷菌创造适宜的厌氧条件，消除部分毒物。

（三）产甲烷阶段

在此阶段中，将第二阶段的产物进一步转化为甲烷和二氧化碳。在这个阶段中，产氨细菌大量活动而使氨态氮浓度增加，氧化还原势降低，为甲烷菌提供了适宜的环境，甲烷菌的数量大大增加，开始大量产生甲烷。

不产甲烷菌类群与产甲烷菌类群相互依赖、互相作用，不产甲烷菌为产甲烷菌提供了物质基础和排除毒素，产甲烷菌为不产甲烷菌消化了酸性物质，有利于更多地产生酸性物质，两者相互平衡，如果产甲烷菌量太小，则沼气内酸性物质积累造成发酵液酸化和中毒，如果不产甲烷菌量少，则不能为甲烷菌提供足够养料，也不可能产生足量的沼气。人工制取沼气的关键是创造一个适合于沼气微生物进行正常生命活动（包括生长、发育、繁殖、代谢等）所需要的基本条件。

从沼气发酵的全过程看，液化阶段所进行的水解反应大多需要消耗能量，而不能为微生物提供能量，所以，进行比较慢，要想加快沼气发酵的进展，首先要设法加快液化阶段。原料进行预处理和增加可溶性有机物含量较多的人粪、猪粪以及嫩绿的水生植物都会加快液化的速度，促进整个发酵的进展。产酸阶段能否控制得住（特别是沼气发酵启动过程）是决定沼气微生物群体能否形成，有机物转化为沼气的进程能否保持平衡，沼气发酵能否顺利进行的关键。沼气池第一次投料时适当控制秸秆用量，保证一定数量的人畜粪便入池以及人工调节料液的酸碱度，是控制产酸阶段的有效手段。产甲烷阶段是决定沼气产量和质量的主要环节，首先要为甲烷菌创造适宜的生活环境，促进甲烷菌旺盛成长。防止毒害，增加接种物的用量，是促进产甲烷阶段的良好措施。

二、沼气发酵的工艺类型

沼气发酵的工艺有以下几种分类方式。

（一）以发酵原料的类型分

根据农村常见的发酵原料主要分为全秸秆沼气发酵、秸秆与人畜粪便混合沼气发酵和完全用人畜粪便沼气发酵原料 3 种。各种不同的发酵工艺，投料时原料的搭配比例和补料量不同。

（1）采用全秸秆进行沼气发酵，在投料时可一次性将原料备齐，并采用浓度较高的发酵方法。

（2）采用秸秆与人畜粪便混合发酵，则秸秆与人畜粪便的比例按重量比宜为 1∶1，在发酵进行过程中，多采用人畜粪便的补料方式。

（3）完全采用人畜粪便进行沼气发酵时，在南方农村最初投料的发酵浓度指原料的干物质重量占发酵料液重量的百分比，用公式表示为：浓度（%）=（干物质重量/发酵液重量）×100，控制在 6% 左右，在北方可以达到 8%，在运行过程中采用间断补料或连续补料的方式进行沼气发酵。

（二）以投料方式分

（1）连续发酵。投料启动后，经过一段时间正常发酵产气后，每天或随时连续定量添加新料，排除旧料，使正常发酵能长期连续进行。这种工艺适于处理来源稳定的城市污水、工业废水和大、中型畜牧厂的粪便。

（2）半连续发酵。启动时一次性投入较多的发酵原料，当产气量趋向下降时，开始定期添加新料和排除旧料，以维持较稳定的产气率。目前，我们的农村家用沼气池大都采用这种发酵工艺。

（3）批量发酵。一次投料发酵，运转期中不添加新料，当发酵周期结束后，取出旧料，再投入新料发酵，这种发酵工艺的产气不均衡。产气初期产量上升很快，维持一段时间的产气高峰，即逐渐下降，我国农村有的地方也采用这种发酵工艺。

（三）以发酵温度分

（1）高温发酵。发酵温度在 50～60℃，特点是微生物特别活跃，有机物分解消化快，产气率高（一般每天在 2.0 立方米/千克料液以上）原料滞留期短。但沼气中甲烷的含量比中温常温发酵都低，一般只有 50% 左右，从原料利用的角度来讲并不合算。该方式主要适用于处理温度较高的有机废物和废水，如酒厂的酒糟废液，豆腐厂废水等，这种工艺的自身能耗较多。

（2）中温发酵。发酵温度在 $30 \sim 35℃$，特点是微生物较活跃，有机物消化较快，产气率较高（一般每天在 1 立方米/千克料液以上）。与高温发酵相比，液化速度要慢一些，但沼气的总产量和沼气中甲烷的含量都较高，可比常温发酵产气量高 $5 \sim 15$ 倍，从能量回收的经济观点来看，是一种较理想的发酵工艺类型。目前，世界各国的大、中型沼气池普遍采用这种工艺。

（3）常温（自然温度，也称变温）发酵是指在自然温度下进行的沼气发酵。发酵温度基本上随气温变化而不断变化。由于我国的农村沼气池多数为地下式，因此，发酵温度直接受到地温变化的影响，而地温又与气温变化密切相关。所以，发酵随四季温度变化而变化，在夏天产气率较高，而在冬天产气率低。优点是沼气池结构简单，操作方便，造价低，但由于发酵温度常较低，不能满足沼气微生物的适宜活动温度，所以，原料分解慢，利用率低，产气量少。我国农村采用的大多都是这种工艺。

（四）按发酵级差分

（1）单级发酵。在 1 个沼气池内进行发酵，农村沼气池多属于这种类型。

（2）二级发酵。在 2 个互相连通的沼气池内发酵。

（3）多级发酵。在多个互相连通的沼气池内发酵。

（五）两步发酵工艺

即将产酸和产甲烷分别在不同的装置中进行，产气率高，沼气中的甲烷含量高。

三、影响沼气发酵的因素

沼气发酵与发酵原料、发酵浓度、沼气微生物、酸碱度、严格的厌氧环境和适宜的温度这 6 个因素有关，人工制取沼气必须适时掌握和调节好这 6 个因素。

（一）发酵原料

发酵原料是产生沼气的物质基础，只有具备充足的发酵原料才能保证沼气发酵的持续运行。目前，农村用于沼气发酵的原料十分丰富，数量巨大，主要是各种有机废弃物，如农作物秸秆、畜禽粪便、人粪尿、水浮莲、树叶杂草等。用不同的原料发酵时要注意碳、氮元素的配比，一般碳氮比（C/N）在（20~30）∶1时最合适。高于或地于这个比值，发酵就要受到影响，所以，在发酵前应对发酵原料进行配比，使碳氮比在这个范围之中。同时，不是所有的植物都可作为沼气发酵原料。例如，桃叶、百部、马钱子果、皮皂皮、元江金光菊、元江黄芩、大蒜、植物生物碱、地衣酸金属化合物、盐类和刚消过毒的畜禽粪便等，都不能进入沼气池。它们对沼气发酵有较大的抑制作用，故不能作为沼气发酵原料。

由于各种原料所含有机物成分不同，它们的产气率也是不相同的。根据原料中所含碳素和氮素的比值（即C/N比）不同，可把沼气发酵原料分为以下类型。

（1）富氮原料。人、畜和家禽粪便为富氮原料，一般碳氮比（C/N）都小于25∶1，这类原料是农村沼气发酵的主要原料，其特点是发酵周期短，分解和产气速度快，但这类原料单位发酵原料的总产气量较低。

（2）富碳原料。在农村主要指农作物秸秆，这类原料一般碳氮比（C/N）都较高，在30∶1以上，其特点是原料分解速度慢，发酵产气周期长，但单位原料总产气量较高。

另外，还有其他类型的发酵原料，如城市有机废物、大中型农副产品加工废水和水生植物等。

根据测试结果显示：玉米秸秆的产气潜力最大，稻麦草和人粪次之，牛马粪、鸡粪产气潜力较小。各种原料的产气速度分解有机物的速度也是各不相同的。猪粪、马粪、青草20天产气量可达总产气量的80%以上，60天结束；作物秸秆一般要30~40天的产气量才能达到总产气量的80%左右，60天达到90%以上。

农村常用原料的含水量碳氮比和产气率，见表3-1。

表 3 - 1　常用发酵原料的构成与效能

发酵原料	含水量 （%）	碳素比重 （%）	氮素比重 （%）	碳氮比 （C/N）	产气率 （立方米/千克）
干麦秸	18.0	46.0	0.53	87：1	0.27 ~ 0.45
干稻草	17.0	42.0	0.63	67：1	0.24 ~ 0.40
玉米秸	20.0	40.0	0.75	53：1	0.3 ~ 0.5
落叶		41.0	1.00	41：1	
大豆茎		41.0	1.30	32：1	
野草	76.0	14.0	0.54	27：1	0.26 ~ 0.44
鲜羊粪		16.0	0.55	29：1	
鲜牛粪	83.0	7.3	0.29	25：1	0.18 ~ 0.30
鲜马粪	78.0	10.0	0.42	24：1	0.20 ~ 0.34
鲜猪粪	82.0	7.8	0.60	13：1	0.25 ~ 0.42
鲜人粪	80.0	2.5	0.85	2.9：1	0.26 ~ 0.43
鲜人尿	99.6	0.4	0.93	0.43：1	
鲜鸡粪	70.0	35.7	3.70	9.7：1	0.3 ~ 0.49

在农村以人、畜粪便为发酵原料时，其发酵原料提供量可根据下列参数计算，一般来说，一个成年人一年可排粪尿 600 千克左右，畜禽粪便的排泄量如下：猪（体重 40 ~ 50 千克）的粪排泄量为 2.0 ~ 2.5 千克/（天·头）；牛的粪排泄量为 18 ~ 20 千克/（天·头）；鸡的粪排泄量为 0.1 ~ 0.2 千克/（天·只）；羊的粪排泄量为 2 千克/（天·头）。

农村最主要的发酵原料是人畜粪便和秸秆，人畜粪便不需要进行预处理。而农作物秸秆由于难以消化，必须预先经过堆沤才有利于沼气发酵。在北方由于气温低，宜采用坑式堆沤：首先将秸秆铡成 3 厘米左右，踩紧堆成 30 厘米厚左右，泼 2% 的石灰澄清液并加 10% 的粪水（即 100 千克秸秆，用 2 千克石灰澄清液，10 千克粪水）。照此方法铺 3 ~ 4 层，堆好后用是塑料薄膜覆盖，堆沤半月左右，便可作发酵原料。

在南方由于气温较高，用上述方法直接将秸秆堆沤在地上即可。

（二）发酵浓度

除了上述原料种类对沼气发酵的影响外，发酵原料的浓度对沼气发酵也有较大影响。发酵原料的浓度高低在一定程度上表示沼气微生物营养物质丰富与否。浓度越高表示营养越丰富，沼气微生物的生命活动也越旺盛。在生产实际应用中，可以产生沼气的浓度范围很广，从2%～30%的浓度都可以进行沼气发酵，但一般农村常温发酵池发酵料浓度以6%～10%为好，人、畜和家禽粪便为发酵原料时料浓度可以控制在6%左右；以秸秆为发酵原料时料浓度可以控制在10%左右。另外，根据实际经验，夏天以6%的浓度产气量最高，冬季以10%的浓度产气量最高。这就是通常说的夏天浓度稀一点好，冬天浓度稠一点好。

（三）沼气微生物

沼气发酵必须有足够的沼气微生物接种，接种物是沼气发酵初期所需要的微生物菌种，接种物来源于阴沟污泥或老沼气池沼渣、沼液等。也可人工制备接种物，方法是将老沼气池的发酵液添加一定数量的人、畜粪便。比如，要制备500千克发酵接种物，一般添加200千克的沼气发酵液和300千克的人畜粪便混合，堆沤在不渗水的坑里并用塑料薄膜密闭封口，1周后即可作为接种物。如果没有沼气发酵液，可以用农村较为肥沃的阴沟污泥250千克，添加250千克人、畜粪便混合堆沤1周左右即可；如果没有污泥，可直接用人、畜粪便500千克进行密闭堆沤，10天后便可作沼气发酵接种物。一般接种物的用量应达到发酵原料的20%～30%。

（四）酸碱度

发酵料的酸碱度也是影响发酵重要因素，沼气池适宜的酸碱度（即pH值）为6.5～7.5，过高过低都会影响沼气池内微生物的活性。在正常情况下，沼气发酵的pH值有一个自然平衡过程，一般不需调节，但在配料不当或其他原因而出现池内挥发酸大量积累，导致pH值下降，俗称酸化，这时便可采用以下措施进行调节。

（1）如果是因为发酵料液浓度过高，可让其自然调节并停止向池内进料。

（2）可以加一些草木灰或适量的氨水，氨水的浓度控制在5%（即100千克氨水中，95千克水，5千克氨水）左右，并注意发酵液充分搅拌均匀。

（3）用石灰水调节。用此方法，尤其要注意逐渐加石灰水，先用2%的石灰水澄清液与发酵液充分搅拌均匀，测定pH值，如果pH值还偏低，则适当增加石灰水澄清液，充分混匀，直到pH值达到要求为止。

发酵液的酸碱度可用pH试纸来测定，将这种试纸条在沼液里浸一下，将浸过的纸条与测试酸碱度的标准纸条比较，浸过沼液的纸条上的颜色与标准纸上的颜色一致的便是沼气池料液的酸碱度数值，即pH值。

（五）严格的厌氧环境

沼气发酵一定要在密封的容器中进行，避免与空气中的氧气接触，要创造一个严格的厌氧环境。

（六）适宜的温度

发酵温度对产气率的影响较大，农村变温发酵方式沼气池的适宜发酵温度为15~25℃。为了提高产气率，农村沼气池在冬季应尽可能提高发酵温度。可采用覆盖秸秆保温、塑料大棚增温和增加高温性发酵料增温等措施。

另外，要提高沼气池的产气量，除要掌握和调节好以上6个因素外，还需在沼气发酵过程中对发酵液进行搅拌，使发酵液分布均匀，增加微生物与原料的接触面，加快发酵速度，提高产气量，在农村简易的搅拌方式主要有以下3种。

（1）机械搅拌。用适合各种池型的机械搅拌器对料液进行搅拌，对搅拌发酵液有一定效果。

（2）液体回流搅拌。从沼气池的出料间将发酵液抽出，然后又从进料管注入沼气池内，产生较强的料液回流以达到搅拌和菌种回流的目的。

（3）简单振动搅拌。用一根前端略带弯曲的竹竿每日从进出料间向池底振荡数 10 次，以振动的方式进行搅拌。

四、沼气池的类型

懂得了沼气发酵的原理，我们就可以在人工控制下利用沼气微生物来制取沼气，为人类的生产、生活服务。人工制取沼气的首要条件就是要有一个合格的发酵装置。这种装置，目前我国统称为沼气池。沼气池的形状类型很多，形式不一，我们根据各自的特点，将其分为以下几类。

（一）按贮气方式分

可分为水压式沼气池，浮罩式沼气池及袋式沼气池。

1. 水压式沼气池

水压式沼气池又分为侧水压式、顶水压式和分离水压式。

水压式沼气池是目前我国推广数量最大、种类最多的沼气池，其工作原理是池内装入发酵原料（占池容的 80% 左右），以料液表面为界限，上部为贮气间，下部为发酵间。当沼气池产气时，沼气集中于贮气间内，随着沼气的增多，容积不断增大，此时沼气压迫发酵间内发酵液进入水压间。当用气时，贮气间的沼气被放出，此时，水压间内的料液进入发酵间。如此"气压水、水压气"反复进行，因此，称之为水压式沼气池。

水压式沼气池结构简单、施工方便，各种建筑材料均可使用，取料容易，价格较低，比较适合我国的农村经济水平。但水压式沼气池气压不稳定，对发酵有一定的影响，且水压间较大，冬季不易保温，压力波动较大，对抗渗漏要求严格。

2. 浮罩式沼气池

浮罩式沼气池又分为顶浮罩式和分离浮罩式。

浮罩式沼气池是把水压式沼气池的贮气间单独建造分离出来，即沼气池所产生的沼气被一个浮沉式的气罩贮存起来，沼气池本身只起发酵间的作用。

浮罩式沼气池压力稳定，便于沼气发酵及使用，对抗渗漏性要求较低，但其造价较高，在大部分农村有一定的经济局限性。

3. 袋式沼气池

如河南省研制推广的全塑及半塑沼气池等。

袋式沼气池成本低，进出料容易，便于利用阳光增温，提高产气率，但其实用寿命较短，年使用期短，气压低，对燃烧有不利的影响。

（二）按发酵池的几何形状分

可分为圆筒形池、球形池、椭球形池、长方形池、方形池、纺锤形池、拱形池等。

圆形或近似于圆形的沼气池与长方形池比较，具有以下优点：第一，相同容积的沼气池，圆形比长方形的表面积小，省工、省料。第二，圆形池受力均匀，池体牢固，同一容积的沼气池，在相同荷载作用下，圆形池比长方形池的池墙厚度小。第三，圆形沼气池的内壁没有直角，容易解决密封问题。

球形水压式沼气池具有结构合理，整体性好，表面积小，省工省料等优点，因此，球形水压式沼气池已从沿海河网地带，发展到其他地区，推广面逐步扩大。其中，球形 A 型，适用于地下水位较低地方，其特点是，在不打开活动盖的情况下，可经出料管提取沉渣，方便管理，节省劳力。球形 B 型占地少，整体性好，因此，在土质差、水位高的情况下，具有不易断裂，抗浮力强等特点。

椭球形池是近年来发展的新池型，具有埋置深度浅、受力性能好、适应性能广、施工和管理方便等特点。其中，A 型池体由椭圆曲线绕短轴旋转而形成的旋转椭球壳体形，亦称扁球形。埋置深度浅，发酵底面大，一般土质均可选用。B 型池体由椭圆曲线绕长轴旋转而形成的旋转椭球壳体形，似蛋，亦称蛋形。埋置深度浅，便于搅拌和进出料，适应狭长地面建池。

目前，我国农村家用沼气池除江苏省、浙江省采用球形池外大多数是圆形池，中型沼气池除采用圆形池外，拱形沼气池也正在逐步推广应用。

（三）按建池材料分

可分为砖结构池、石结构池、混凝土池、钢筋混凝土池、钢丝网水泥池、钢结构池、塑料或橡胶池、抗碱玻璃纤维水泥池等。

（四）按埋伏的位置分

可分为地上式沼气池、半埋式沼气池、地下式沼气池。

多年的实践证明，在我国农村建造家用沼气池一般为水压式、圆筒形池、地下式池，平原地区多采用砖水泥结构池或混凝土浇筑池。

五、沼气池的建造

农村家用沼气池是生产和贮存的装置，它的质量好坏，结构和布局是否合理，直接关系到能否产好、用好、管好沼气。因此，修建沼气池要做到设计合理，构造简单，施工方便，坚固耐用，造价低廉。

有些地方由于缺乏经验，对于建池质量注意不够，以致池子建成后漏气、漏水，不能正常使用而成为"病态池"；有的沼气池容积过大、过深，有效利用率低，出料也不方便。根据多年来的实践经验，在沼气池的建造布局上，南方多采用"三结合"（厕所、猪圈、沼气池），北方多采用"四位一体"（厕所、猪圈、沼气池、太阳能温棚）方式，有利于提高综合效益。

由于北方冬季寒冷的气候使沼气池运行较困难，并且易造成池体损坏，沼气技术难以推广。广大科技人员通过技术创新和实践，根据北方冬季寒冷的特定环境下创建北方"四位一体"生态模式，即沼气、猪圈、厕所、太阳能温棚四者修在一起，它的主要好处是：第一，人、畜粪便能自动流入沼气池，有利于粪便管理；第二，猪圈设置在太阳能温棚内，冬季使圈舍温度提高 $3 \sim 5℃$，为猪提供了适宜的生长条件，缩短了生猪育肥期；第三，猪圈下的沼气池由于太阳能温棚而增温、保温，解决了北方地区在寒冷冬季产气难、池子易冻裂的技术问题，年总产气量与太阳能温棚的沼气池相比提高 $20\% \sim 30\%$；第四，高效有机肥（沼肥）增加 60% 以上，猪呼出的 CO_2，使太阳能温棚内 CO_2 的浓度提高，有助于温棚内农作物的生长，即增产，又优质。

（一）建造沼气池的基本要求

不论建造哪种形式、哪种工艺的沼气池，都要符合以下基本要求。

（1）严格密闭。保证沼气微生物所要求的严格厌氧环境，使发酵能顺利进行，能够有效地收集沼气。

（2）结构合理。能够满足发酵工艺的要求，保持良好的发酵条件，管理操作方便。

（3）坚固耐用，造价低廉，建造施工及维修保养方便。

（4）安全、卫生、实用、美观。

（二）建造沼气池的标准

怎样修建沼气池，修建沼气池使用什么材料，沼气池建好后怎么判断它的质量是否符合使用要求，这些问题需要在下面的国家标准中找到答案。

GB 4750 农村家用水压式沼气池标准图集；

GB 4751 农村家用水压式沼气池质量验收标准；

GB 4752 农村家用水压式沼气池施工操作规程；

GB 7637 农村家用昭气管路施工安装操作规程；

GB 9958 农村家用沼气发酵工艺规程；

GB 7959 粪便无害化卫生标准。

还可以参考 DB21/T – 835 – 94 北方农村能源生态模式标准。修建沼气池不同于修建民用住房，有一些具体要求。所以，国家专门发布了有关技术标准（包括土建工程中相关的国家标准），来保证沼气池的建造质量。如果建池质量不符合要求或者因为建池地基处理不适当，会使沼气池漏水、漏气，不能正常工作，则需要检查出毛病，进行修补，费时费力。

我国沼气技术推广部门已形成了一个网络，各省（区）、市、县有专门的机构负责沼气的推广工作，有的地区乡镇、村都有沼气技术员负责沼气的推广工作，如果你要想修建沼气池，可以找当地农村能源办公室（有的地方称沼气办公室），因为，他们是经过专门的技术培训，经考核并获资格证书，故修建的沼气池质量可以得到保证。

（三）沼气池容积大小的确定

沼气池容积的大小（一般指有效容积，即主池的净容积），应该根据发酵原料的数量和用气量等因素来确定，同时，要考虑到沼肥的用量及用途。

在农村，按每人每天平均用气量 0.3～0.4 立方米，一个 4 口人的家庭，每天煮饭、点灯需用沼气 1.5 立方米左右。如果使用质量好的沼气灯和沼气灶，耗气量还可以减少。

根据科学试验和各地的实践，一般要求平均按一头猪的粪便量（约 5 千克）入池发酵，即规划建造 1 立方米的有效容积估算。池容积可根据当地的气温、发酵原料来源等情况具体规划。北方地区冬季寒冷，产气量比南方低，一般家用池选择 8 立方米或 10 立方米；南方地区，家用池选择 6 立方米左右。按照这个标准修建的沼气池，管理的好，春、夏、秋三季所产生的沼气，除供煮饭、烧水、照明外还可有余，冬季气温下降，产气减少，仍可保证煮饭的需要。如果有养殖规模，粪便量大或有更多的用气量要求可建造较大的沼气池，池容积可扩大到 15～20 立方米。如果仍不能满足要求或需要就要考虑建多个池。

有的人认为，"沼气池修的越大，产气越多"，这种看法是片面的。实践证明，有气无气在于"建"（建池），气多气少在于"管"（管理）。大沼气池容积虽大，如果发酵原料不足，科学管理措施跟不上，产气还不如小池子。但是也不能单纯考虑管理方便，把沼气池修的很小，因为容积过小，影响沼气池蓄肥、造肥的功能，这也是不合理的。

（四）水压式、圆筒形沼气池的建造工艺

目前，国内农村推广使用最为广泛的为水压式沼气池，这种沼气池主要由发酵间、贮气间、进料管、水压间、活动盖、导气管 6 个主要部分组成。它们相互连通组成一体。其沼气池结构示意图，如下图所示。

发酵间与贮气间为一整体，下部装发酵原料的部分称为发酵

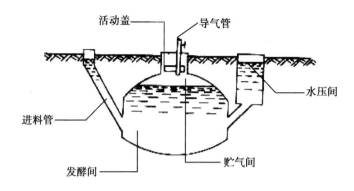

图 农村家用沼气池示意图

间，上部贮存沼气的部分称为贮气间，这两部分称为主池。进料管插入主池中下部，作为平时进料用。水压间的作用，一是起着存放从主池挤压出来的料液的作用；二是用气时起着将沼气压出的作用。活动盖设置在沼气池顶部是操作人员进出沼气的通道，平时作为大换料的进出料孔。

沼气池的工作原理：当池内产生沼气时，贮气间内的沼气不断增多，压力不断提高，迫使主池内液面下降，挤压出一部分料液到水压间内，水压间液面上升与池内液面形成水位差，使池内沼气产生压力。当人们打开炉灶开关用气时，沼气池内的压力逐渐下降，水压间料液不断流回主池，液面差逐渐减小。压力也随之减小。当沼气池内液面与水压间液面高度相同时，池内压力就等于零。

1. 修建沼气池的步骤

（1）查看地形，确定沼气池修建的位置。

（2）拟订施工方案，绘制施工图纸。

（3）准备施工材料。

（4）放线。

（5）挖土方。

（6）支模（外模和内模）。

（7）混凝土浇捣，或砖砌筑，或预制砼大板组装。

（8）养护。

（9）拆模。

（10）回填土。

（11）密封层施工。

（12）输配气管件、灯、灶具安装。

（13）试压，验收。

2. 建池材料的选择

农村户用小型沼气池，常用的建池材料是砖、沙、石子、水泥。现将这些材料的一般性质介绍如下。

（1）水泥。水泥是建池的主要材料，也是池体产生结构强度的主材料。了解水泥的特性，正确使用水泥，是保证建池质量的重要环节。常见的水泥有普通硅酸盐水泥和矿渣硅酸盐水泥两种。普通硅酸盐水泥早期强度高，低温环境中凝结快，稳定性、耐冻性较好，但耐碱性能较差，矿渣水泥耐酸碱性能优于普通水泥，但早期强度低，凝结慢，不宜在低温环境中施工，耐冻性差，所以，建池一般应选用普通水泥，而不宜用矿渣水泥。

水泥的标号，是以水泥的强度来定的。水泥强度是指每平方厘米能承受的最大压力。普通水泥常用标号有 225 号、325 号、425号、525 号（分别相当于原来的 300 号、400 号、500 号、600 号），修建沼气池要求 325 号以上的水泥。

（2）沙、石是混凝土的填充骨料。沙的容重为 1 500～1 600 千克/立方米，按粒径的大小，可以分为粗沙、中沙、细沙。建池需选用中沙和粗沙，一般不采用细沙。碎石一般容重为 1 400～1 500千克/立方米，按照施工要求，混凝土中的石子粒径不能大于构件厚度的 1/3，建池用碎石最大粒径不得超过 2 厘米为宜。

（3）砖的选择。砖的外形一般为 24 厘米×11.5 厘米×5.3 厘米砖每立方米容重为 1 600～1 800 千克，建池一般选用 75 号以上的机制砖。（目前，沼气池的施工完全采用水泥混凝土浇筑，砖只用来搭模用，要求表面平滑即可。）

3. 施工工艺

沼气池的施工工艺大体可分为 3 种：一是整体浇筑；二是块体砌筑；三是混合施工。

（1）整体浇注。整体浇注是从下列上，在现场用混凝土浇成。这种池子整体性能好，强度高，适合在无地下水的地方建池。混凝土浇筑可采用砖模、木模钢模均可。

（2）块体砌筑。块体砌筑是用砖、水泥预制或料石一块一块拼砌起来。这种施工工艺适应性强，各类基地都可以采用。块体可以实行工厂化生产，易于实现规格化、标准化、系列化批量生产；实行配套供应，可以节省材料、降低成本。

（3）混合施工。混合施工是块体砌筑与现浇施工相结合的施工方法。如池底、池墙用混凝土浇筑，拱顶用砖砌；池底浇注，池墙砖砌，拱顶支模浇注等。

为方便于初学者容易理解，在此重点介绍一种 10 立方米水泥混凝土现场浇注沼气池的施工过程。

沼气池的修建应选择背风向阳，土质坚实，沼气池与猪圈厕所相结合的适当位置。

第一，在选好的建池位置，以 1.9 米为半径画圆，垂直下挖 1.4 米，圆心不变，将半径缩小到 1.5 米再画圆，然后再垂直下挖 1 米即为池墙高度。池底要求周围高、中间低，做成锅底形。同时，将出料口处挖开，出料口的长、宽、高不能小于 0.6 米，以便于进、出人。最后沿池底周围挖出下圈梁（高、宽各 0.05 米）。

池底挖好后即可进行浇注，建一个 10 立方米的沼气池约需沙子 2 立方米、石子 2 立方米、水泥 2 120 千克、砖 500 块（搭模用）。配制 150 号混凝土，在挖好的池底上铺垫厚度 0.05 米的混凝土，充分拍实。表面抹 1∶2 的水泥沙灰，厚度 0.005 米。

第二，池底浇注好，人可稍事休息，然后在池底表面覆盖一层塑料布，周围留出池墙厚度 0.05 米，塑料布上填土，使池底保持平面。池墙的浇筑方法是以墙土壁做外模、砖做内模，砖与土墙之间留 0.05 米的空隙，填 150 号混凝土边填边捣实。出料口以上至圈梁部位池墙高 0.4 米，厚 0.2 米，浇注时接口处要加入钢筋。进料管可采用内径 20 厘米的缸瓦管或水泥管。进料管距池底 0.2 ~ 0.5 米，可以直插也可以斜插。但与拱顶接口处一定要严格密封。

第三，拱顶的浇注采用培制土模的方法。先在池墙周围用砖摆成高 0.9 米的花砖，池中心用砖摆成直径 0.5 米、高 1.4 米的圆筒，然后用木椽搭成伞状，木椽上铺玉米秸或麦草，填土培成馒头形状，土模表面要拍平拍实。配制 200 号混凝土，饱满和浇筑时先在土模表面抹一层湿沙做隔离层，以便于拆模，浇注厚度 0.05 米。拱顶浇筑完后，将导气管一端用纸团塞住并插入拱顶，导气管应选用内径 8 ~ 10 毫米的铜管。

第四，水压间的施工同样采用砖模，水压间长 1.4 米、宽 0.8 米、深 0.9 米，容积约 1 立方米，水压箱上方约 0.1 米处留出溢流孔，用塑料管接通到猪舍外的储粪池内。

至此，沼气池第一期工程进入保养阶段。采用硅酸盐水泥拌制混凝土需连续潮湿养护 7 昼夜。

第五，池内装修。沼气池养护好后，从水压间和出料口处开始拆掉砖模，清理池内杂物，按七层密封方法（三灰四浆）进行池内装修。为达到曲流布料的目的，池内设置分流板两块，每块长 0.7 米、宽 0.3 米、厚 0.03 米，可事先预制好，也可以用砖砌。分流板距进料口 0.4 米，两块分流板之间的距离为 0.06 米、夹角 120 度，用水泥沙灰固定在池底。池内装修完后，养护 5 ~ 7 天，即可进行试水、试气。

4. 试水试气检查质量

除了在施工过程，对每道工序和施工的部分要按相关标准中规定的技术要求检查外，池体完工后，应对沼气池各部分的几何尺寸进行复查，池体内表面应无蜂窝、麻面、裂纹、砂眼和空隙，无渗水痕迹等明显缺陷，粉刷层不得有空壳或脱落。在使用前还要对沼气池进行检查，最基本和最主要的检查是看沼气池有没有漏水、漏气现象。检查的方法有两种：一种是水试压法；另一种是气试压法。

（1）水试压法。即向池内注水，水面至进出料管封口线水位时可停止加水，待池体湿透后标记水位线，观察12小时。当水位无明显变化时，表明发酵间进出料管水位线以下不漏水，才可进行试压。

试压前，安装好活动盖，用泥和水密封好，在沼气出气管上接上气压表后继续向池内加水，当气压表水柱差达到10千帕（1 000毫米水柱）时，停止加水，记录水位高度，稳压24小时，如果气压表水柱差下降在0.3千帕（300毫米水柱）内，符合沼气池抗渗性能。

（2）气试压法。第一步与水试压法相同。在确定池子不漏水之后，将进、出料管口及活动盖严格密封，装上气压表，向池内充气，当气压表压力升至8千帕时停止充气，并关好开关。稳压观察24小时，若气压表水柱差下降在0.24千帕以内，沼气池符合抗渗性能要求。

（五）户用沼气池建造与启动管理技术要点

怎样建好、管好和用好沼气池是当前推广和应用沼气的关键环节。现根据多年基层工作实践，提出如下建造与启动管理技术要点。

1. 沼气池建造技术要点

沼气池的建造方式很多，要根据国家标准结合当地气候条件和生产条件建造，关键技术要注意以下几点。

（1）选址。沼气池的选址与建设质量和使用效果有很大关系，如果池址选择不当，对池体寿命和以后的正常运行、管理以及使用效果造成影响。一般要选择在院内厕所和养殖圈的下方，利于"一池三改"，并且要求土质坚实，底部没有地窖、渗井、虚土等隐患，距厨房要近。

（2）池容积的确定。户用沼气池由于采用常温发酵方式，冬季相对湿度低产气量小，要以冬季保证满足能做三顿饭的照明取暖为基本目标，根据当地气候条件与采取的一般保温措施相结合来确定建池容积大小，通过近年实践，豫北地区以10～15立方米大小为宜。

（3）主体要求。一般要求主体高 1.25~1.5 米，拱曲率半径为直径的 0.65~0.75 倍。另外还要求底部为锅底形。

（4）留天窗口并加盖活动盖。无论何种类型及结构的沼气池均应采用留天窗口并加盖活动盖的建造方式，否则，将会给管理应用带来很多不便，甚至影响到池的使用寿命。天窗口一般要留在沼气池顶部中间，直径 60~70 厘米，活动口盖应在地表 30 厘米以下，以防冬季受冻结冰。

（5）对进料管与出料口的要求。进料管与出料口要求对称建造，进料管直径不小于 30 厘米，管径太细容易产生进料堵塞和气压大时喷料现象；出料口一般要求月牙槽式底层出料方式，月牙槽高 60~70 厘米，宽 50 厘米左右。

（6）水压间。户用沼气池不能太小，小了池内沼气压力不实，要求水压间应根据池容积而定，其大小容积一般是主体容积 × 0.3÷2，即建一个 10 立方米的沼气池，水压间容积应为 10 × 0.3÷2=1.5 立方米。

（7）密封剂。沼气池密封涂料是要保证沼气池质量的一项必不可少的重要材料，必须按要求足量使用密封涂料。要求选用正规厂家生产的密封胶，同时，要求密封剂要具备密封和防腐蚀两种功能。

（8）持证上岗，规范施工。沼气生产属特殊工程，需要由国家"沼气工"持证人员按要求建池，才能够保证结构合理，质量可靠，应用效果好。不能够为省钱，图方便，私自乱建，否则容易走弯路，劳民伤财。

2. 沼气池的启动与管理技术

沼气池建好后必须首先试水、试气，检查质量合格后，才能启动使用。

（1）对原料的要求。新建沼气池最好选用牛、马粪作为启动原料，牛、马粪适当掺些猪粪或人粪便也可，但不能直接用鸡粪启动。牛、马粪原料要在地上盖塑料膜，高温堆沤 5~7 天，然后按池容积80%的总量配制启动料液，料液浓度以10%左右为宜，同时，还要添加适量的坑塘污泥或老沼气池底部的沉渣作为发酵菌种同时启动。

（2）对温度要求。沼气池启动温度最好在20～60℃，温度低于10℃就无法启动了。所以，户用沼气池一般不要在冬季气温低时启动，否则，会使料液酸化变质，很难启动成功。

（3）对料液酸碱度的要求。沼气菌适用于在中性或微碱性环境中启动，过酸过碱均不利于启动产气。所以，料液保持在中性，即pH值在7左右。

（4）投料后管理。进料3～5天后，观察有气泡产生，要密封沼气池，当气压表指针到4时，先放一次气，当指针恢复到4时，可进行试火，试火时先点火柴，再打开开关，再沼气灶上试火。如果点不着，继续放掉杂气，等气压表再达到4个压力时，再点火，当气体中甲烷含量达到30%以上时，就能点着火了，说明沼气池开始正常工作了。

（5）正常管理。沼气池正常运行后，第一个月内，每天从水压间提料液3～5桶，再从进料管处倒进沼气内，使池内料液循环流动，这段时间一般不用添加新料。待沼气产气高峰过后，一般过2个月后，要定期进料出料，原则上出多少进多少，平常不要大进大出。在寒冷季节到来前即每年的11月，可进行大换料1次，要换掉料液的50%～60%，以保证冬季多产气。

另外，还要勤搅拌，可扩大原料和细菌的接触面积，打破上层结壳，使池内温度平衡。

（6）采取覆盖保温措施。冬季气温低，要保证正常产气就要注意沼气池上部采取覆盖保温措施，可在上部覆盖秸秆或搭塑料布暖棚。

（7）注意事项。沼气池可以进猪、牛、鸡、羊等畜禽粪便和人粪尿，要严禁洗涤剂、电池、杀菌剂类农药、消毒剂和一些辛辣蔬菜老梗等物质进入，以免影响发酵产气。

六、输气管道的选择与输气管道的安装

沼气输气管道的基本要求：一是要保证沼气池的沼气能够顺利、安全经济地输出；二是输出的沼气要能够满足燃具的工作要求，要有一定的流量和一定的压力。输气导管内径的大小，要根据池子的容积、用气距离和用途来决定。如沼气池容积大，用气量大，用气距离较远则输气导管的内径应当大一些。一般农户使用的沼气池输气导管的内径以 0.8～1 厘米为宜。管径小于 0.8 厘米沿程阻力较大，当压力小于灶具（灯具）的额定压力时燃烧效果就差。目前，农村使用的输气管，主要是聚氯乙烯塑料管。输气管道分地下和地上两部分，地下部分可采用直径 20 毫米的硬质塑料管，埋设深度应在当地冻土层以下，以利于保温和抗老化。室内部分可采用 8～10 毫米的软质塑料管。沼气池距离使用地点应在 30 米以内。由于冬季气温较低，沼气容易冷凝成水，阻塞导气管，因此，应在输气管道的最低处接一放水开关，及时将导管内的积水排除。

（一）输气管道的布置原则与方法

（1）沼气池至灶前的管道长度一般不应超过 30 米。

（2）当用户有两个沼气池时，从每个沼气池可以单独引出沼气管道，平行敷设，也可以用三通将 2 个沼气池的引出管接到一个总的输气管上再接向室内（总管内径要大于支管内径）。

（3）庭院管道一般应采取地下敷设，当地下敷设有困难时亦可采用沿墙或架空敷设，但高度不得低于 2.5 米。

（4）地下管道埋设深度南方应在 0.5 米以下，北方应在冻土层以下。所有埋地管道均应外加硬质套管（铁管、竹管等）或砖砌沟槽，以免压毁输气管。

（5）管道敷设应有坡度，一般坡度为 1%左右。布线时使管道的坡度与地形相适应，在管道的最低点应安装气水分离器。如果地形较平坦，则应将庭院管道坡向沼气池。

（6）管道拐弯处不要太急，拐角一般不应小于 120 度。

（二）检查输气管路是否漏气的方法

输气管道安装后还应检查输气管路是否漏气，方法是将连接灶

具的一端输气管拔下，把输气管接灶具的一端用手堵严，沼气池气箱出口一端管子拔开，向输气管内吹气或打气，"U"形压力表水柱达 30 厘米以上，迅速关闭沼气池输送到灶具的管路之间的开关，观察压力是否下降，2～3 分钟后压力不下降，则输气管不漏气，反之则漏气。

（三）注意安装气水分离器和脱硫器

沼气灶具燃烧时输气管里有水泡声，或沼气灯点燃后经常出现一闪一闪的现象，这种情况的原因是沼气中的水蒸气在管内凝聚或在出料时因造成负压，将压力表内的水倒吸入输气导管内，严重时，灯、灶具会点不着火。在输气管道的最低处安装一个水气分离器就可解决这个问题。

由于沼气中含有以硫化氢为主的有害物质，在作为燃料燃烧时它危害人体健康，并对管道阀门及应用设备有较强的腐蚀作用。目前，国内大部分用户均未安装脱硫器，已造成严重后果。为减轻硫化氢对灶具及配套用具的腐蚀损害，延长设备使用寿命，保证人身体健康，必须安装脱硫器。

目前，脱硫的方法有湿法脱硫和干法脱硫 2 种。干法脱硫具有工艺简单、成熟可靠、造价低等优点，并能达到较好的净化程度。当前家用沼气脱硫基本上采用这个方法。

干法脱硫上是应用脱硫剂脱硫，脱硫剂有活性炭、氧化锌、氧化锰、分子筛及氧化铁等，从运转时间、使用温度、公害、价格等综合考虑，目前采用最多的脱硫剂是氧化铁（Fe_2O_3）。

简易的脱硫器材料可选玻璃管式、硬塑料管式均可，但不能漏气。

七、沼气灶具、灯具的安装及使用

（一）沼气灶的构造

沼气灶一般由喷射器（喷嘴）、混合器、燃烧器 3 部分组成。喷射器起喷射沼气的作用。当沼气以最快的速度从喷嘴射出时，引起喷嘴周围的空气形成低压区，在喷射的沼气气流的作用下，周围的空气被沼气气流带入混合器。混合器的作用是使沼气和空气能充分的混合，并有降低高速喷入的混合气体压力的作用。燃烧器由混合器分配燃烧火孔两部分构成。分配室使用沼气和空气进一步混合，并起稳压作用。燃烧火孔是沼气燃烧的主要部位，火孔的分布均匀，孔数要多些。

（二）沼气灯的结构

沼气灯是利用沼气燃烧使纱罩发光的一种灯具。正常情况下，它的亮度相当于 60～100 瓦的电灯。

沼气灯由沼气喷管、气体混合室、耐火泥头、纱罩、玻璃灯罩等部分构成。沼气灯的使用方法：沼气灯接上耐火泥头后，先不套纱罩，直接在耐火泥头上点火试烧。如果火苗呈淡蓝色，而且均匀地从耐火泥头喷出来，火焰不离开泥头，表明灯的性能良好。关掉沼气开关，等泥头冷却后绑好纱罩，即可正常使用。新安装的沼气灯第一次点火时，要等沼气池内压力达到 784.5 帕（80 厘米水柱）时再点。新纱罩点燃后，通过调节空气配比，或从底部向纱罩微微吹气，使光亮度达到白炽。

在日常使用沼气灯时还应注意以下两点：一是在点灯时切不可打开开关后迟迟不点，这会使大量的沼气跑到纱罩外面，一旦点燃，火苗会烧伤人手，严重的还会烧伤人的面部。二是因损坏而拆换下来的纱罩要小心处理，燃烧后的纱罩含有二氧化钍，是有毒的。手上如果沾到纱罩灰粉要及时洗净，不要弄到眼睛里或沾到食物上误食中毒。

八、沼气池的管理与应用

沼气池建好并经过试水试气检查质量合格后，就可正常使用了。

（一）沼气发酵原料的配置

农村沼气发酵种类根据原料和进料方式，常采用以秸秆为主的一次性投料和以禽畜粪便为主的连续进料 2 种发酵方式。

1. 以禽畜粪便为主的连续进料发酵方式

在我国农村一般的家庭宜修建 10 立方米水压式沼气池，发酵有效容积约 8.5 立方米。由于不同种类畜禽粪便的干物质含量不同，现以猪粪为例计算如何配置沼气发酵原料。

猪粪的干物质含量为18%左右，南方发酵浓度宜为6%左右，则需要猪粪2 100千克，制备的接种物900千克（视接种物干物质含量与猪粪一样），添加清水5 700千克；北方发酵浓度宜为8%左右，则需猪粪2 900千克左右，制备的接种物900千克，添加清水4 700千克。在发酵过程中，由于沼气池与猪圈、厕所修在一起，可自行补料。

2. 秸秆结合禽畜粪便投料发酵方式

可根据所用原料的碳氮比、干物质含量等通过计算，就可以得出各种原料的使用量（表3-2）。

表3-2　几种干物质含量的秸秆与禽畜粪便原料使用量

原料比例	干物质（%）	1 容积装料量（千克）			
鲜猪粪：秸秆：水		猪粪	秸秆	水	接种物
1：1：23	4	40	40	620~820	100~300
1：1：15	6	60	60	580~730	100~300
1：1：10	8	75	75	550~750	100~300
1：1：8	10	100	100	500~700	100~300
人粪：猪粪：秸秆：水		人粪	猪粪	秸秆	水	接种物
1：1：1：27	4	33	33	33	600~800	100~300
1：1：1：17	6	50	50	50	550~750	100~300
1：1：1：12	8	66	66	66	500~700	100~300
1：1：1：8	10	83	83	83	456~650	100~300

3. 配建秸秆酸化池提高产气率

虽然近年来农村养殖业发展迅速，但一些地区受许多因素限制，畜牧业还不发达，只靠牲畜粪便还不能满足沼气发展的需求，而目前的池型又只适宜纯粪便原料，草料入池发酵就会使上层结壳，并且出料难。为了解决这一问题，可在猪舍内建一秸秆水解酸化池，把杂草和作物秸秆填入池内，加水浸泡沤制，发酵变酸后再将酸化池内的水放入正常的沼气池，这样可以大大提高产气率。这种作法的好处有以下几点：一是可扩大原料来源，把野草、菜叶及各种农作物秸秆都可以入池浸泡沤制，变废为宝用来生产沼气。二是由于秸秆原料的碳素含量高，可改善沼气池内料液的碳氮比，使之达到（20~30）∶1的最佳状态，有利于提高产气量。三是由于实现了分步发酵，沼气中的甲烷含量有所提高，使沼气灯更亮，灶火更旺。

该工艺是根据沼气发酵过程分为产酸和产甲烷2个阶段的原理而设计的，在使用过程中应注意以下事项。

（1）新鲜的草料、秸秆需要浸泡1周以上，产生的酸液方可加入沼气池。

（2）酸化池的大小可根据猪舍大小而定，一般以不超过长2米、宽1米、深0.9米为宜，可以采用砖砌或水泥混凝土浇筑保证不漏水即可。

（3）产生的酸液每天定量加入沼气池，以便于调节当天和第二天的产气量。

（4）酸化池内草料浸泡1个月后，需全部取出并换上新鲜草料重新沤制。

（5）酸化池内冬季尽量少放水，以利于草料堆沤发酵，提高池温。

（二）选择适宜的投料时期进行投料。

由于农村沼气池发酵的适宜温度为15~25℃，因而，在投料时宜选取气温较高的时候进行，在适宜温度范围内投料，一般北方宜在3月准备原料，4—5月投料，等到7—8月温度升高后，有利于沼气发酵的完全进行，充分利用原料；南方除3—5月可以投料外，下半年宜在9月准备原料，10月投料，超过11月，沼气池的启动缓慢，同时，使沼气发酵的周期延长。在具体某一天什么时间投料，则宜选取中午进行投料。

（三）沼气发酵料投料方法

经检查沼气池的密封性能符合要求即可投料。沼气池投料时，先应按沼气发酵原料的配置要求根据发酵液浓度计算出水量，向池内注入定量的清水，再将准备的原料先倒一半，搅拌均匀，再倒一半接种物与原料混合均匀，照此方法，将原料和菌种在池内充分搅拌均匀，最后将沼气池密封。

（四）正常启动沼气池

要使沼气池正常启动，如前所述的那样，要选择好投料的时间，准备好配比合适的发酵原料，入池后原料搅拌要均匀，水封盖板要密封严密。一般沼气池投料后第二天，便可观察到气压表上升，表明沼气池已有气体产生。最初所产生的气体，主要是各种分解菌、酸化菌活动时产生的二氧化碳和池内残留得空气，甲烷含量较低，一般不容易点燃，要将产生的气体放掉（直至气压表降至零），待气压表再次上升到784.5帕（80厘米水柱）时，即可进行点火试验。点火时一定要在炉灶上点，千万不可在沼气池导气管上点火，以防发生回火爆炸事故，如果能点燃，表明沼气池已正常启动。如果不能点燃，需将池内气体全部放掉，照上述方法再重复一次，还不行，则要检查沼气的料液是否酸化或其他原因。

用猪粪作发酵料，易分解，酸碱度适中，因而最易启动；牛粪只要处理得当，启动也较快。而用人粪鸡粪作发酵料，氨态氮浓度高，料液易偏碱；用秸秆作发酵料，难以分解，采用常规方法较难启动。如何才能使新沼气池投料后尽快产气并点火使用呢？可采取以下快速启动技术。

（1）掌握好初次进料的品种，全部用猪粪或2/3的猪粪，配搭1/3的牛马粪。

（2）搞好沼气池外预发酵，使其变黑发酸后方可入池。

（3）加大接种物数量，粪便入池后，从正常产气的沼气池水压间内取沼渣或沼液加入新池。

（4）掌握池温在12℃以上进料。在我国北方地区冬季最好不要启动新池，待春季池温回升到12℃以上再投料启动。

（五）搞好日常管理

1. 及时补充新料

沼气池建好并正常产气后，第一个月内的管理方法，每天从水压间提水（3～5 桶），再从进料管处倒进沼气池内，使池内料液自然循环流动，这段时间不用另加新料。随着发酵过程中原料的不断消耗，待沼气产气高峰过后，便要不断补充新鲜原料。一般从第二个月开始，应不断填入新料，每 10 立方米沼气池平均每天应填入新鲜的人畜粪便 15～20 千克，才能满足日常使用。如粪便不足，可每隔一定时间从别出收集一些粪便加入池内。自然温度发酵的沼气池，如池子与猪圈、厕所建在一起的，每天都在自动进料，一般不需考虑补料。

2. 经常搅拌可提高产气量

搅拌的目的在于打破浮渣，防止液面结壳，使新入池的发酵原料与沼气菌种充分接触，使甲烷菌获得充足的营养和良好的生活环境，以利于提高产气量。搅拌器的制作方法是用一根长度一米的木棒，一端钉上一块水木板，每天插入进料管内推拉几次，即可起到搅拌的作用。

3. 注意出料

多数家用的三结合沼气池是半连续进、出料的，即每天畜禽粪便是自动加入的，可以少量连续出料，最好进多少出多少，不要进少出多。如果压力表指示的压力为零，说明池子里已经没有可供使用的沼气，也可能是出料太多，进、出料管口没有被水封住，沼气在进、出料时跑了，这时要进一些料，封住池子的气室。

在沼气池活动盖密封的情况下，进料和出料的速度不要太快，应保证池内缓慢生压或降压。

当一次出料比较大时，当压力表下降到零时，应打开输气管的开关，以免产生负压过大而损坏沼气池。

4. 及时破壳

沼气池正常产气并使用一段时间后，如果出现产气量下降，可能是池内发酵料液表面出现了结壳，致使沼气无法顺利输出，这时可将破壳器上下提拉并前后左右移动，即可将结壳破掉。结壳的多少与选用的发酵原料有关，如完全采用猪粪发酵出现结壳的现象要少一些；如果发酵原料中混合有牛、马等草食类牧畜粪便则结壳现象要多一些。特别是与厕所相连的沼气池应注意不要把卫生纸冲下去，卫生纸很容易造成结壳。

5. 产气量与产气率的计算

沼气池在运行过程中有机物质产气的总量称为产气量。而有机质单位重量的产气量称为原料产气率，它是衡量原料发酵分解好坏的一个主要指标。在农村，一般常采用池容产气率来衡量沼气发酵的正常与否。比如，一个 6 立方米的水压式沼气池，通过流量计的计数，每天生产沼气 1.2 立方米，因此，它的池容产气率应为 $1.2/6 = 0.2$ 立方米/（立方米·天）。通过池容产气率计算，我们可以发现沼气发酵是否正常，从而查找原因，提高沼气的产气量。

九、沼气池使用过程中常见故障和处理方法以及预防措施

目前，广泛推广的水压式沼气池，具有自动进料、自动出料、常年运转、中途不需要大换料的特点，因此，使用管理都很方便。尽管有了质量好的沼气池，在使用中仍然需要科学管理并及时预防和排除故障。

（一）新建沼气池装料后不产气的主要原因

（1）发酵原料预处理没按要求做好。

（2）原料配比不合适。

（3）接种物不够。

（4）池内温度太低。

（5）池子漏水、漏气等。

（二）沼气池产气后又停止产气的主要原因

（1）发酵原料营养已耗尽，需要加料。

（2）发酵原料酸化。

（3）池温太低。

（4）池子漏气。

（三）判断和查找沼气池漏水和漏气的方法

在试水、试压时，当水柱压力表上水柱上升到一定位置时，如水柱先快后慢地下降说明是漏水；比较均匀速度下降的是漏气。

在平时不用气时，如发现压力表中水柱不但不上升，反而下降，甚至出现负压，这说明沼气池漏水；水柱移动停止或移动到一定高度不再变化，这说明沼气池是漏气或轻微漏气。

发现漏水或漏气后应按以下步骤检查。

应先查输配气管、件，后查内部，逐步排除疑点，找准原因，再对症修理。

外部检查方法：把套好开关的胶管圈好，一端用绳子捆紧，放入盛有水的盆中，一端用打气筒（或用嘴）压入空气，观察胶管、开关、接头处有无气泡出现，有气泡之处，就有漏气的小孔。在使用时，可用毛笔在导气管、输气管及接头处涂抹肥皂水，看是否有气泡产生。也可用鹅、鸭细绒毛在导气管、输气管及接头、开关处来回移动，如果漏气，绒毛便会被漏气吹动。另外，导气铁管和池盖的接头出，活动盖座缝处也容易出毛病，要注意检查。

内部检查方法：进入池内观察池墙、池底、池盖等部分有无裂缝、小孔。同时，用手指或小木棒叩击池内各处，如有空响则说明粉刷的水泥砂浆翘壳。进料管、出料间与发酵间连接处，也容易产生裂缝，应当仔细检查。

（四）造成沼气池漏水、漏气的常见部位和原因

（1）混凝土配料不合格、拌和不均匀，池墙未夯实筑牢，造成池墙倾斜或砼不密实，有孔洞或有裂缝。

（2）池盖与池墙的交接处灰浆不饱满，粘结不牢而造成漏气。

（3）石料接头处水泥沙浆与石料粘结不牢。出现这种情况，主要是勾缝时砂浆不饱满，抹压不紧。

（4）池子安砌好后，池身受到较大振动，使接缝处水泥沙浆裂口或脱落。

（5）池子建好后，养护不好，大出料后未及时进水、进料，经曝晒、霜冻而产生裂缝。

（6）池墙周围回填土未夯紧填实，试压或产气后，池子内、外压力不平衡，引起石料移位。

（7）池墙、池盖粉刷质量差，毛细空封闭不好，或各层间黏和不牢造成翘壳。

（8）混凝土结构的池墙，常因混凝土的配合比和含水量不当，干后强烈收缩，出现裂缝；沼气池建成后，混凝土未达到规定的养护期，就急于加料，由于混凝土强度不够，而造成裂缝。

（9）导气管与池盖交接处水泥砂浆凝固不牢，或受到较大的震动而造成漏气。

（10）沼气池试水、试压或大量进、出料时，由于速度太快，造成正、负压过大，试池墙裂缝甚至胀坏池子。

（五）修补沼气池的方法

查出沼气池漏水、漏气的确切部位后，注上记号，根据具体情况加以修补。

（1）裂缝处要先将缝子剔成"V"形，周围打成毛面，再用1∶1的水泥砂浆填塞漏处，压实、抹光，然后用纯水泥浆粉刷几遍。

（2）将气箱粉刷层剥落，翘壳部位铲掉，重新仔细粉刷。

（3）如果漏气部位不明确，应将气箱洗刷干净，用纯水泥浆或1∶1的水泥砂浆交替粉刷3~4遍。

（4）导气管与池盖衔接处漏气，可重新用水泥砂浆粘结，并加高和加大水泥砂浆护座。

（5）池底全部下沉或池底与池墙四周交接处有裂缝的，先把裂缝剔开一条宽2厘米、深3厘米的围边槽，并在池底和围边槽内，浇注一层4~5厘米厚的混凝土，使之连接成一个整体。

（6）由于膨胀土湿胀、干缩引起裂缝的沼气池，应在池盖和进料管、出料间上沿的四周铺上三合土，以保持膨胀土干湿度的稳定。

（六）人进入沼气池维修或出料应采取安全措施

沼气池是严格密封的，里面充满沼气，氧气含量很少。就是盖子打开一段时间后，沼气也不易自然排除干净。这是因为有些池子可能进、出料口被粪渣堵塞，空气不能流通；或有的池子建在室内，空气流通不好，又没有向池内鼓风，不能把池内的残留气体完全排除。沼气的主要成分是甲烷，它是一种无色气体，当空气中浓度达到30%左右时，可使人麻醉；浓度达到70%以上时，会因缺氧而使人窒息死亡。沼气中的另一主要成分为二氧化碳，也是一种易使人窒息性气体，由于二氧化碳比空气重（为空气的1.52倍），在空气流通不良的情况下，它仍能留在池内，造成池内严重缺氧。所以，尽管甲烷、一氧化碳等比空气轻的气体被排除后，人入池仍会造成窒息中毒事故。同时，加入沼气池中的有机物质，在厌氧条件下也能产生一些有毒气体。因此，下池检修或清除沉渣时，必须提高警惕，事先采取安全措施，才能防止窒息和中毒事故的发生。

人进入沼气池前应注意以下安全措施。

（1）新建沼气池装料后，就会发酵产气，如需继续加料，只能从进料管或活动盖口处加入，严禁进入池内加料。

（2）清除沉渣或查漏、修补沼气池时，先要将输气导管取下，发酵原料至少要出到进、出料口挡板以下，有活动盖板的要将盖板揭开，并用风车（南方一种用来去除稻谷中杂质的传统农具）或小型空压机等向池内鼓风，以排出池内残存的气体。当池内有了充足的新鲜空气后，人才能进入池内。入池前，应先进行动物实验，可将鸡、兔等动物用绳拴住，漫漫放入池内。如动物活动正常，说明池内空气充足，可以入池工作，若动物表现异常，或出现昏迷，表明池内严重缺氧或有残存的有毒气体未排除干净，这时要严禁人员进入池内，而要继续通风排气。

（3）在向池内通风和进行动物试验后，下池的人员要在腰部拴上保险绳，搭梯子下池，池外要有人看护，以便一旦发生意外时，能够迅速将人拉出池外，进行抢救。入池操作的人员如果感到头昏、发闷、不舒服，要马上离开池内，到池外空气流通的地方休息。

（4）为了减少和防止池内产生有毒气体，要严禁将菜油枯（榨菜油后的渣）加入沼气池，因油枯在密闭的条件下，能产生剧毒气体磷化三氢，人接触后，极易引起中毒死亡。

（5）由于沼气是易燃气体，遇火就会猛烈燃烧。已装料、产气的沼气池，在入池出料、维修、查漏时，只能用电筒或镜子反光照明，绝对不能持煤油灯、桅灯、蜡烛等明火照明工具入池；也不能采用向沼气池内先丢火团烧掉沼气再点明火入池的办法，因为，向池内丢入火团虽然可以把池内的沼气烧掉，同时，也烧掉池内的氧气，使池内的二氧化碳浓度更大，如不注意通风，容易发生窒息事故。另外，人入池后，粪皮下的沼气仍不断释放出来，一遇明火，同样可以发生燃烧，发生烧伤事故。同时，丢火团入池易引起火灾，损坏沼气池。所以，这种办法很不安全；也不能在池内和池口吸烟，以免引燃池内残存沼气，发生烧伤事故。揭开活动盖板进行维修、加料、搅拌时，也不能在盖口吸烟、划火柴或点明火。特别是沼气池修在池内或棚内的，更应特别注意这一点。

（七）入池人员若发生窒息、中毒时应采取的抢救措施

发生入池人员窒息、中毒情况时，要组织力量进行抢救。抢救时，要沉着冷静，动作迅速，切忌慌张，以免连续发生窒息、中毒事故。在抢救的步骤上，首先要用风车等连续不断地向池内输入新鲜空气。同时，迅速搭好梯子，组织抢救人员入池。抢救人员要拴上保险绳，入池前要深吸一口气（最好口内含一胶管通气，胶管的一端伸出池外），尽快把昏迷者搬出池外，放在空气流通的地方。如已停止呼吸，要立即进行人工呼吸，做胸外心脏按压，严重者经初步处理后，要送往就近医院抢救。如昏迷者口中含有粪便，应事先用清水冲洗面部，掏出嘴里的粪渣，并抱住昏迷者的腹部，让头部下垂，使肚内粪液吐出，再进行人工呼吸和必要的药物治疗。

（八）防止沼气池发生爆炸

引起沼气池爆炸的原因一般有 2 种：一是新建的沼气池装料后不正确的在导气管上点火，试验是否开始产气，引起回火，使池内气体猛烈膨胀、爆炸使池体破裂。二是池子出料，池内形成负压，这时点火用气，容易发生内吸现象，引起火焰入池，发生爆炸。

防止方法：第一，检查新建沼气池是否产生沼气时，应用输气管将沼气引到灶具上试验，严禁在导气管上直接点火试验。第二，

池内如果出现负压，就要暂时停止点火用气，并及时投加发酵原料，等到出现正压后再使用。

（九）沼气池使用过程中的一般性故障处理

为了便于用户在沼气使用过程中及时发现并解决所遇到的问题，对沼气使用过程中的一般性故障，制作了表3-3，可供用户快速查阅。

表3-3 沼气池使用过程中的一般性故障、原因及处理方法

故障现象	原因	处理方法
1. 压力表水柱上下波动，火焰燃烧不稳定	输气管道内有积水	排除管道内积水
2. 打开开关，压力表急降关上开关，压力表急升	导道气管堵塞或拐弯处扭曲，管道通气不畅	疏通导气管，理顺管道
3. 压力表上升缓慢或不上升	沼气池或输气管漏气、发酵料不足、沼气发酵接种物不足	修补漏气部位；添加新鲜发酵原料；增加沼气发酵接种物
4. 压力表上升慢，到一定程度不再上升	贮气室或管道漏气，进料管或水压间漏水	检修沼气池拱顶及管道；修补漏水处
5. 压力表上升快，使用时下降也快	池内发酵料液过多，水压间体积太小	取出一些料液，适当增大水压间
6. 压力表上升快，气多，但较长时间点不燃	发酵原料甲烷菌种少	排放池内不可燃气体，增添接种物或换掉大部分料液
7. 开始产气正常，以后逐渐下降或明显下降	逐渐下降是未及时补充新料、明显下降是管道漏气或误将喷过药物的原料加入池内	去出一些旧料，添加新料；检查维修系统漏气问题；如误将含农药的原料加入池内，只有进行大换料，并清洗池内
8. 产气正常，但燃烧火力小或火焰呈红黄色	灶具火孔堵塞；火焰呈红黄色是池内发酵液过量，甲烷含量少	清扫灶具的喷火孔；取出部分旧料，补充新料，调节灶具空气调节环
9. 沼气灯点不亮或时明时暗	沼气中甲烷含量低，压力不足，喷嘴口径不当、纱罩存放过久受潮质次、喷嘴堵塞或偏斜、输气管内有积水	添加发酵原料和接种物，提高沼气产量和甲烷含量；调节进气阀，选用100～300瓦的优质纱罩；及时排除管道中的积水

第三节　沼气的综合利用技术

一、沼气的利用

沼气在农村的用途很广，其常规用途主要是炊事照明，随着科技的进步和沼气技术的完善，沼气的应用范围越来越广，目前已在许多方面发挥了效应。

（一）沼气炊事照明

沼气在炊事照明方面的应用是通过灶具和灯具来实现的。

1. 沼气灶的类型

沼气灶按材料分有铸铁灶、搪瓷面灶、不锈钢面灶；按燃烧器的个数分有单眼灶、双眼灶。按燃料的热流量（火力大小）分有 8.4 兆焦/时、10.0 兆焦/时、11.7 兆焦/时，最大的有 42 兆焦/时。

按使用类别分为户用灶、食堂用中餐灶、取暖用红外线灶；按使用压力分为 800 帕和 1 600 帕两种，铸铁单灶一般使用压力为 800 帕，不锈钢单、双眼灶一般采用 1 600 帕压力。

沼气是一种与天然气较接近的可燃混合气体，但它不是天然气，不能用天然气灶来代替沼气灶，更不能用煤气灶和液化气的灶改装成沼气灶用。因为，各种燃烧气有自己的特性，例如它可燃烧的成分、含量、压力、着火速度、爆炸极限等都不同。而灶具是根据燃烧气的特性来设计的，所以，不能混用。沼气要用沼气灶，才能达到最佳效果，保证使用安全。

2. 沼气灶的选择

根据自己的经济条件和沼气池的大小及使用需要来选择沼气灶。如果沼气池较大、产气量大，可以选择双眼灶。如果池子小，产气量少，只用于一日三餐做饭，可选用单眼灶。目前，较好的是自动点火不锈钢灶面灶具。

3. 沼气灶的应用

先开气后点火，调节灶具风门，以火苗蓝里带白，急促有力为佳。

　　我国农村家用水压式沼气池其特点是压力波动大，早晨压力高，中午或晚上由于用气后压力会下降。在使用灶具时，应注意控制灶前压力。目前沼气灶的设计压力为 800 帕和 1 600帕（即 80 毫米水柱和 160 毫米水柱）两种，当灶前压力与灶具设计压力相近时，燃烧效果最好。而当沼气池压力较高时，灶前压力也同时增高而大于灶具的设计压力时，热负荷虽然增加了（火力大），但热效率却降低了（沼气却浪费了），这对当前产气率还不太大的情况下是不划算的。所以在沼气压力较高时，要调节灶前开关的开启度，将开关关小一点控制灶前压力，从而保证灶具具有较高的热效率，以达到节气的目的。

　　由于每个沼气池的投料数量、原料种类及池温、设计压力的不同，所产沼气的甲烷含量和沼气压力也不同，因此，沼气的热值和压力也在变化。沼气燃烧需要 5~6 倍空气，所以调风板（在沼气灶面板后下方）的开启度应随昭气中甲烷含量的多少进行调节。当甲烷含量多时（火苗发黄时），可将调风板开大一些，使沼气得到完全燃烧，以获得较高的热效率。当甲烷含量少时，将调风板关小一些。因此，要通过正确掌握火焰的颜色、长度来调节风门的大小。但千万不能把调风板关死，这样火焰虽较长而无力，一次空气等于零，而形成扩散式燃烧，这种火焰温度很低，燃烧极不完全，并产生过量的一氧化碳。根据经验调风板开启度以打开 3/4 为宜（火焰呈蓝色）。

　　灶具与锅底的距离，应根据灶具的种类和沼气压力的大小而定，过高过底都不好，合适的距离应是灶火燃烧时"伸得起腰"，有力，火焰紧贴锅底，火力旺，带有响声，在使用时可根据上述要求调节适宜的距离。一般灶具灶面距离锅底以 2~4 厘米为宜。

　　沼气灶在使用过程中火苗不旺可从以下几个方面找原因：第一，沼气池产气不好，压力不足。第二，沼气中甲烷含量少，杂气多。第三，灶具设计不合理，灶具质量不好。如灶具在燃烧时，带入空气不够，沼气与空气混合不好不能充分燃烧。第四，输气管道太细、太长或管道阻塞导致沼气流量过小。第五，灶面离锅底太近或太远。第六，沼气灶内没有废气排出孔，二氧化碳和水蒸气排放不畅。

4. 沼气灯的应用

沼气灯是通过灯纱罩燃烧来发光的，只有烧好新纱罩，才能延长其使用寿命。其烧制方法是先将纱罩均匀地捆在沼气灯燃烧头上，把喷嘴插入空气孔的下沿，通沼气将灯点燃，让纱罩全部着火燃红后，慢慢地升高或后移喷嘴，调节空气的进风量，使沼气、空气配合适当，猛烈点燃，在高温下纱罩会自然收缩最后发生乓的一声响，发出白光即成。烧新纱罩时，沼气压力要足，烧出的纱罩才饱满发白光。

为了延长纱罩的使用寿命，使用透光率较好的玻璃灯罩来保护纱罩，以防止飞蛾等昆虫撞坏纱罩或风吹破纱罩。

沼气灯纱罩是用人造纤维或苎麻纤维织成需要的罩形后，在硝酸钍的碱溶液中浸泡，使纤维上吸满硝酸钍后凉干制成的。纱罩燃烧后，人造纤维就被烧掉了，剩下的是一层二氧化钍白色网架，二氧化钍是一种有害的白色粉末，它在一定温度下会发光，但一触就会粉碎。所以，燃烧后的纱罩不能用手或其他物体去触击。

5. 使用沼气灯、灶具时，应注意的安全事项

第一，沼气灯、灶具不能靠近柴草、衣服、蚊帐等易燃物品。特别是草房，灯和房顶结构之间要保持 1~1.5 米的距离。第二，沼气灶具要安放在厨房的灶面上使用，不要在床头、桌柜上煮饭烧水。第三，在使用沼气灯、灶具时，应先划燃火柴或点燃引火物，再打开开关点燃沼气。如将开关打开后再点火，容易烧伤人的面部和手，甚至引起火灾。第四，每次用完后，要把开关扭紧，不使沼气在室内扩散。第五，要经常检查输气管和开关有无漏气现象，如输气管被鼠咬破、老化而发生破裂，要及时更新。第六，使用沼气的房屋，要保持空气流通，如进入室内，闻有较浓的臭鸡蛋味（沼气中硫化氢的气味），应立即打开门窗，排除沼气。这时，绝不能在室内点火吸烟，以免发生火灾。

6. 使用沼气设备时常见的故障及排除方法

沼气灶、沼气灯、热水器等产品有国家标准和行业标准控制质量，保护沼气用户的权益。购买灶、灯及配套的管道、阀门、开关等配件一定要注意质量，尤其输气管线不能用再生塑料。为了保证有效利用沼气，在使用过程中出现的故障，可参照表3-4所列的现象和解决方法排除。

表 3-4 沼气设备常见故障及排除方法

设备名称	故障现象	主要原因	处理方法
家用沼气灶	漏气	1. 配气管路或接灶管连接不紧	1. 将接头拧紧
		2. 橡皮管、塑料管年久老化，出现裂纹	2. 更换新管
		3. 阀芯与阀件间密封不好	3. 涂密封脂或更换阀
	回火	1. 火盖与燃烧器头部配合不好	1. 调整或更换火盖
		2. 风门开度过大，一次空气量太多	2. 调整风门
		3. 烹饪锅勺的部位过低，造成燃烧器头部过热	3. 调高锅勺位置
		4. 供气管路喷嘴堵塞	4. 清除堵塞物
		5. 环境风速过大	5. 调整门窗开度及换气扇转速
	离焰脱火	1. 风门开度过大，环境风速过大	1. 调整风门，控制环境风速
		2. 喷嘴孔径过大	2. 缩小喷嘴孔径或更换喷嘴
		3. 火孔堵塞	3. 疏通火孔
		4. 供气压力过高	4. 关小阀门
	黄焰	1. 风门开度过小	1. 开大风门
		2. 二次空气供给不足	2. 清除燃烧器头部周围杂物
		3. 引射器内有赃物	3. 清除赃物
		4. 喷嘴与引射器喉管不对中	4. 调整对中
		5. 喷嘴孔过大	5. 缩小喷嘴孔径
		6. 锅支架过低	6. 调整或更换锅支架
	自动点火不着	1. 小火喷嘴或输气管堵塞	1. 疏通

（续表）

设备名称	故障现象	主要原因	处理方法
家用沼气灶	自动点火不着	2. 小火燃烧器与主要燃烧器的相对位置不合适	2. 调整小火燃烧器位置
		3. 一次空气量过大	3. 调小风门
		4. 火孔内有水	4. 擦拭干净
		5. 点火器电极或绝缘子太脏	5. 用干布擦净
		6. 导线与电极接触不良或烧坏	6. 调整或更换
		7. 脉冲点火器的电路或元器件损坏	7. 请专业人员修理
		8. 压电陶瓷接触不良或失效	8. 调整或更换
		9. 打火电极间距离不当	9. 调整
		10. 打火电极没对准小火出火孔	10. 调试好
		11. 未装电池或电池失效	11. 装入或更换电池
	阀门旋转不灵	1. 密封纸干燥	1. 均匀涂密封脂
		2. 阀门内零部件损坏	2. 更换零部件或阀门
		3. 阀门受热变形	3. 更换阀门
		4. 阀芯锁母过紧	4. 更换阀门
		5. 旋钮损坏或顶丝松动	5. 更换旋钮或紧固顶丝
	连焰	1. 燃烧器加工质量差，火盖变形	1. 把火盖转动到适当的角度，使起不连焰
		2. 火盖与燃烧器头部接触不严密，在局部火孔处形成缝隙	2. 将两个相同负荷的燃烧器火盖互换
			3. 更换新火盖

设备名称	故障现象	主要原因	处理方法
沼气灯	纱罩破	1. 耐火泥头破碎，中间有火孔	1. 更换新泥头
		2. 沼气压力过高	2. 控制灯前压力为额定压力
		3. 纱罩未装好，点火时受碰	3. 用玻璃罩防止蚊蝇扑撞
	灯不亮、发红、无白光	1. 喷嘴孔径过小或堵塞	1. 清洗喷嘴，加大沼气流量
		2. 喷嘴过大一次空气引射不足	2. 加大进风量
		3. 进风孔未调整好	3. 重新调整进风孔
		4. 纱罩质量不佳规格不匹配或受潮	4. 更换新纱罩，选用匹配的纱罩
	纱罩外有明火	1. 沼气量过大	1. 关小进气阀，降低沼气压力，更换小喷嘴
		2. 一次空气进风量不足	2. 调节一次进风孔
	灯光由正常变弱、沼气不通	1. 沼气压力降低，供气量减少	1. 加大进气阀门
		2. 喷嘴堵塞	2. 疏通喷嘴
		3. 有漏气点	3. 找出漏气点并堵塞
	灯光忽明忽暗	1. 燃烧器设计、加工不好，燃烧不稳定	1. 查找或更换燃烧器
		2. 管道内有积水	2. 清除管道内积水和污垢
	玻璃罩破裂	1. 玻璃罩本身热稳定性不好	1. 采用热稳定性好的玻璃罩
		2. 纱罩破裂，高温热烟气冲击	2. 及时更换损坏的纱罩
		3. 沼气压力过高	3. 控制沼气灯的压力不要过高
	装玻璃罩后灯光发暗	1. 玻璃罩透光性不好	1. 选用质量合格的玻璃罩
		2. 玻璃罩上有气泡、结石、不容砂砾	2. 选购时应进行检查

（续表）

设备名称	故障现象	主要原因	处理方法
沼气热水器	点不着火	1. 燃气总阀未打开	1. 打开燃气阀
		2. 管内有残余空气	2. 待片刻后再点燃
		3. 燃气压力过低或过高	3. 调节压力或报修
		4. 常明火喷嘴堵塞	4. 清除堵塞物或报修
		5. 点火开关掀压时间过短	5. 延长掀压时间
		6. 过气胶管曲折或龟裂	6. 调整或更换
	打开热水阀门而无热水，或只有冷水	1. 未开冷水阀	1. 打开冷水阀
		2. 进水滤网堵塞	2. 清洗滤网
		3. 水压过低	3. 暂停使用
		4. 主燃烧器未点燃	4. 检查燃气阀是否旋至全开位置
		5. 常明火熄灭	5. 点燃常明火
	自动点火不动作	1. 干电池用完	1. 更换干电池
		2. 放电极间距离不合适	2. 调整距离
		3. 放电极头部受潮	3. 擦干
		4. 线路或元件损坏	4. 更换或报修
	主燃烧器火焰不稳或发黄	热交换器翅片排烟腔局部堵塞	清除堵塞物或报修
	自来水关闭后主燃烧器不熄火	水—气联动装置失灵	报修
	主助燃器突然熄灭	1. 水压太低	1. 检查水源压力
		2. 房间内缺氧（有缺氧保护装置时）	2. 迅速打开门窗通风后再使用
		3. 风吹灭	3. 重新点燃
		4. 气源停止	4. 找出原因恢复供气
	排风扇不转	1. 电源保险丝熔断	1. 更换保险丝
		2. 水—器联动装置损坏	2. 报修
		3. 电子联动器损坏	3. 报修

（续表）

设备名称	故障现象	主要原因	处理方法
沼气热水器		4. 排气电机烧毁	4. 报修
	水温不稳定或水温调节失灵	燃气压力不足或停气	开打燃气阀
食堂灶具	自动点火装置不打火	1. 干电池用完，压电陶瓷阀失效，电路或元件损坏	1. 更换
		2. 电源电压过低	2. 停电
		3. 点火花放电极间距离不合适	3. 调整距离
		4. 放电极头部受潮	4. 擦干
	常明火、点火燃烧器或主火燃烧器点不着	1. 燃气总阀未打开	1. 打开总阀
		2. 燃气管道内有空气	2. 连续点火
		3. 燃气压力过高或过低	3. 调节压力
		4. 喷嘴堵塞	4. 清除堵塞物
		5. 点火花远离燃烧器出火孔	5. 调节距离
	燃烧器回火	1. 燃烧器引射器进风口过大	1. 调小调风板开度
		2. 喷嘴部分堵塞	2. 清除堵塞物
		3. 喷嘴与燃气管连接处漏气	3. 检查并排除漏气
		4. 燃气阀未全开	4. 开打燃气阀
		5. 周围环境风太大	5. 采取防风措施
		6. 管路阻力太大	6. 清除管内污物
		7. 燃烧器火盖不严	7. 更换火盖
		8. 沼气表损坏	8. 更换沼气表
	燃烧器有黄焰	1. 出火孔处有堵塞物	1. 清除堵塞物
		2. 印射器进风口过小	2. 调大进风口
		3. 喷嘴与引射器不对中	3. 调整使其对中
		4. 喷嘴直径过大	4. 更换喷嘴或报修
		5. 引射器内有污物	5. 清除污物
		6. 旋塞阀漏气	6. 排除漏气
		7. 燃烧器火盖与头部底座不匹配	7. 更换燃烧器或火盖
	大锅一边开锅，或超过25分钟仍不开锅	1. 燃烧器与锅不对中	1. 调整其位置
		2. 炉膛内排烟口布置不合理	2. 合理布置排烟口
		3. 加水过量	3. 按定量加水
		4. 喷嘴堵塞或供气不足	4. 通污，加大喷嘴

（续表）

设备名称	故障现象	主要原因	处理方法
食堂灶具	烟囱冒火	1. 空气供给不足	1. 增加供风量
		2. 炉膛排烟口布置不合理	2. 粘贴耐火材料，重新布置排烟口
		3. 烟囱抽力太大	3. 关小排烟口
	倒烟	1. 烟道被堵	1. 清除污物
		2. 烟囱倒风	2. 设防风罩
		3. 一、二次风口有抽气	3. 将一、二次风口的抽风装置移开
	灶体表面过热	锅圈或炉膛的保温层脱落	填补上保温层或报修
	鼓风机不转或有杂音	1. 电源未接通	1. 接通电源
		2. 扇叶卡住或松动	2. 除卡或拧紧扇页
		3. 电机烧坏	3. 换电机

（二）沼气取暖

沼气在用于炊事照明的同时，产生温度可以取暖外，还可用专用的红外线炉取暖。

（三）沼气增温增光增气肥

沼气在北方"四位一体"的温室内通过灶具、灯具燃烧可转化成二氧化碳，在转化过程的同时，增加了温室内的温度、光照和二氧化碳气肥。

1. 应掌握的技术要点

（1）增温增光。主要通过点燃沼气灶、灯来解决，适宜燃烧时间为凌晨5：30～8：30。

（2）增供二氧化碳。主要靠燃烧沼气，适宜时间应安排在凌晨6：00～8：00。注意放风前30分钟应停止燃烧沼气。

（3）温室内按每50平方米设置一盏沼气灯，每100平方米设置一台沼气灶。

2. 注意事项

（1）点燃沼气灶、灯应在凌晨气温较低（低于30℃）时进行。

（2）施放二氧化碳后，水肥管理必须及时跟上。

（3）不能在温棚内堆沤发酵原料。

（4）当1 000立方米的日光温室燃烧1.5立方米的沼气时，沼气需经脱硫处理后再燃烧，以防有害气体对作物产生危害。

（四）沼气作动力燃料

沼气的主要成分是甲烷，它的燃点是814℃，而柴油机压缩行程终了时的温度一般只有700℃，低于甲烷的燃点。由于柴油机本身没有点火装置，因此，在压缩行程上止点前不能点燃沼气。用沼气作动力燃料在目前大部分是采用柴油引燃沼气的方法，使沼气燃烧（即柴油—沼气混合燃烧），简称油气混烧。油气混烧保留了柴油机原有的燃油系统，只在柴油机的进气管上装一个沼气—空气混合器即可。在柴油机进气行程中，沼气和空气在混合器混合后进入气缸，在柴油机压缩行程上止点前喷油系统自动喷入少量柴油（引燃油量）引燃沼气，使之做功。

柴油机改成油气混烧保留了原机的燃油系统。压缩比喷油提前角和燃烧室均未变动，不改变原机结构，所以，不影响原机的工作性能。当没有沼气或沼气压力较低时，只要关闭沼气阀，即可成为全柴油燃烧，保持原机的功率和热效率。

据测定，油气混烧与原机比较，一般可节油70%～80%，每0.735千瓦（1马力）1小时要耗沼气0.5立方米。如S195型柴油机即8.88千瓦（12马力），1小时要耗用6立方米沼气。

（五）沼气灯光诱蛾

沼气灯光的波长在300～1 000纳米，许多害虫对于300～400纳米的紫外光线有较大的趋光性。夏、秋季节，正是沼气池产气和多种害虫成虫发生的高峰期，利用沼气灯光诱蛾，以供鸡、鸭采食并捕杀害虫，可以一举多得。

1. 技术要点

（1）沼气灯应吊在距地面或水面80～90厘米处。

（2）沼气灯与沼气池相距30米以内时，用直径10毫米的塑料管作沼气输气管，超过 30 米远时应适当增大输气管道的管径。也可在沼气输气管道中加入少许水，产生气液局部障碍，使沼气灯工作时产生忽闪现象，增强诱蛾效果。

（3）幼虫喂鸡、鸭的办法。在沼气灯下放置一只盛水的大木盆，水面上滴入少许食用油，当害虫大量拥来时，落入水中，被水面浮油粘住翅膀死亡，以供鸡鸭采食。

（4）诱虫喂鱼的办法。离塘岸 2 米处，用 3 根竹竿做成简易三脚架，将沼气灯固定。

2. 注意事项

诱蛾时间应根据害虫前半夜多于后半夜的规律，掌握在天黑至午夜 24：00 为宜。

（六）沼气储粮

利用沼气储粮，造成一种窒息环境，可有效抑制微生物生长繁殖，杀死粮食中害虫，保持粮食品质，还可避免常规粮食储藏中的药剂污染。据调查，采用此项技术可节约粮食贮藏成本 60%，减少粮食损失 12% 以上。

1. 技术要点

方法步骤：清理储粮器具、布置沼气扩散管、装粮密封、输气、密闭杀虫。

（1）农户储粮。

建仓：可用大缸或商品储仓，也可建 1 ~ 4 立方米小仓，密闭。

布置沼气扩散管：缸用管可采用沼气输气管烧结一端，用烧红的大头针刺小孔若干，置于缸底；仓式储粮需制作"十字"或"丰"字形扩散管，刺孔，置仓底。

装粮密封：包括装粮、装好进出气管、塑膜密封等。

输入沼气：每立方米粮食输入沼气 1.5 立方米，使仓内氧含量由 20% 下降到 5%（检验以沼气输出管接沼气炉能点燃为宜）。

密封后输气：密封 4 天后，再次输入 1 次沼气，以后每 15 天补充 1 次沼气。

（2）粮库储粮。粮库储粮由粮仓、沼气进出系统、塑料薄膜密封材料组成。

扩散管等的设置：粮仓底部设置"十字形"、中上部设置"丰字形"扩散管，扩散管达到粮仓边沿。扩散管主管用 10 毫米塑管，支管用 6 毫米塑管，每隔 30 毫米钻 1 孔。扩散管与沼气池相通，其间设节门，粮仓周围和粮堆表面用 0.1 ~ 0.2 毫米的塑料薄膜密封，并安装好测温度和湿度线路。粮堆顶部设一小管作为排气管，并与氧气测定仪相连。

密闭通气：每立方米粮食输入 1.5 立方米沼气至氧气含量下降到 5% 以下停止输气，每隔 15 天补充 1 次气。

2. 注意事项

（1）常检查是否漏气，严禁粮库周围吸烟、用火。

（2）电器开关须安装于库外。

（3）沼气池产气量要与通气量配套。

（4）储粮前应尽量晒干所储粮食，并与储粮结束后及时翻晒。

（5）输气管中安装集水器或生石灰过滤器，及时排出管内积水。

（6）注意人员安全。人员进入储库前必须充分通风（打开门窗），并有专人把守库外，发现异常及时处理。

（七）沼气水果保鲜

沼气气调贮藏就是在密封的条件下，利用沼气中甲烷和二氧化碳含量高、含氧量及少、甲烷无毒的性质和特点，来调节贮藏环境中的气体成分，造成一种高二氧化碳和低氧的状态，以控制贮果的呼吸强度，减少贮藏过程中的基质消耗，并防治虫、霉、病、菌危害，达到延长贮藏时间及保持良好品质的目的。

生产中应根据实际需要来确定贮果库、沼气池的容积，以确保保鲜所需沼气，建贮果库时要考虑通风换气和降温工作，并做好预冷散热和果库及用具的杀菌消毒工作，充气时要充足，换气时要彻底。一般贮果库应建在距沼气池 30 米以内，以地下式或半地下式为好，储库容积 30 立方米，面积 10 ~ 15 立方米，设储架 4 层，一次储果 3 000 ~ 5 000 千克，顶部留有 60 厘米 × 60 厘米的天窗。

1. 柑橘贮藏保鲜

（1）技术要点。采果与装果：待柑橘成熟 80% ～90% 时，晴天、露水干后用剪刀剪果，轻摘轻放；选择无损、无病虫害、大小均匀果装篓，放干燥、阴凉、通风处 1 ～2 天后入库。

①库储：

入库　入库前内清洁消毒，连接输气管与扩散管，装果封库，注意密封、留排气孔、观察孔。

输气　入库 1 周后输入经脱硫处理的沼气，时间 20 ～60 分钟，每次每立方米库容输入 11 ～18 升沼气；储藏前期沼气输入量可少些，气温增高时可适当加大输入沼气量。

换气与排湿　柑橘储藏的最佳湿度 90% ～98%，温度 4 ～15℃；每 3 天补充 1 次沼气，温度过高时通风。换气时，可先打开库门、天窗及排气管通风，然后关闭库门、天窗及排气管，按标准输入新鲜沼气；若湿度不够，可与通风结束时，向库内地面喷适量的水。

翻果　入库 1 周后与输入沼气前翻果 1 次，结合换气均应翻果 1 次；翻果时，将上、下层果的位置进行调换，同时，将烂果剔除。

出库　库储一般可保鲜 120 天左右，储后出库。

②袋储：

选袋　选用完好不漏气塑料袋，大小以每袋盛 10 千克柑橘为宜。

采果　柑橘采摘并经过前处理后，存放于阴凉处 2 天。

装袋　将沼气输气管出气口放入塑料保鲜袋底部，并依次轻轻放入柑橘，每袋不宜超过 10 千克；装满后，打开开关输入沼气，直至闻到沼气气味为止，关闭开关，抽出输气管，并用塑料绳扎紧袋口，做到不漏气。

存放　在室内地面铺放一层厚 5 ～8 厘米稻草或麦秆，将柑橘保鲜袋平放在上面，或置于楼地面。

管理　入库 1 周后，应逐袋检查 1 次，查看塑料袋是否漏气，内层是否凝有水珠，是否有烂果。如有漏气，可查找漏气部位，并用胶带纸密封。如有水珠，可放入干燥的纸屑或稻草吸水，待水珠消失后去除。发现烂果及时剔除。处理完后再次输入沼气。

出库　袋储一般可保鲜90天左右，好果率达95%以上，失重率为1%～2%。

（2）注意事项。①严禁储藏室内吸烟、点火。②电灯照明，开关应安装在室外。③出库前，先通风1～2天。④采用袋储，不可层层叠放，以免压坏果实（每星期至少检查1次，每20天通沼气1次）。⑤储藏期间或储藏结束后有关人员进入储库前必须充分通风，并进行动物实验。试验方法为将小动物移入储库，观察5分钟后取出，根据动物状态决定人员能否安全进入（如动物健康如初，则可进入；否则，不宜进入，并进一步通风）。

2. 山楂贮藏保鲜

山楂入库后，白天关闭门窗，晚间开窗通风降温，连续3～4天，待室内温度基本稳定后进行充气。具体方法是采取充气3天，停3天，打开门窗通风换气，降温3夜，反复到1个月，然后随环境温度的变化，采取"充气3天，停5天，通风2天"；到3～4个月时，则采取"充气4天，停7～10天，通风换气1天"，4个月后好果率为84%。

二、沼液的利用

（一）沼液做肥料

腐熟的沼液中含有丰富的氨基酸、生长素和矿质营养元素，其中全氮含量0.03%～0.08%，全磷含量0.02%～0.07%，全钾含量0.05%～1.4%，是很好的优质速效肥料。可单施，也可与化肥、农药、生长剂等混合施。可作种肥、追肥和叶面喷肥。

1. 作种肥浸种

沼液浸种能提高种子发芽率、成苗率，具有壮苗保苗作用。其原因已知道的有以下 3 个方面：一是营养丰富。腐熟的沼气发酵液含有动植物所需的多种水容性氨基酸和微量元素，还含有微生物代谢产物，如多种氨基酸和消化酶等各种活性物质。用于种子处理，具有催芽和刺激生长的作用。同时，在浸种期间，钾离子、铵离子、磷酸根离子等都会因渗透作用不同程度地被种子吸收，而这些养分在秧苗生长过程中，可增加酶的活性，加速养分运转和代谢过程。二是有灭菌杀虫作用。沼液是有机物在沼气池内厌氧发酵的产物。由于缺氧、沉淀和大量铵离子的产生，使沼液不会带有活性菌和虫卵，并可杀死或抑制中表面的病菌和虫卵。三是可提高作物的抗逆能力，避免低温影响。种子经过浸泡吸水后，既从休眠状态进入萌芽状态。春季气温忽高忽低，按常规浸种育秧法，往往会对种子正常的生理过程产生影响，造成闷芽、烂秧，而采用沼液浸种，沼气池水压间的温度稳定在 8 ~ 10℃，基本不受外界气温变化的影响，有利于种子的正常萌发。

（1）技术要点。

小麦：在播种前 1 天进行浸种，将晒过的麦种在沼液中浸泡 12 小时，去除种子袋，用清水洗净并将袋里的水沥干，然后把种子摊在席子上，待种子表面水分晾干后即可播种。如果要催芽的，即可按常规办法催芽播种。

玉米：将晒过的玉米种装入塑料编织袋内（只装半袋），用绳子吊入出料间料液中部，并拽一下袋子的底部，使种子均匀松散于袋内，浸泡 24 小时后取出，用清水洗净，沥干水分，即可播种。此法比干种播种增产 10% ~ 18%。

甘薯与马铃薯：甘薯浸种是将选好的薯种分层放入清洁的容器内（桶、缸或水泥池），然后倒入沼液，以淹过上层薯种 6 厘米左右为宜。在浸泡过程中，沼液略有消耗，应及时添加，使之保持原来液面高度。浸泡 2 小时后，捞出薯种，用清水冲洗后，放在草席上，晾晒半小时左右，待表面水分干后，即可按常规方法排列上床育苗。该法比常规育苗提高产芽量 30% 左右，沼液浸种的壮苗率达 99.3%，平均百株重为 0.61 千克；而常规浸种的壮苗率仅为 67.7%，平均百株重 0.5 千克。马铃薯浸种也是将选好的薯种分层放入清洁的容器内，取正常沼液浸泡 4 小时，捞出后用清水冲洗净，然后催芽或播种。

早稻：浸种沼液 24 小时后，再浸清水 24 小时；对一些抗寒性较强的品种，浸种时间适当延长，可用沼液浸 36 小时或 48 小时，然后清水浸 24 小时；早稻杂交品种由于其呼吸强度大，因此宜采用间歇法浸种，即浸 6 小时后提起用清水沥干（不滴水为止），然后再浸，连续重复做，直到浸够要求时间为止。

浸棉花种防治枯萎病。沼液中含有较高浓度的氨和铵盐。氨水能使棉花枯萎病得到抑制。沼液中还含有速效磷和水溶性钾。这些物质比一般有机肥含量高，有利于棉株健壮生长，增强抗病能力，沼液防治棉花枯萎病效果明显，而且可以提高产量，同时，既节省了农药开支，又避免了环境污染。

其方法是用沼液原液浸棉种，浸后的棉种有清水漂洗一下，晒干再播，其次用沼液原液分次灌蔸，每 667 平方米用沼液 5 000 ~ 7 500 千克为宜。棉花现蕾前进行浇灌效果最佳。一般防治要达 52% 左右，死苗率下降 22% 左右。棉花枯萎病发病高峰正是棉花现蕾盛期限，因此，沼液灌蔸主要在棉花现蕾前进行，以利提高防治效果。据报道，一般单株成桃增加 2 个左右；棉花产量提高 9% ~ 12%；667 平方米增皮棉 11 ~ 17.5 千克。

花生：一次浸 4 ~ 6 小时，清水洗净晾干后即可播种。

烟籽：时间 3 小时，取出后放清水中，轻揉 2 ~ 3 分钟，晾干后播种。

瓜类与豆类种子：一次浸 2 ~ 4 小时，清水洗净，然后催芽或播种。

（2）使用效果。①沼液比清水浸种水稻和谷种的发芽率能提高 10%。②沼液比清水浸种水稻的成秧率能提高 24.82%，小麦成苗率提高 23.6% 。③沼液浸种的秧苗素质好，秧苗增高、茎增粗、分蘖数目多，而且根多、子根粗、芽壮、叶色深绿，移栽后返青快、分蘖早、长势旺。④用沼液浸种的秧苗"三抗"能力强，基本无恶苗病发生，而清水没浸种的恶苗病发病率平均为 8% 。

（3）注意事项。①用于沼液浸种的沼气池要正常产气 3 个月以上。②浸种时间以种子吸足水分为宜，浸种时间不宜过长，过长种子易水解过度，影响发芽率。③沼液浸过的种子，都应用清水淘净，然后催芽或播种。④及时给沼气池加盖，注意安全。⑤由于地区、墒情、温度、农作物品种不同，浸种时间各地可先进行一些简单的对比试验后确定。⑥在产气压力低（50 毫米水柱）或停止产气的沼气池水压间浸种，其效果较差。⑦浸种前盛种子的袋子一定要清洗干净。

2. 作追肥

用沼液作追肥一般作物每次每 667 平方米用量 500 千克，需对清水 2 倍以上，结合灌溉进行更好；瓜菜类作物可适当增加用量，两次追肥要间隔 10 天以上。果树追肥可按株进行，幼树一般每株每次可施沼液 10 千克，成年挂果树每株每次可施沼液 50 千克。

3. 叶面喷肥

（1）选择沼液。选用正常产气 3 个月以上的沼气池中腐熟液，澄清、纱布过滤并敞半天。

（2）施肥时期。农作物萌动抽梢期（分蘖期），花期（孕穗期、始果期），果实膨大期（灌浆结实期），病虫害暴发期。每隔 10 天喷施 1 次。

（3）施肥时间。上午露水干后（10：00 左右）进行，夏季傍晚为宜，中午高温及暴雨前不施。

（4）浓度。幼苗、嫩叶期 1 份沼液加 1~2 份清水；夏季高温，1 份沼液加 1 份清水；气温较低，老叶（苗）时，不加水。

（5）用量。视农作物品种和长势而定，一般每 667 平方米 40 ～ 100 千克。

（6）喷洒部位。以喷施叶背面为主，兼顾正面，以利养分吸收。

（7）果树叶面追肥。用沼液作果树的叶面追肥要分 3 种情况。如果果树长势不好和挂果的果树，可用纯沼液进行叶面喷洒，还可适当加入 0.5% 的尿素溶液与昭液混合喷洒。气温较高的南方应将沼液稀释，以 100 千克沼液对 200 千克清水进行喷洒。如果果树的虫害很严重，可按照农药的常规稀释量，加入防止不同虫害的不同农药配合喷洒。

（二）沼液防虫

1. 柑橘螨、蚧和蚜虫

沼液 50 千克，双层纱布过滤，直接喷施，10 天 1 次；发虫高峰期，连治 2 ～ 3 次。若气温在 25℃ 以下，全天可喷；气温超过 25℃，应在 17：00 以后进行。如果在沼液中加入 1/3 000 ～ 1/1 000 的灭扫利，灭虫卵效果尤为显著，且药效持续时间 30 天以上。

2. 柑橘黄、红蜘蛛

取沼液 50 千克，澄清过滤，直接喷施。一般情况下，红、黄蜘蛛 3 ～ 4 小时失活，5 ～ 6 小时死亡 98.5%。

3. 玉米螟

沼液 50 千克，加入 2.5% 敌杀死乳油 10 毫升，搅匀，灌玉米新叶。

4. 蔬菜蚜虫

每 667 平方米取沼液 30 千克，加入洗衣粉 10 克，喷雾。也可利用晴天温度较高时，直接泼洒。

5. 麦蚜虫

每 667 平方米取沼液 50 千克，加入乐果 2.5 克，晴天露水干后喷洒；若 6 小时以内遇雨，则应补治 1 次。蚜虫 28 小时失活，40 ～ 50 小时死亡，杀灭率 94.7%。

6. 水稻螟虫

取沼液 1 份加清水 1 份混合均匀，泼浇。

（三）沼液养鱼

1. 技术要点

（1）原理。将沼肥施入鱼塘，系为水中浮游动、植物提供营养，增加鱼塘中浮游动、植物产量，丰富滤食鱼类饵料的一种饲料转换技术。

（2）基肥。春季清塘、消毒后进行。每 667 平方米水面用沼渣 150 千克或沼液 300 千克均匀施肥。沼渣，可在未放水前运至大塘均匀撒开，并及时放水入塘。

（3）追肥。4—6 月，每周每 667 平方米水面施沼渣 100 千克或沼液 200 千克；7—8 月，每周每 667 平方米水面施沼液 150 千克；9—10 月，每周每 667 平方米水面施沼渣 100 千克或沼液 150 千克。

（4）施肥时间。晴天 8：00～10：00 施沼液最好；阴天可不施；有风天气，顺风泼洒；闷热天气、雷雨来临之前不施。

2. 注意事项

（1）鱼类以花白鲢为主，混养优质鱼（底层鱼）比例不超过 40%。

（2）专业养殖户，可从出料间连接管道到鱼池，形成自动溢流。

（3）水体透明度大于 30 厘米时每 2 天施 1 次沼液，每次每 667 平方米水面施沼液 100～150 千克，直到透明度回到 25～30 厘米后，转入正常投肥。

3. 配置颗粒饵料养鱼

利用沼液养鱼是一项行之有效的实用技术，但是如果技术使用不当或遇到特殊气候条件时，容易使水质污染，造成鱼因缺氧窒息而死亡，针对这一问题，用沼液、蚕沙、麦麸、米糠、鸡粪配成颗粒饵料喂鱼，则水不会受到污染，从而降低了经济损失。具体技术如下。

（1）原料配方。用沼液 28%、米糠 30%、蚕沙 15%、麦麸 21%、鸡粪 6%。

（2）配制方法。蚕沙、麦麸、米糠、用粉碎机粉碎成细末，而后加入鸡粪再加沼液搅拌均匀晾晒，在 7 成干时用筛子格筛成颗粒，晒干保管。

（3）堰塘养鱼比例。鲢鱼 20%、草鱼 60%、鲤鱼 15%、鲫鱼 5%。撒放颗粒饵料要有规律性，每天 7：00，17：00 撒料为宜，定地点，定饵料。

（4）养鱼需要充足的阳光。颗粒饵料养鱼，务必选择阳光充足的堰塘，据测试，阳光充足，草鱼每天能增长 11 克，花鲢鱼增长 8 克；阳光不充足，草鱼每天只增长 7 克，花鲢增长 6 克。

（5）掌握加沼液的时间。配有沼液的饵料，含蛋白质较高，在 200 克以下的草鱼不适宜喂，否则，会引起鱼吃后腹泻。在 200 克重以上的鱼可添加沼液的饵料，但开始不宜过多，以后根据鱼大小和数量适当增加。最好将 200 克以下和 200 克以上的鱼分开，避免小鱼吃后腹泻。

该技术的关键是饵料配制、日照时间要长及掌握好添加沼液的时间。

（四）沼液养猪

1. 技术要点

（1）沼液采自正常产气 3 个月以上的沼气池。清除出料间的浮渣和杂物，并从出料间取中层沼液，经过滤后加入饲料中。

（2）添加沼液喂养前，应对猪进行驱虫、健胃和防疫，并把喂熟食改为喂生食。

（3）按牲猪体重确定每餐投喂的沼液量，每日喂食 3～4 餐。

（4）观察牲猪饲喂沼液后有无异常现象，以便及时处置。

（5）沼液日喂量的确定。

体重确定法：育肥猪体重从 20 千克开始，日喂沼液 1.2 千克；体重达 40 千克时，日喂沼液 2 千克；体重达 60 千克时，日喂沼液 3 千克；体重达 100 千克以上，日喂沼液 4 千克。若猪喜食，可适当增加喂量。

精饲料确定法：精饲料指不完全营养成分拌和料；沼液喂食量按每千克；体重达 100 千克以上，日喂食量按每千克饲料拌 1.5～2.5 千克为宜。

青饲料确定法：以青饲料为主的地区，将青饲料粉碎淘净放在沼液中浸泡，2 小时后直接饲喂。

2. 注意事项

（1）饲喂沼液。猪有个适应过程，可采取先盛放沼液让其闻到气味，或者饿 1～2 餐，从而增加食欲，将少量沼液拌入饲料等，3～5 天后，即可正常进行。猪体重 20～50 千克时，饲喂增重效果明显。

（2）严格掌握日饲喂量。如发现猪饲喂沼液后拉稀，可减量或停喂 2 天。所喂沼液一般须取出后搅拌或放置 1～2 小时让氨气挥发后再喂。放置时间可根据气温高低灵活掌握，放置时间不宜过长以防光解、氧化及感染细菌。

（3）沼液喂猪期间，猪的防疫驱虫、治病等应在当地兽医的指导下进行。

（4）池盖应及时还原。死畜、死禽、有毒物不得投入沼气池。

（5）病态的、不产气的和投入了有毒物质的沼气池中的沼液，禁止喂猪。

（6）沼液的酸碱度以中性为宜，即 pH 值在 6.5～7.5。

（7）沼液仅是添加剂，不能取代基础粮食，只有在满足猪日粮需求的基础上，才能体现添加剂的效果。

（8）添加沼液的养猪体重在 120 千克左右出栏，经济效果最佳。

三、沼渣的利用

（一）沼渣做肥料

1. 沼渣做底肥直接使用

由于沼渣含有丰富的有机质、腐殖酸类物质，因而应用沼渣作底肥不仅能使作物增产，长期使用，还能改变土壤的理化形状，使土壤疏松，容重下降，团粒结构改善。

用作旱地作物时，先将土壤挖松 1 次，将沼渣以每 667 平方米 2 000 千克，均匀撒播在土壤中，翻耕，耙平，使沼渣埋于土表下 10 厘米，半月后边可播种、栽培；用于水田作物时，要在第一次犁田后，将沼渣倒入田中，并犁田 3～4 遍，使土壤与沼渣混合均匀，10 天后便可播种、栽培。

2. 沼渣与碳酸氢铵配合使用

沼渣做底肥与化肥碳酸氢氨配合使用，不仅能减少化肥的用量，还能改善土壤结构，提高肥效。

方法：将沼渣从沼气池中取出，让其自然风干 1 周左右，以每 667 平方米使用沼渣 500 千克，碳铵 10 千克，如果缺磷的土壤，还需补施 25 千克过磷酸钙，将土壤或水田再耙一次。旱地还需覆盖 10 厘米厚泥土，以免化肥快速分解，其余施肥方法按照作物的常规施肥与管理。

3. 制沼腐磷肥

先取出沼气池的沉渣，滤干水分，每 50 千克沼渣加 2.5～5 千克磷矿粉，拌和均匀，将混合料堆成圆锥性，外面糊一层稀泥，再撒一层细沙泥，不让开裂，堆放 50～60 天，便制成了沼腐磷肥。再将其挖开，打细，堆成圆锥形，在顶上向不同的方向打孔，每 50 千克沼腐磷肥加 5 千克碳酸氢铵稀释液，从顶部孔内慢慢灌入堆内，再糊上稀泥密封 30 天即可使用。

（二）沼渣种植食用菌（蘑菇）

1. 堆制培养料

蘑菇是依靠培养料中的营养物质来生长发育的，因此，培养料是蘑菇栽培的物质基础。用来堆置的培养料应选择含碳氮物质充分、质地疏松、富有弹性、能含蓄较多空气的材料，以利于好气性微生物的培养和蘑菇菌丝体吸收养分。如麦秸、稻草和沼渣。

以沼渣麦秸为原料，按 1：0.5 的配料比堆制培养料的具体操作步骤如下。

（1）铡短麦草。把不带泥土的麦草铡成 3～4 厘米的短草，收贮备用。

（2）晒干。打碎沼渣，选取不带泥土的沼渣晒干后打碎，再用筛孔为豌豆大的竹筛筛选。筛取的沼渣干粒收放屋内，不让雨淋受潮。

（3）堆料。把截短的麦草用水浸透发胀，铺在地上，厚度以15厘米为宜。在麦草上均匀铺撒沼渣干粒，厚约3厘米。照此程序，在铺完第一层堆料后，再继续铺放第二层、第三层。铺完第三层时，开始向料堆均匀泼洒沼气水肥，每层泼350~400千克，第四、第五、第六、第七层都分别泼洒相同数量的沼气水肥，使料堆充分吸湿浸透。料堆长3米，宽2.33米、高1.5米，共铺7层麦草7层沼渣，共用晒干沼渣约800千克，麦草400千克，沼气水肥2 000千克左右，料堆顶部呈瓦背状弧形。

（4）翻草。堆料7天左右，用细竹竿从料堆顶部朝下插1个孔，把温度计从孔中放进料堆内部测温，当温度达到70℃时开始第一次翻草。如果温度低于70℃，应当适当延长堆料时间，待上升到70℃时再翻料，同时，要注意控制温度不超过80℃，否则，原料腐熟过度，会导致养分消耗过多。第一次翻料时，加入25千克碳酸氢铵、20千克钙镁磷肥、50千克油枯粉、23千克石膏粉。加入适量化肥，可补充养分和改变培养料的硬化性状；石膏可改变培养料的黏性和使其松散，并增加硫、钙矿质元素。翻料方法是：料堆四周往中间翻，再从中间往外翻，达到拌和均匀。翻完料后，继续进行堆料，堆5~6天，则测得料堆温度达到70时，开始第二次翻料。此时，用40%的甲醛水液（福尔马林）1千克，加水40千克，再翻料时喷入料堆消毒，边喷边拌，翻拌均匀。如料堆变干，应适当泼洒沼气水肥，泼水量以手捏滴水为宜；如料堆偏酸，就适当加石灰水，如呈碱性，则适当加沼气水肥，调节料堆的酸碱度从中性到微碱（pH值7~7.5）为宜。然后继续堆料3~4天，温度达到70℃时，进行第3次翻料。在这之后，一般再堆料2~3天，即可移入菌床使用。整个堆料和3次翻料共约18天。

2. 修建菇房和搭育菇床

蘑菇是一种好气性菌类，需要充足的氧气。蘑菇菌丝体的生长，需要 20～25℃的适宜温度，蘑菇子实体的形成和发育，需要较高的温度；菌丝体和子实体对光线要求不严格，再散光和无光照条件下都能正常生长。因此，为了满足蘑菇生长发育所需的环境条件，修建菇房要做到通风换气良好，保温保湿性能强，冬暖夏凉，风吹不到菇床上，室内不易受到外界变化的影响，便于清洗、消毒。菇房的基地与床架要求坚固平整，便于操作。房内用竹木搭设 3 个菇床架，相互间隔 0.7 米，留作通道，以方便进房内操作。菇房四周不靠墙，每个菇床架长 2.3 米，高 2.5 米，床架上用细木杆铺设五层菇床，菇床的层间距离 0.6 米，最底层菇床离地面 0.1 米。在正对两个过道墙的中上部位，各开设 3 个长 0.2 米、宽 0.18 米的空气对流小窗，房顶部左右两侧各开 1 个通气孔。

3. 菇床消毒、装床播种和管理

（1）菇床消毒。用 0.5 千克甲醛水液加 20 千克水喷射房间地面、墙壁和菇架菇床，喷完后，取 150 千克敲碎的硫黄晶体装在碗内，碗上覆盖少量柏树枝和乱草，点燃后，封闭门窗熏蒸 1～2 个小时。3 天后，喷洒高锰酸钾水溶液（20 粒高锰酸钾晶体对水 7.5 千克），次日进行装床播种。

（2）装床播种。先在床上铺一层 8～10 厘米厚的培养料，接着用高锰酸钾水溶液将菌种瓶口消毒后揭开，再用干净的细竹签从菌瓶中钩出菌种，拌撒在干净的盆子内，然后在培养料上均匀地播上一层菌种，然后再铺上一层 5 厘米厚的培养料，使菌种夹在 2 层培养料之间。

（3）管理。

覆土：播种后 10 天左右，菌丝体开始长出培养料的表面，这是要进行覆土，一般以土壤为好。先均匀地覆盖一层粒径 1.6 厘米左右的壤黄泥粗土，再均匀地覆上一层粒径 0.6 厘米左右的壤黄泥细土，使细土盖住粗土，以不露出粗土为宜，总厚度不超过 5 厘米。然后给土层喷水，温度保持在土能捏拢，不黏手，落地能散为宜。

温度和湿度：菌床温度适宜常温，20～25℃是菌丝体生长的最适宜温度。低于15℃菌丝体生长缓慢，高于30℃菌丝体生长稀疏、瘦弱，甚至受害。调节温度的办法是：温度高时，打开门窗通风降温；温度低时，关闭或暂时关闭1～2个空气对流窗。培养料的湿度为60%～65%，空气的相对湿度为80%～90%。调节湿度的办法是：每天给菌床适量喷水1～2次，湿度高时，暂停喷水并打开门窗通风排湿。

调节与补充营养：菌丝长的稀少时，用浓度为0.25毫克/千克的三十烷醇（植物生长调节剂）10毫升加水10千克喷洒菌床。当菌丝生长瘦弱时，用0.25千克葡萄糖加水40千克喷洒菌床。

加强检查：经常保持菇房的空气流通，避免光线直射菇床。

采收后的管理：每次摘完1次成熟蘑菇后，要把菇窝的泥土填平，以保持下一批蘑菇良好的生长环境。

4. 沼渣种蘑菇的优点

（1）取材广泛、方便、省工、省时、省料。

（2）成本低、效益高用沼渣种蘑菇，每平方米菇床成本仅1.22元，比用牛粪种蘑菇每平方米菇床的成本2.25元节省了1.03元，还节省了400千克秸草，价值18.40元。沼渣栽培蘑菇，一般提前10天左右出菇，蘑菇品质好，产量高。

（3）沼渣比牛粪卫生。牛粪在堆料过程中有粪虫产生，沼渣因经过沼气池厌氧灭菌处理，堆料中没有粪虫。用沼渣作培养料，杂菌污染的可能性小。

（三）沼渣养殖蚯蚓

1. 技术要点

（1）蚓床制作。室内养殖，分坑养、箱养、盆养3种。一般以坑养为宜，坑大小依养殖数量和室内大小而定。坑四周以砖砌水泥抹面为好，墙高35厘米以上，地面用水泥抹平或坚实土面亦可，以防蚯蚓逃逸。小规模养殖可采用大箱或瓦盆。室外养殖，可选择避风向阳地方挖坑养殖。坑呈长方形，深度不大于60厘米，一半在地下，一半在地面以上，四周用砖砌好，坑底用水泥抹平或坚实土面亦可。

（2）放养。沼渣捞出后，摊开沥干 2 天，然后与 20% 铡碎稻草、麦秆、树叶、生活垃圾拌匀后平置坑内，厚度 20~25 厘米，均匀移入蚯蚓，保持 65% 湿度。

（3）管理。蚯蚓生活适宜温度为 15~30℃，高温季节可洒水降温，室外养殖不可曝晒，应有必要庇荫设施。气温低于 12℃时，覆盖稻草保暖，保持 65% 湿度。经常分堆，将大小蚯蚓分开饲养。

（4）防止伤害。预防天敌，如水蛭、蟾蜍、蛇、鼠、鸟、蚂蚁、螨等，避免农药、工业废气危害。

2. 注意事项

养殖场所遮光，不能随意翻动床土，以保持安静环境。

3. 加工利用

蚯蚓作为一种动物蛋白质饲料饲喂鸡、鱼等动物，需作适当的加工处理。目前，蚯蚓加工利用的方法主要如下。

（1）速冻贮藏。蚯蚓采收后放入桶内，用流水冲洗过夜，清除腹腔蚓粪和体表黏液。然后放入容器内，加水速冻，结冰后移入 0℃ 以下库房，长期保存。

（2）阳光晒干。将蚯蚓采收后放在室内塑料薄膜上摊开过夜，让其排出消化道内的蚓粪并排出部分体腔黏液。夜间开灯防逃。第二天消除体表黏液及蚓粪后，将蚯蚓放在水泥地上摊成薄薄的一层，连续 2 天太阳照晒，晒成体表红亮洁净的蚯蚓干。

（3）微波炉干燥。将蚯蚓放置在玻璃器皿内，加盖，放入微波炉内干燥。

（4）电烘箱干燥。蚯蚓在不利的环境下，会排出大量体腔黏液，烘干时会与烘盘粘连在一起，很难分离。烘干前在蚯蚓体表拌以豆粕粉、大麦粉或石粉等，然后放在烘盘上摊成薄薄的一层，以 70~75℃烘 6 小时，使其成蚯蚓干。

四、沼肥的综合利用

有机物质（如猪粪、秸秆等）经厌养发酵产生沼气后，残留的渣和液统称为沼气发酵残留物，俗称沼肥。沼肥是优质的农作物肥料，在农业生产中发挥着极其重要的作用。

（一）沼肥配营养土盆栽

1. 技术要点

（1）配制培养土。腐熟 3 个月以上的沼渣与圆土、粗砂等拌匀。比例为鲜沼渣 40％，圆土 40％，粗砂 20％，或者干沼渣 20％，圆土 60％，粗沙 20％。

（2）换盆：盆花栽植 1～3 年后，需换土、扩钵，一般品种可用上法配制的培养土填充，名贵品种视品种适肥性能增减沼肥量和其他培养料。新植、换盆花卉，不见新叶不追肥。

（3）追肥。盆栽花卉一般土少树大、营养不足，需要人工补充，但补充的数量与时间视品种与长势确定。

茶花类（以山茶为代表）要求追肥次数少、浓度低，3—5 月每月 1 次沼液，浓度为 1 份沼液加 1～2 份清水；季节花（以月季花为代表）可 1 月 1 次沼液，比例同上，至 9—10 月停止。

观赏类花卉宜多施，观花观果类花卉宜与磷、钾肥混施，但在花蕾展观和休眠期停止使用沼肥。

2. 注意事项

（1）沼渣一定要充分腐熟，可将取出的沼渣用桶存放 20～30 天再用。

（2）沼液作追肥和叶面喷肥前应敞半天以上。

（3）沼液种盆花，应计算用量，切忌过量施肥。若施肥后，纷落老叶，则表明浓度偏高，应及时淋水稀释或换土；若嫩叶边缘呈渍状脱落，则表明水肥中毒，应立即脱盆换土、剪枝、遮阴护养。

（二）沼肥旱土育秧

1. 技术要点

沼液沼渣旱土育秧是一项培育农作物优质秧苗的新技术。

（1）苗床制作。整地前，每 667 平方米用沼渣 1 500 千克撒入苗床，并耕耙 2～3 次，随即作畦，畦宽 140 厘米、畦高 15 厘米、畦长不超过 10 米，平整畦面，并做好腰沟和围沟。

（2）播种前准备。每 667 平方米备好中膜 80～100 千克或地膜 10～12 千克，竹片 450 片，并将种子进行沼液浸种、催芽。

（3）播种。播种前，用木板轻轻压平畦面，畦面缝隙处用细土填平压实，用撒水壶均匀洒水至 5 厘米土层湿润。按 2～3 千克/平方米标准喷施沼液。待沼液渗入土壤后，将种子来回撒播均匀，逐次加密。播完种子后，用备用的干细土均匀洒在种子面上，种子不外露即可。然后用木板轻轻压平，用喷雾器喷水，以保持表土湿润。

（4）盖膜。按 40 厘米间隙在畦面两边拱行插好支撑地膜的竹片，其上盖好薄膜，四边压实即可。

（5）苗床管理。种子进入生根立苗期应保持土壤湿润。天旱时，可掀开薄膜，用喷雾器喷水浇灌。长出二叶一芯时，如叶片不卷叶，可停止浇水，以促进扎根，待长出三叶一芯后，方可浇淋。秧苗出圃前一星期，可用稀释 1 倍的沼液浇淋 1 次送嫁肥。

2. 注意事项

（1）使用的沼液及沼渣必须经过充分腐熟。

（2）畦面管理应注意棚内定时通风。

（三）利用沼肥种菜

沼肥经沼气发酵后杀死了寄生虫卵和有害病菌，同时，又富集了养分，是一种优质的有机肥料。用来种菜，即可增加肥效，又可减少使用农药和化肥，生产的蔬菜深受消费着喜爱，与未使用沼肥的菜地对比，可增产 30% 左右，市场销售价格也比普通同类价格要高。

1. 沼渣作基肥

采用移栽秧苗的蔬菜，基肥以穴施方法进行。秧苗移栽时，每 667 平方米用腐熟沼渣 2 000 千克施入定植穴内，与开穴挖出的圆土混合后进行定植。对采用点播或大面积种植的蔬菜，基肥一般采用条施条播方法进行。对于瓜菜类，例如，南瓜、冬瓜、黄瓜、番茄等，一般采用大穴大肥方法，每 667 平方米用沼渣 3 000 千克、过磷酸钙 35 千克、草木灰 100 千克和适量生活垃圾混合后施入穴内，盖上一层厚 5 ~ 10 厘米的圆土，定植后立即浇透水分，及时盖上稻草或麦秆。

2. 沼液作追肥

一般采用根外淋浇和叶面喷施 2 种方式。根部淋浇沼液量可视蔬菜品种而定，一般每 667 平方米用量为 500 ~ 3 000 千克。施肥时间以晴天或傍晚为好，雨天或土壤过湿时不宜施肥。叶面喷施的沼液需经纱布过滤后方可使用。在蔬菜嫩叶期，沼液应对水 1 倍稀释，用量在 40 ~ 50 千克，喷施时以叶背面为主，以布满液珠而不滴水为宜。喷施时间，上午露水干后进行，夏季以傍晚为好，中午下雨时不喷施。叶菜类可在蔬菜的任何生长季节施肥，也可结合防病灭虫时喷施沼液。瓜菜类可在现蕾期、花期、果实膨大期进行，并在沼液中加入 3% 的磷酸二氢钾。

3. 注意事项

（1）沼渣作基肥时，沼渣一定要在沼气池外堆沤腐熟。

（2）沼液叶面追肥时，应观察沼液浓度。如沼液呈深褐色，有一定稠度时，应对水稀释后使用。

（3）沼液叶面追肥，沼液一般要在沼气池外放置半天。

（4）蔬菜上市前 7 天，一般不追施沼肥。

（四）用沼肥种花生

1. 技术要点

（1）备好基肥。每 667 平方米用沼渣 2 000 千克、过磷酸钙 45 千克，堆沤 1 个月后与 20 千克氯化钾或 50 千克草木灰混合拌匀备用。

（2）整地做畦，挖穴施肥。翻耙平整土地后，按当地规格做畦，一般采用规格为畦宽 100 厘米、畦高 12 ~ 15 厘米，沟宽 35 厘米，畦长不超过 10 米。视品种不同挖穴规格一般为 15 厘米 × 20 厘米或 15 厘米 × 25 厘米，每 667 平方米保持 1.5 万 ~ 2.0 万株。穴宽 8 厘米见方，穴深 10 厘米，每穴施入混合好的沼渣 0.1 千克。

（3）浸种播种，覆盖地膜。在播种前，用沼液浸种 4 ~ 6 小时，清洗后用 0.1% ~ 0.2% 钼酸铵拌种，稍干后即可播种。每穴 2 粒种子，覆土 3 厘米，然后用五氯酸钠 500 克对水 75 千克喷洒畦面即可盖膜，盖膜后四边用土封严压紧，使膜不起皱，紧贴土面。

（4）管理。幼苗出土后，用小刀在膜上划开 6 厘米十字小洞，以利幼苗出土生长。幼苗 4 ~ 5 片叶至初花期，每 667 平方米用 750 千克沼液淋浇追肥。盛花期，每 667 平方米喷施沼液 75 千克，如加入少量尿素和磷酸二氢钾则效果更好。

2. 注意事项

（1）沼渣与过磷酸钙务必堆沤 1 个月。

（2）追肥用沼液如呈深褐色且稠度大时，应对水 1 倍方可施肥。

实践证明，使用沼渣和昭液作花生基肥和追肥可提高出苗率 10%，可增产 20% 左右。

（五）用沼肥种西瓜

1. 浸种

浸 8 ~ 12 小时，中途搅动 1 次，结束后取出轻搓 1 分钟，洗净，保温催芽 1 ~ 2 天，温度 30℃ 左右，一般 20 ~ 24 小时即可发芽。

2. 配制营养土及播种

取腐熟沼渣 1 份与 10 份菜园土，补充磷肥（按 1 立方米 1 千克）拌和，至手捏成团，落地能散，制成营养钵；当种子露白时，即可播入营养钵内，每钵 2 ~ 3 粒种子。

3. 基肥

移栽前一周，将沼渣施入大田瓜穴，每 667 平方米施沼渣 2 500 千克。

4. 追肥

从花蕾期开始，每 10 ~ 15 天行间施 1 次，每次每 667 平方米施沼液 500 千克，沼液∶清水 = 1∶2。可重施 1 次壮果肥，用量为每 667 平方米 100 千克饼肥、50 千克沼肥、10 千克钾肥，开 10 ~ 20 厘米环状沟，施肥后在沟内覆土。

5. 沼液叶面喷肥

初蔓开始，7～10 天喷 1 次，沼液：清水 = 1：2，后期改为 1：1，能有效防治枯萎病。

（六）用沼肥种烤烟

1. 技术要点

（1）沼液沼渣旱土育苗。将种子在沼液中浸种 12 小时后，轻轻搓洗，换清水再浸 6 小时，装入布袋或竹编容器内催芽。种子露白时，即可播入旱床。出现 4 片真叶时，可用对水 1 倍的沼液淋浇 1 次。经常揭膜炼苗，40～60 天便可移栽。

（2）整地施肥。移栽前 15 天整好地，浅耕 20 厘米，耙平做畦，畦宽 100～110 厘米，沟深 35～40 厘米，畦高 15 厘米，开好腰沟、围沟。按株距 50 厘米、行距 90～100 厘米的标准开沟或开穴，沟深 15 厘米。在沟（穴）内先行施入基肥，每 667 平方米使入沼肥 1 600 千克、复合肥 15 千克、过磷酸钙 25 千克的混合肥，每株 1.2 千克，施肥后当即覆土 10 厘米。

（3）移栽。移栽时，烟秧苗要尽量带土，以免损伤根系。覆土后，稍加压，淋透定根水。

（4）管理。移栽后 7 天，松土除草，并施对水 1 倍的沼液，每株 0.4 千克。20 天时，中耕小培土，每 667 平方米施沼液 1 000 千克、复合肥 5 千克、氯化钾 5 千克。30 天时，进行中耕大培土，每 667 平方米施沼液 1 000 千克、复合肥 10 千克、氯化钾 5 千克，并培高畦面至 15 厘米左右。烟叶生长后期宜少施氮肥，以免烟苗贪青晚熟。对长势差、叶色淡黄的烟苗，可在清晨或傍晚用 0.3% 磷酸二氢钾、0.2%～1% 硫酸铁、0.1%～0.25% 硼砂、10% 草木灰溶于沼液后进行叶面喷施，并注意打顶抹杈和防治病虫害。

2. 注意事项

（1）移栽后，烟苗培土追肥必须在 1 个月内完成。过晚可能导致烟株贪青晚熟，影响烟质。

（2）中后期追肥要视苗情而定，生长旺盛、叶面深绿的只增施磷钾肥，而不用沼液追肥。

（七）用沼肥种梨

1. 技术要点

（1）原理：用沼液及沼渣种梨，花芽分化好，抽梢一致，叶片厚绿，果实大小一致，光泽度好，甜度高，树势增强；能提高抗轮纹病、黑心病的能力；提高单产 3%～10%，节省商品肥投资 40%～60%。

（2）幼树。生长季节，可实行 1 月 1 次沼肥，每次每株施沼液 10 千克，其中，春梢肥每株应深施沼渣 10 千克。

（3）成年挂果树。以产定肥，以基肥为主，按每生产 1 000 千克鲜果需氮 4.5 千克、磷 2 千克、钾 4.5 千克要求计算（利用率 40%）。

基肥：占全年用量的 80%，一般在初春梨树休眠期进行，方法是在主干周围开挖 3～4 条放射状沟，沟长 30～80 厘米、宽 30 厘米、深 40 厘米，每株施沼渣 25～50 千克，补充复合肥 250 克，施后覆土。

花前肥：开花前 10～15 天，每株施沼液 50 千克，加尿素 50 克，撒施。

壮果肥：一般有 2 次，一次在花后 1 个月，每株施沼渣 20 千克或沼液 50 千克，加复合肥 100 克，抽槽深施。第二次在花后 2 个月，用法用量同第一次，并根据树势有所增减。

还阳肥：根据树势，一般在采果后进行，每株施沼液 20 千克，加入尿素 50 千克，根部撒施。还阳肥要从严掌握，控好用肥量，以免引发秋梢秋芽生长。

2. 注意事项

（1）梨属于大水大肥型果树，沼肥虽富含氮、磷、钾，但对于梨树来说还是偏少。因此，沼液沼渣种梨要补充化肥或其他有机肥。如果有条件实行全沼渣、沼液种梨，每株成年挂果树需沼渣、沼液 250～300 千克。

（2）沼液沼渣种梨除应用追肥外，还应经常用沼液进行叶面喷肥，才能取得更好的效果。

第四节　稳步发展沼气事业的几点体会

沼气事业是一项一举多得的伟大事业，实践证明，要想把该项事业办好，也不是一件容易的事情，需要做到以下几点。

一、干好沼气事业需要有工作动力

发展生态农业是人类现阶段对农业生产追求的一个目标，随着农业生产水平与人们生活水平的不断提高和经济全球化步伐的加快，对发展生态农业的要求也越来越迫切，同时，过去一些高投入高产出高效益的生产模式最终也不能持续发展下去，在多年从事农技推广和环境保护工作过程中得到启示，要想使农业高产高效持续发展下去，靠化肥、激素和农药的控制是不能实现的，必须寻找一个有效的可持续发展途径。利用人畜粪便和作物秸秆发展沼气，通过生物能转换技术，组成农村能源综合利用体系，用沼气连接养殖业和种植业，不仅能为生产、生活提供大量的清洁能源，还能降低养殖和种植成本，并能提供优质有机肥培肥地力，减轻病虫危害，降低环境污染，保护生态环境，是一项一举多得的好事情，既是一条较好的致富途径，也是一条人类长期生存、实现可持续发展的重要途径。从事该项事业的人员，就应该对该项事业有较深刻的认识，并积极投身于这项事业，自身有干好沼气事业的动力。

二、搞好沼气事业需要掌握相应的专业理论知识并能与当地实际情况相结合

干好工作光靠热情是不够的，搞好任何一项事情都需要全面掌握相应的专业理论知识，道路不明将要走弯路，甚至会蛮干，这就需要首先学习和掌握相应的专业理论知识与技术，在此基础上还需要结合当地气候、生产等综合条件，提出适宜当地情况的发展模式。同时，根据实践情况及时总结适应当地的建池与管理关键技术及发展模式，不断完善发展模式。

三、稳固沼气事业需要坚持"国家标准"

发展沼气，建池是基础，管理是关键。农业部在总结前两次发展高潮受挫教训的基础上，通过广大沼气科研工作者的共同努力推

出了沼气池建设"国家标准"，这里边凝聚了生态学、生物学、理论力学、生物动力学等多种学科技术内容，技术已经十分完善了，不能随变改动，在现实建设中一些建池人员或一些农民，往往为了节省一些资金或凭空好奇想象随意改动或降低建池标准，结果往往是交学费、走弯路，造成不必要的浪费，甚至劳民伤财。标准是科技成果转化的一个重要途径，也是我们事业发展的基础，既然有了"国家标准"，我们从事沼气事业的人就应该自觉坚持它。

四、发展沼气事业需要务实创新，充分挖掘沼气潜力

发展沼气只停留在做饭、照明这基础作用上是不够的，效益也比较低，长期停留将会失去发展活力，我们必须看到沼气在发展生态农业中的核心作用，必须结合当地实际，搞好务实创新，积极研究推广一些适宜当地情况的高效生态模式，如"猪—沼—菜（或瓜等）""猪—沼—果""猪—沼—菌""猪—沼—蚕"等，充分挖掘沼气的作用和潜力，最大限度地发挥好沼气带来的经济、社会、环保效益，这样才能把沼气事业做大做强，稳步持续发展。

第四章 科学施肥与土壤培肥及污染防治实用技术

近年来，我国农业取得了举世瞩目的成就，但在取得巨大成就的同时，农业生态环境压力也在持续增大。目前我国农业生产资源约束日益严峻，除突出表现的水资源缺乏外，化肥与农药用量过大，加上土地流转、人工费用增加等因素，种粮食的成本在不断提高。据统计，目前我国化肥使用量比发达国家高出 20% 左右。不但浪费了资源，还污染了生产环境，必须应用先进的科学技术加以解决。

当前，在施肥实践中还存在以下主要问题：一是有机肥用量偏少。20 世纪 70 年代以来，随着化肥工业的高速发展，化肥高浓缩的养分、低廉的价格、快速的效果得到广大农民的青睐，化肥用量逐年增加，有机肥的施用则逐渐减少，进入 80 年代，实行土地承包责任制后，随着农村劳动力的大量外出转移，农户在施肥方面重化肥施用，忽视有机肥的投入，人畜粪尿及秸秆沤制大量减少，有机肥和无机肥施用比例严重失调。二是氮磷钾三要素施用比例失调。一些农民对作物需肥规律和施肥技术认识和理解不足，存在氮磷钾施用比例不当的问题，如部分中低产田玉米单一施用氮肥（尿素）、不施磷钾肥的现象仍占一定比例；还有部分高产地块农户使用氮磷钾比例为 15：15：15 的复合肥，不再补充氮肥，造成氮肥不足，磷钾肥浪费的现象，影响作物产量的提高。三是化肥施用方法不当。如氮肥表施问题，磷肥撒施问题等。四是秸秆还田技术体系有待于进一步完善。秸秆还田作为技术体系包括施用量、墒情、耕作深度、破碎程度和配施氮肥等关键技术环节，当前农业生产应用过程中存在施用量大、耕地浅和配施氮肥不足等问题，影响其施用效果，需要在农业生产施肥实践中完善和克服。五是施用肥料没有从耕作制度的有机整体系统考虑。现有的施肥模式是建立满足单季作物对养分的需求上，没有充分考虑耕作制度整体养分循环对施肥的要求，上下季作物肥料分配不够合理，肥料资源没有得到充分利用。

第一节　作物营养元素概述

植物生长需要内因和外因两方面条件，内因指基因潜力，就是说植物内在动力，植物通过选择优良品种和采用优良种子，产量才有保证；外因是植物与外界交换物质和能量，植物生长发育还要有适当的生存空间。很多因素影响植物的生长发育，它们可大致分为两类：产量形成因素和产量保护因素。产量形成因素分为六大类：养分、水分、大气、温度、光照和空间。在一定范围内，每个因素都会单独对产量的提高作出贡献，但严格地说，它们往往是在相互配合的基础上提高生物学产量的。产量保护因素主要指对病、虫和杂草的防除和控制，它们保护已经形成的产量不会遭受损失而降低。

六大产量形成因素主要在相互配合的基础上提高生物产量时需要保持相互之间的平衡，某一因素的过量或不足都会影响作物的产量和品质。

在生产中要想获得高产和优质的农产品，首先要选择优良品种，提高基因内在潜力；其次要考虑如何使上述各种产量因素协调平衡，使这些优良品种的基因潜力得到最大限度的发挥。同时，还要考虑产量保护因素进行有效的保护。一般情况下高产优质的作物品种往往要求更多的养分、水分、光照，更适宜的通气条件，更好的温度控制等外部条件。注意：有时更换了作物品种但忽视了满足这些相应的外部条件，反而使产量大大受到影响。

一、植物生长的必需养分

植物是一座天然化工厂，植物从生命之初到结束，它的体内每时每刻都在进行着复杂微妙的化学反应。用最简单的无机物质做原料合成各种复杂的有机物质，从而有了地球上多种多样的植物。植物的这些化学反应是在有光照的条件下进行的，植物叶片的气孔从大气中吸进二氧化碳。其根系从土壤中吸收水分，在光的作用下生成碳水化合物并释放出氧气和热量，这一过程就称为光合作用。光合作用实际上是相当复杂的化学过程，在光反应（希尔反应）中，水反应生成氧，并经历光合磷酸化过程获得能量，这些能量在同时进行的暗反应（卡尔文循环）中使二氧化碳反应生成糖（碳水化合物）。

植物体内的碳水化合物与 13 中矿物质元素氮、磷、钾、硫、钙、镁、硼、铁、铜、锌、锰、钼、氯进一步合成淀粉、脂肪、纤维素或者氨基酸、蛋白质，原生质或核酸、叶绿素、维生素以及其他各种生命必需物质，由这些物质构造出植物体来。总之，植物在生长过程中所必需的元素有 16 种，另外，4 种元素钠、钴、钒、硅只是对某些植物来说是必需的。

（一）大量营养元素

大量营养元素又称常量营养元素。除来自大气和水的碳、氢、氧元素之外，还有氮、磷、钾 3 种营养元素，它们的含量占作物干重的百分之几十至百分之几。由于作物需要的量比较多，而土壤中可提供的有效性含量又比较少，常常要通过施肥才能满足作物生长的要求，因此，称为作物营养三要素。

（二）中量营养元素

中量营养元素有钙、硫、镁 3 种元素。这些营养元素占作物干重的千分之几十至千分之几。

（三）微量营养元素

微量营养元素有铁、硼、锰、铜、锌、钼、氯七种营养元素。这些营养元素在植物体内含量极少，只占作物干重的千分之几至百万分之几。

二、作物营养元素的同等重要性和不可替代性

16 种作物营养元素都是作物必需的，尽管不同作物体中各种营养元素的含量差别很大，即使同种作物，亦因不同器官，不同年龄，不同环境条件，甚至在一天内的不同时间亦有差异，但必需的营养元素在作物体内不论数量多少都是同等重要的，任何一种营养元素的特殊功能都不能被其他元素所代替。另外，无论哪种元素缺乏都对植物生长造成危害并引起特有的缺素症；同样，某种元素过量也对植物生长造成危害，因为一种元素过量就意味着其他元素短缺。植物营养元素分类，见表4－1。

表4－1 植物必须营养元素分类

元素名称	元素符号	养分矿质性	植物需要量	植物燃烧灰分	植物结构组成	植物体内活动性	土壤中流动性
碳	C	非矿质	大量	非灰分	结构		
氢	H	非矿质	大量	非灰分	结构		
氧	O	非矿质	大量	非灰分	结构		
氮	N	矿质	大量	非灰分	结构	强	强
磷	P	矿质	大量	灰分	结构	强	弱
钾	K	矿质	大量	灰分	非结构	强	弱
硫	S	矿质	中量	灰分	结构	弱	强
钙	Ca	矿质	中量	灰分	结构	弱	强
镁	Mg	矿质	中量	灰分	结构	强	强
铁	Fe	矿质	微量	灰分	结构	弱	弱
锌	Zn	矿质	微量	灰分	结构	弱	弱
锰	Mn	矿质	微量	灰分	结构	弱	弱
硼	B	矿质	微量	灰分	非结构	弱	强
铜	Cu	矿质	微量	灰分	结构	弱	弱
钼	Mo	矿质	微量	灰分	结构	强	强
氯	Cl	矿质	微量	灰分	非结构	强	强

三、矿质营养元素的功能和缺乏与过量症状

（一）氮

氮是植物第一个所必需的大量元素，它是蛋白质、叶绿素、核酸、酶、生物激素等重要生命物质的组成部分，是植物结构组分

元素。

1. 氮缺乏之症状

植物缺氮就会失去绿色。植株生长矮小细弱，分枝分蘖少，叶色变淡，呈色泽均一的浅绿或黄绿色，尤其是基部叶片。

蛋白质在植株体内不断合成和分解，因氮易从较老组织运输到幼嫩组织中被再利用，首先从下部老叶片开始均匀黄化，逐渐扩展到上部叶片，黄叶脱落提早。同时，株型也发生改变，瘦小、直立、茎秆细瘦。根量少、细长而色白。侧芽呈休眠状态或枯萎。花和果实少。成熟提早。产量品质下降。

禾本科作物无分蘖或少分蘖，穗小粒少。玉米缺氮下位叶黄化，叶尖枯萎，常呈"V"字形向下延展。双子叶植物分枝或侧枝均少。草本的茎基部呈黄色。豆科作物根瘤少，无效根瘤多。

叶菜类蔬菜叶片小而薄，色淡绿或黄色，含水量减少，纤维素增加，丧失柔嫩多汁的特色。结球菜类叶球不充实，商品价值下降。块茎、块根作物的茎、蔓细瘦，薯块小，纤维素含量高，淀粉含量低。

果树幼叶小而薄，色淡，果小皮硬，含糖量相对提高，但产量低，商品品质下降。

除豆科作物外，一般作物都有明显反应，谷类作物中的玉米；蔬菜作物中的叶菜类；果树中的桃、苹果和柑橘等尤为敏感。

根据作物的外部症状，可以初步判断作物缺氮及程度，单凭叶色及形态症状容易误诊，可以结合植株和土壤的化学测试来作出诊断。

2. 氮过量之症状

植株氮过量时营养生长旺盛，色浓绿，节间长，腋芽生长旺盛，开花坐果率低，易倒伏，贪青晚熟，对寒冷干旱和病虫的抗逆性差。

氮过量时往往伴随缺钾或缺磷现象发生，造成营养生长旺盛，植株高大细长，节间长，叶片柔软，腋芽生长旺盛，开花少，坐果率低，果实膨大慢，易落花、落果。禾本科作物秕粒多，易倒伏，贪青晚熟；块根和块茎作物地上部旺长，地下部小而少。过量的氮与碳水化合物形成蛋白质，剩下少量碳水化合物用作构成细胞壁的原料，细胞壁变薄，所以，植株对寒冷，干旱和病虫的抗逆性差，果实保鲜期短，果肉组织疏松，易遭受碰压损伤。可用补施钾肥以及磷肥来纠正氮过量症状。有时氮过量也会出现其他营养元素的缺乏症。

3. 市场上主要的含氮化肥

含氮化肥分两大类：铵态氮肥和硝态氮肥。铵态氮肥主要包括碳酸氢铵、硫酸铵、氯化铵等，尿素施入土壤后会分解为铵和二氧化碳，可视为铵态氮肥。铵态氮肥是含氮化肥的主要成员。施用铵态氮肥时应注意两个问题；第一是铵能产酸，施用后注意土壤酸化问题。第二是在碱性土壤或石灰性土壤上施用时，特别是高温和一定湿度条件下，会产生氨挥发，注意不要使用过量造成氨中毒。其他含铵化肥还有磷酸一铵、磷酸二铵、钼酸铵等。在主要作为其他营养元素来源时，也应同时考虑其中铵的效益和危害两方面的作用。硝态氮肥主要包括硝酸钠、硝酸钾、硝酸钙等，使用时，往往重视其中的钾钙等营养元素补充问题，但也不应忽视伴随离子硝酸盐的正反两方面作用。施用硝态氮肥则应注意淋失问题。尽量避免施入水田，对水稻等作物仅可叶面喷施。硝态氮肥肥效迅速，作追肥较好。另外在土壤温度、通气状况、pH 值、微生物种群数量等条件处于不利情况下，肥效远远大于铵态氮肥。硝酸铵既含铵又含硝酸盐，施用时，要同时考虑这两种形态氮的影响。

（二）磷

磷是三要素之一，但植物对磷的吸收量远远小于钾和氮，甚至有时还不及钙、镁、硫等中量元素。核酸、磷酸腺苷等重要生命物质中都含磷，因此，磷是植物结构组分元素。它在生命体中还构成磷脂、磷酸酯、肌醇六磷酸等物质。

1. 磷缺乏症状

植物缺磷时植株生长缓慢、矮小、苍老、茎细直立，分枝或分蘖较少，叶小。呈暗绿或灰绿色而无光泽，茎叶常因积累花青苷而带紫红色。根系发育差，易老化。由于磷易从较老组织运输到幼嫩组织中再利用，故症状从较老叶片开始向上扩展。缺磷植物的果实和种子少而小。成熟延迟。产量和品质降低。轻度缺磷外表形态不易表现。不同作物症状表现有所差异。十字花科作物、豆科作物、茄科作物及甜菜等是对磷极为敏感的作物。其中油菜、番茄常作为缺磷指示作物。玉米芝麻属中等需磷作物，在严重缺磷时，也表现出明显症状。小麦、棉花、果树对缺磷的反应不甚敏感。

十字花科芸薹属的油菜在子叶期即可出现缺磷症状。叶小、色深，背面紫红色，真叶迟出，直挺竖立，随后上部叶片呈暗绿色，基部叶片暗紫色，尤以叶柄及叶脉为明显，有时叶缘或叶脉间出现斑点或斑块。分枝节位高，分枝少而细瘦，荚少粒小。生育期延迟。白菜、甘蓝缺磷时也出现老叶发红发紫。

缺磷大豆开花后叶片出现棕色斑点，种子小；严重时茎和叶均呈暗红色，根瘤发育差。茄科植物中，番茄幼苗缺磷生长停滞，叶背紫红色，成叶呈灰绿色，蕾花易脱落，后期出现卷叶。根菜类叶部症状少，但根肥大不良。洋葱移栽后幼苗发根不良，容易发僵。马铃薯缺磷植株矮小、僵直、暗绿，叶片上卷。

甜菜缺磷植株矮小，暗绿。老叶边缘黄或红褐色焦枯。藜科植物菠菜缺磷也植株矮小，老叶呈红褐色。

禾本科作物缺磷植株明显瘦小，叶片紫红色，不分蘖或少分蘖，叶片直挺。不仅每穗粒数减少且籽粒不饱满，穗上部常形成空瘪粒。

缺磷棉花叶色暗绿，蕾、铃易脱落，严重时下部叶片出现紫红色斑块，棉铃开裂，吐絮不良，籽指低。

果树缺磷整植发育不良，老叶黄花，落果严重，含酸量高，品质降低。

2. 磷过量之症状

磷过量植株叶片肥厚密集，叶色浓绿，植株矮小，节间过短，营养生长受抑制，繁殖器官加速成熟，导致营养体小，地上部生长受抑制而根系非常发达，根量多而短粗。谷类作物无效分蘖和瘪粒增加；叶菜纤维素含量增加；烟草的燃烧性等品质下降。磷过量常导致缺锌、锰等元素。

3. 市场主要的含磷化肥

（1）过磷酸钙。施用磷肥的历史比使用氮肥早半个世纪。1843 年已在英国生产和销售过磷酸钙，1852 年也在美国开始销售。过磷酸钙中既含磷，也含硫酸钙。

（2）重过磷酸钙。重过磷酸钙中含磷量高于过磷酸钙，不含硫，含钙量低。

（3）硝酸磷肥。含氮和磷，因为其中含有硝酸钙，容易吸湿，所以不太受欢迎，但它所含硝态氮可直接被作物吸收利用。以上 3 种肥料都是磷灰石酸化得到的。

（4）磷酸二铵。磷酸二铵是一种很好的水溶性肥料。含磷和铵态氮。

（5）钙镁磷肥。钙镁磷肥是一种酸溶性肥料，在酸性土壤上使用较为理想。

因历史原因，肥料含磷量习惯以五氧化二磷当量表示，纯磷 = 五氧化二磷 × 0.43；五氧化二磷 = 纯磷 × 2.29。

（三）钾

虽然钾不是植物结构组分元素，但却是植物生理活动中最重要的元素之一。植物根系以钾离子（K^+）的形式吸收钾。

1. 钾缺乏之症状

农作物缺钾时纤维素等细胞壁组成物质减少，厚壁细胞木质化程度也较低，因而影响茎的强度，易倒伏。蛋白质合成受阻。氮代谢的正常进行被破坏，常引起腐胺积累，使叶片出现坏死斑点。因为钾在植株体中容易被再利用，所以，新叶片上症状后出现，症状首先从较老叶片上出现，一般表现为最初老叶叶尖及叶缘发黄，以后黄化部逐步向内伸展同时叶缘变褐、焦枯、似灼烧，叶片出现褐斑，病变部与正常部界限比较清楚，尤其是供氮丰富时，健康部分绿色深浓，病部赤褐焦枯，反差明显。严重时叶肉坏死、脱落。根系少而短，活力低、早衰。

双子叶植物叶片脉间缺绿，且沿叶缘逐渐出现坏死组织，渐呈烧焦状。单子叶植物叶片叶尖先萎蔫，渐呈坏死烧焦状。叶片因各部位生长不均匀而出现皱缩。植物生长受到抑制。

玉米发芽后几个星期即可出现症状，下位叶尖和叶缘黄化，不久变褐，老叶逐渐枯萎，再累及中上部叶，节间缩短，常出现因叶片长宽度变化不大而节间缩短所致比例失调的异常植株。生育延迟，果穗变小，穗顶变细不着粒或籽粒不饱满、淀粉含量降低，穗端易感染病菌。

大豆容易缺钾，5~6片真叶时即可出现症状。中下位叶缘失绿变黄，呈"金镶边"状。老叶脉间组织突出、皱缩不平，边缘反卷，有时叶柄变棕褐色。荚稀不饱满，瘪荚瘪粒多。蚕豆叶色蓝绿，叶尖及叶缘棕色，叶片卷曲下垂，与茎成钝角，最后焦枯、坏死，根系早衰。

油菜缺钾苗期叶缘出现灰白或白色小斑。开春后生长加速，叶缘及叶脉间开始失绿并有褐色斑块或白色干枯组织，严重时叶缘焦枯、凋萎，叶肉呈烧灼状，有的茎秆出现褐色条纹，秆壁变薄且脆，遇风雨植株常折断，着生荚果稀少，角果发育不良。

烟草缺钾症状大约在生长中后期发生，老叶叶尖变黄及向叶缘发展，叶片向下弯曲，严重时变成褐色，干枯期坏死脱落。抗病力降低。成熟时落黄不一致。

马铃薯缺钾生长缓慢，节间短，叶面粗糙、皱缩，向下卷曲，小叶排列紧密，与叶柄形成夹角小，叶尖及叶缘开始呈暗绿色，随后变为黄棕色，并渐向全叶扩展。老叶青铜色，干枯脱落，切开块茎时内部常有灰蓝色晕圈。

蔬菜作物一般在生育后期表现为老叶边缘失绿，出现黄白色斑，变褐、焦枯，并逐渐向上位叶扩展，老叶依次脱落。

甘蓝、白菜、花椰菜易出现症状，老叶边缘焦枯卷曲，严重时叶片出现白斑，萎蔫枯死。缺钾症状尤以结球期明显。甘蓝叶球不充实，球小而松。花椰菜花球发育不良，品质差。

黄瓜、番茄缺钾症状表现为下位叶叶尖及叶缘发黄，渐向脉间叶肉扩展，易萎蔫，提早脱落，黄瓜果实发育不良，常呈头大蒂细的棒槌形。番茄果实成熟不良、落果、果皮破裂，着色不匀，杂色斑驳、肩部常绿色不褪。果肉萎缩，汁少，称"绿背病"。

果树中，柑橘轻度缺钾仅表现果形稍小，其他症状不明显，对品质影响不大。严重时叶片皱缩，蓝绿色，边缘发黄，新生枝伸长不良，全株生长衰弱。

总之，马铃薯、甜菜、玉米、大豆、烟草、桃、甘蓝和花椰菜对缺钾反应敏感。

2. 市场上主要含钾化肥

钾矿以地下的固体盐矿床和死湖、死海中的卤水形式存在，有氯化物、硫酸盐和硝酸盐等形态。

氯化钾肥直接从盐矿和卤水中提炼，成本低。氯化钾肥会在土壤中残留氯离子，忌氯作物不宜使用。长期使用氯化钾肥容易造成土壤盐指数升高，引起土壤缺钙、板结，变酸，应配合施用石灰和钙肥。大多数其他钾肥的生产都与氯化钾有关。

硫酸钾会在土壤中残留硫酸根离子，长期使用容易造成土壤盐指数升高，板结、变酸，应配合施用石灰和钙镁磷肥。水田不宜施用硫酸钾，因为，淹水状态下氧化还原电位低，硫酸根离子易还原为硫化物，致使植物根系中毒发黑。

硝酸钾肥是所有钾肥中最适合植物吸收利用的钾肥。其盐指数很低，不产酸，无残留离子。它的氮钾元素重量比为 1 : 3，恰好是各种作物氮钾养分的配比。硝酸钾溶解性好，不但可以灌溉追施，也可以叶面喷施，配制营养液一般离不开硝酸钾。

（四）硫

按照当前的分类方法，它属于中量元素。硫存在于蛋白质、维生素和激素中，它是植物结构组分元素。植物根系主要以硫酸根阴离子形态从土壤中吸收硫，它主要通过质流，极少数通过扩散（有时可忽略不计）到达植物根部。植物叶片也可以直接从大气中吸收少量二氧化硫气体。不同作物需硫量不同，许多十字花科作物，如芸薹属的甘蓝、油菜、芥菜等，萝卜属的萝卜，百合科葱属的葱、蒜、洋葱、韭菜等需硫量最大。一般认为硫酸根通过原生质膜和液泡膜都是主动运转过程。吸收的硫酸根大部分于液泡中。钼酸根、硒酸根等阴离子与硫酸根阴离子竞争吸收位点，可抑制硫酸根的吸收。通过气孔进入植物叶片的二氧化硫气体分子遇水转变为亚硫酸根阴离子，继而氧化成硫酸根阴离子，被输送到植物体各个部位，但当空气中二氧化硫气体浓度过高时植物可能受到伤害，大气中二氧化硫临界浓度为 0.5~0.7 毫克/立方米。

1. 硫缺乏之症状

缺硫植物生长受阻，尤其是营养生长，症状类似缺氮。植株矮小，分枝、分蘖减少，全株体色褪淡，呈浅绿色或黄绿色。叶片失绿或黄化，褪绿均匀，幼叶较老叶明显，叶小而薄，向上卷曲，变硬，易碎，脱落提早。茎生长受阻，株矮、僵直。梢木栓化。生长期延迟。缺硫症状常表现在幼嫩部位，这是因为植物体内硫的移动性较小，不易被再利用。不同作物缺硫症状有所差异。

禾谷类作物植株直立，分蘖少，茎瘦，幼叶淡绿色或黄绿色。水稻插秧后返青延迟，全株显著黄化，新老叶无显著区别（与缺氮相似），不分蘖，叶尖有水渍状圆形褐斑，随后焦枯。大麦幼叶失绿较老叶明显，严重时叶片出现褐色斑点。

卷心菜、油菜等十字花科作物缺硫时最初会在叶片背面出现淡红色。卷心菜随着缺硫加剧，叶片正反面都发红发紫、杯状叶反折过来，叶片正面凹凸不平。油菜幼叶淡绿色，逐渐出现紫红色斑块，叶缘向上卷曲成杯状，茎秆细矮并趋向木质化，花、荚色淡，角果尖端干瘪。

大豆生育前期新叶失绿，后期老叶黄化，出现棕色斑点。根细长，植株瘦弱，根瘤发育不良。烟草整个植株呈淡绿色，老叶焦枯，叶尖向下卷曲，叶面出现突起泡点。

马铃薯植株黄化，生长缓慢，但叶片并不提早干枯脱落，严重时叶片出现褐色斑块。

茶树幼苗发黄，称"茶黄"，叶片质地变硬。果树新生叶失绿黄化，严重时枯梢，果实小而畸形，色淡、皮厚、汁少。柑橘类还出现汁囊胶质化，橘瓣硬化。

敏感作物为十字花科，如油菜等，其次为豆科、烟草和棉花。禾本科需硫较少。作物缺硫的一般症状为整个植株褪淡、黄化、色泽均匀，极易与缺氮症状混淆。但大多数作物缺硫，新叶比老叶重，不易枯干，发育延迟。而缺氮则老叶比新叶重，容易干枯、早熟。

2. 硫在大气、土壤、植物间的循环

硫在自然界中以单质硫、硫化物、硫酸盐以及与碳和氢结合的有机态存在。其丰度列为第 13 位。少量硫以气态氧化物或硫化氢（H_2S）气体形式在火山、热液和有机质分解的生物活动以及沼泽化过程中和从其他来源释放出来，H_2S 也是天然气田的污染物质。在人类工业活动以后，燃烧煤炭、原油和其他含硫物质使二氧化硫（SO_2）排入大气，其中，许多又被雨水带回大地。浓度高时形成酸雨。这是人为活动造成的来源。土壤中硫以有机和无机多种形态存在，呈多种氧化态，从硫酸的 +6 价到硫化物的 −2 价态，并可有固、液、气 3 种形态。硫在大气圈、生物圈和土壤圈的循环比较复杂，与氮循环有共同点。大多数土壤中的硫存在于有机物、土壤溶液中和吸附于土壤复合体上。硫是蛋白质成分，蛋白质返回土壤转化为腐殖质后，大部分硫仍保持为有机结合态。土壤无机硫包括易溶硫酸盐、吸附态硫酸盐、与碳酸钙共沉淀的难溶硫酸盐和还原态无机硫化合物。土壤黏粒和有机质不吸引易溶硫酸盐，所以它留存于土壤溶液中，并随水运动，很易淋失，这就是表土通常含硫低的原因。大多数农业土壤表层中，大部分硫以有机态存在，占土壤全硫的90%以上。

3. 市场上主要含硫化肥

长期以来很少有人提到硫肥。这可能有两个原因。一是工业活动以前，植物养分都是自然循环的，在那种条件下土壤中硫是充足的。植物养分不足是工业活动造成的，而施用化肥又是工业活动的产物。工业活动的能源一大部分来自煤炭和原油，它们燃烧后会放出含硫的气体，随降雨落回地面，这样就给土壤施进了硫肥。二是硫是其他化肥的伴随物。最早使用的氮肥之一是硫酸铵，新中国成立前和新中国成立初期称之为"肥田粉"，人们将其作为氮肥使用，其实也同时施用了硫肥。再如作为磷肥的过磷酸钙，作为钾肥的硫酸钾，作为碱性土壤改良剂的石膏，即硫酸钙，用量都较大。因而补充大量的硫。随着工业污染的治理和化肥品种的改变，硫肥将会逐渐提到日程上来。单质硫是一种产酸的肥料，在我国使用不多，当施入土壤后就被土壤微生物氧化为硫酸，因此，它常用作碱性土壤改良剂。

（五）钙

按目前的分类方法，它是中量元素。钙是植物结构组分元素。植物以二价钙离子的形式吸收钙。虽然钙在土壤中含量可能很大，有时比钾大 10 倍，但钙的吸收量却远远小于钾，因为只有幼嫩根尖能吸收钙。大多数植物所需的大量钙通过质流运到根表面。在富含钙的土壤中，根系附近可能积累大量钙，出现比植物生长所需更高浓度的钙时，一般不影响植物吸收钙。

1. 钙缺乏之症状

因为钙在植物体内易形成不溶性钙盐沉淀而固定，所以，它是不能移动和再度被利用的。缺钙造成顶芽和根系顶端不发育，呈"断脖"症状，幼叶失绿、变形、出现弯钩状。严重时生长点坏死，叶尖和生长点呈果胶状。缺钙时根常常变黑腐烂。一般果实和储藏器官供钙极差。水果和蔬菜常由储藏组织变形判断缺钙。

禾谷类作物幼叶卷曲、干枯，功能叶的叶间及叶缘黄萎。植株未老先衰。结实少，秕粒多。小麦根尖分泌球状的透明黏液。玉米叶缘出现白色斑纹，常出现锯齿状不规则横向开裂，顶部叶片卷筒下弯呈"弓"状，相邻叶片常黏连，不能正常伸展。

豆科作物新叶不伸展，老叶出现灰白色斑点。叶脉棕色，叶柄柔软下垂。大豆根暗褐色、脆弱，呈黏稠状，叶柄与叶片交接处呈暗褐色，严重时，茎顶卷曲呈钩状枯死。花生在老叶反面出现斑痕，随后叶片正反面均发生棕色枯死斑块，空荚多。蚕豆荚畸形、萎缩并变黑。豌豆幼叶及花梗枯萎，卷须萎缩。

烟草植株矮化，色深绿，严重时顶芽死亡，下部叶片增厚，出现红棕色枯死斑点，甚至顶部枯死，雌蕊显著突出。

棉花生长点受抑，呈弯钩状。严重时，上部叶片及部分老叶叶柄下垂并溃烂。

马铃薯根部易坏死，块茎小，有畸形成串小块茎，块茎表面及内部维管束细胞常坏死。多种蔬菜因缺钙发生腐烂病，如番茄脐腐病，最初果顶脐部附近果肉出现水渍状坏死，但果皮完好，以后病部组织崩溃，继而黑化、干缩、下陷，一般不落果，无病部分仍继续发育，并可着色，此病常在幼果膨大期发生，越过此期一般不再发生。甜椒也有类似症状。大白菜和甘蓝的缘腐病叶球内叶片边缘由水渍状变为果浆色，继而褐化坏死、腐烂，干燥时似豆腐皮状，极脆，又名"干烧心""干边""内部顶烧症"等，病株外观无特殊症状，纵剖叶球时在剖面的中上部出现棕褐色弧形层状带，叶球最外第 1~3 叶和中心稚叶一般不发病。胡萝卜缺钙根部出现裂隙。莴苣顶端出现灼伤。西瓜、黄瓜和芹菜的顶端生长点坏死、腐烂。香瓜容易发生"发酵果"，整个瓜软腐，按压时出现泡沫。

苹果果实出现苦陷病，又名"苦痘病"，病果发育不良，表面出现下陷斑点，先见于果顶，果肉组织变软、干枯，有苦味，此病在采收前即可出现，但以储藏期发生为多。缺钙还引起苹果水心病，果肉组织呈半透明水渍状，先出现在果肉维管束周围，向外呈放射状扩展，病变组织质地松软，有异味，病果采收后在储藏期间病变继续发展，最终果肉细胞间隙充满汁液而导致内部腐烂。梨缺钙极易早衰，果皮出现枯斑，果心发黄，甚至果肉坏死，果实品质低劣。

苜蓿对钙最敏感，常作为缺钙指示作物，需钙量多的作物有紫花苜蓿、芦笋、菜豆、豌豆、大豆、向日葵、草木樨、花生、番茄、芹菜、大白菜、花椰等作物。其次为烟草、番茄、大白菜、结球甘蓝、玉米、大麦、小麦、甜菜、马铃薯、苹果。而谷类作物、桃树、菠萝等需钙较少。

2. 市场上主要的含钙化肥

目前，专门施钙的不多，主要还是施石灰改良酸性土壤时带入的钙。大多数农作物主要还是利用土壤中储备的钙。土壤含钙量差异极大，湿润地区土壤钙含量低、砂质土壤含钙量低，石灰性土壤含钙量高。含钙量大于3%时，一般表示土壤中存在碳酸钙。

钙常在施用过磷酸钙、重过磷酸钙等磷肥时施入土壤。早在希腊和罗马时代石膏已被用作肥料，对硫对钙都有价值，又是碱性土壤改良剂。钙可使土壤絮凝、透水性更好。最近也有使用硝酸钙肥的。这是一种既含氮又含钙的肥料，溶解性好，可配制叶面喷施溶液。但吸湿性较大。

（六）镁

按当前的分类属于中量元素。镁是植物结构组分元素。土壤中的二价镁离子随质流向植物根系移动。以二价镁离子的形式被根尖吸收，细胞膜对镁离子的透过性较小。植物根吸收镁的速率很低。镁主要是被动吸收，顺电化学势梯度而移动。

1. 镁缺乏之症状

镁是活动性元素，在植株中移动性很好，植物组织中全镁量的70%是可移动的，并与无机阴离子和苹果酸盐、柠檬酸盐等有机阴离子相结合。所以，一般缺镁症状首先出现在低位衰老叶片上，共同症状是下位叶叶肉为黄色、青铜色或红色，但叶脉仍呈绿色。进一步发展，整个叶片组织全部淡黄，然后变褐直至最终坏死。大多发生在生育中后期，尤其以种子形成后多见。

马铃薯、番茄和糖用甜菜是对缺镁较为敏感的作物。菠萝、香蕉、柑橘、葡萄、柿子、苹果、牧草、玉米、油棕榈、棉花、柑橘、烟草、可可、油橄榄、橡胶等也容易缺镁。

禾谷类作物早期叶片脉间褪绿出现黄绿相间的条纹花叶，严重时，呈淡黄色或黄白色。麦类为中下位叶脉间失绿，残留绿斑相连成串呈念珠状（对光观察时明显），尤以小麦典型，为缺镁的特异症状。水稻亦为黄绿相间条纹叶，叶狭而薄，黄化从前端逐步向后半扩展。边缘呈黄红色，稍内卷，叶身从叶枕处下垂沾水，严重时，褪绿部分坏死干枯，拔节期后症状减轻。玉米先是条纹花叶，后叶缘出现显著紫红色。

大豆缺镁症状第一对真叶即可出现，成株后，中下部叶整个叶片先褪淡，以后呈橘黄或橙红色，但叶脉保持绿色，花纹清晰，脉间叶肉常微凸而使叶片起皱。花生老叶边缘失绿，向中脉逐渐扩展，随后叶缘部分呈橘红色。苜蓿叶缘出现失绿斑点，而后叶缘及叶尖失绿，最后变为褐红色。三叶草首先是老叶脉间失绿，叶缘为绿色，以后叶缘变褐色或红褐色。

棉花老叶脉间失绿，网状脉纹清晰，以后出现紫色斑块甚至全叶变红，叶脉保持绿色，呈红叶绿脉状，下部叶片提早脱落。

油菜从子叶起出现紫红色斑块，中后期老叶脉间失绿，显示出橙、红、紫等各种色彩的大理石花纹，落叶提早。

马铃薯老叶的叶尖、叶缘及脉间褪绿，并向中心扩展，后期下部叶片变脆、增厚。严重时植株矮小，失绿叶片变棕色而坏死、脱落，块根生长受抑制。

烟草下部叶的叶尖、叶缘及脉间失绿，茎细弱，叶柄下垂，严重时，下部叶趋于白色，少数叶片干枯或产生坏死斑块。

甘蔗在老叶上首先出现脉间失绿斑点，再变为棕褐色，随后这些斑点再结合为大块锈斑，茎秆细长。

蔬菜作物一般为下部叶片出现黄化。莴苣、甜菜、萝卜等通常都在脉间出现显著黄斑，并呈不均匀分布，但叶脉组织仍保持绿色。芹菜首先在叶缘或叶尖出现黄斑，进一步坏死。番茄下位叶脉间出现失绿黄斑，叶缘变为橙、赤、紫等各种色彩，色素和缺绿在叶中呈不均匀分布，果实亦由红色褪成淡橙色，果肉黏性减少。

苹果叶片脉间呈现淡绿斑或灰绿斑，常扩散到叶缘，并迅速变为黄褐色转暗褐色，随后叶脉间和叶缘坏死，叶片脱落，顶部呈莲座状叶丛，叶片薄而色淡，严重时果实不能正常成熟，果小着色不良，风味差。柑橘中下部叶片脉间失绿，呈斑块状黄化，随之转黄红色，提早脱落，结实多的树常重发，即使在同一树上，也因枝梢而异，结实多的症重，结实少的轻或无症，通常无核少核品种比多核品种症状轻。梨树老叶脉间显出紫褐色至黑褐色的长方形斑块，新梢叶片出现坏死斑点，叶缘仍为绿色，严重时，从新梢基部开始叶片逐步向上脱落。葡萄的较老叶片脉间先呈黄色，后变红褐色，叶脉绿色，色界极为清晰，最后斑块坏死，叶片脱落。

2. 市场上主要含镁化肥

目前，专门施镁肥的不多，含大量镁的营养载体也不多。石灰材料中的白云质石灰石中含有碳酸镁，钙镁磷肥和钢渣磷肥中也含有效镁，硫酸钾镁和硝酸钾镁中也含镁，硅酸镁、氧化镁和氯化镁也用作镁肥。常用的水溶性镁肥是硫酸镁，其次为硝酸镁，它们都可以作为速效镁肥施用，也可以用来配制叶面喷施溶液。

（七）硼

硼是非植物结构组分元素。1923 年发现它是植物必需元素。植物以硼酸分子被动吸收硼。硼随质流进入根部，在根表自由空间与糖络合，吸收作用很快，是一个扩散过程。硼的运输主要受蒸腾作用的控制，因此，很容易在叶尖和叶缘处积累，导致植物毒害。硼在植物体内相对不易移动，再利用率很低。

1. 硼缺乏之症状

硼不易从衰老组织向活跃生长组织移动，最先出现缺硼的是顶芽停止生长。缺硼植物受影响最大的是代谢旺盛的细胞和组织。硼不足时根端、茎端生长停止，严重时，生长点坏死，侧芽、侧根萌发生长，枝叶丛生。叶片增厚变脆、皱缩歪扭、褪绿萎蔫，叶柄及枝条增粗变短、开裂、木栓化，或出现水渍状斑点或环节状突起。茎基膨大。肉质根内部出现褐色坏死、开裂。花粉畸形，花、蕾易脱落，受精不正常，果实种子不充实。

甘蓝型油菜缺硼时花而不实。植株颜色淡绿，叶柄下垂不挺，下部叶片边缘首先出现紫红色斑块，叶面粗糙、皱缩、倒卷，枝条生长缓慢，节间缩短，甚至主茎萎缩。茎、根肿大，纵裂，褐色。花簇生，花柄下垂不挺，大多数因不能授粉而脱落，花期延长。已授粉的荚果短小，果皮厚，种子小。

棉花缺硼蕾而不花。叶柄呈浸润状暗绿色环状或带状条纹、顶芽生长缓慢或枯死、腋芽大量发生，在棉株顶端形成莲座效应（大田少见）。植株矮化。蕾而不花，蕾铃裂碎，花蕾易脱落。老叶叶片厚，叶脉突起，新叶小，叶色淡绿，皱缩，向下卷曲、直至霜冻都呈绿色、难落叶。

大豆幼苗期症状表现为顶芽下卷，甚至枯萎死亡，腋芽抽发。成株矮缩，叶片脉间失绿，叶尖下弯，老叶粗糙增厚，主根尖端死亡，侧根多而短、僵直，根瘤发育不良。开花不正常，脱落多，荚少，多畸形。三叶草植株矮小，茎生长点受抑，叶片丛生，呈簇形，多数叶片小而厚、畸形、皱缩、表面有突起，叶色浓绿，叶尖下卷，叶柄短粗，有的叶片发黄，叶柄和叶脉变红，继而全叶成紫色，叶缘为黄色，形成明显的"金边"叶。病株现蕾开花少，严重的种子无收。

块根作物与块茎作物中，甜菜幼叶叶柄短粗弯曲，内部暗黑色，中下部叶出现白色网状皱纹，褶皱逐渐加深而破裂，老叶叶脉变黄、变脆，最后全叶黄化死亡，有时叶柄上出现横向裂纹，叶片上出现黏状物，根颈部干燥萎蔫，继而变褐腐烂，向内扩展成中空，称"腐心病"。甘薯藤蔓顶端生长受阻，节间短，常扭曲，幼叶中脉两侧不对称，叶柄短粗扭曲，老叶黄化，提早脱落，薯块畸形不整齐，表面粗糙，质地坚硬，严重时，表面出现瘤状物及黑色凝固的渗出液，薯块内部形成层坏死。马铃薯生长点及分枝简短死亡，节间短，侧芽丛生，老叶粗糙增厚，叶缘卷曲，叶片提早脱落，块茎小而畸形，有的表皮溃烂，内部出现褐色或组织坏死。

果树中多数对缺硼敏感。柑橘表现叶片黄化、枯梢，称"黄叶枯梢病"，开始时顶端叶片黄化，从叶尖向叶基延展以后变褐枯萎，逐渐脱落，形成秃枝并枯梢，老叶变厚、变脆，叶脉变粗，木栓化，表皮爆裂，树势衰弱，坐果稀少，果实内汁囊萎缩发育不良，渣多汁少，果实中心常出现棕褐色胶斑，严重的果肉几乎消失，果皮增厚、显著皱缩，形小坚硬如石，称"石果病"。苹果表现为新梢顶端受损，甚至枯死，导致细弱侧枝多量发生，叶变厚，叶柄短粗变脆，叶脉扭曲，落叶严重，并出现枯梢，幼果表面出现水渍状褐斑，随后木栓化，干缩硬化，表皮凹陷不平、龟裂，称"缩果病"，病果常于成熟前脱落，或以干缩果挂于树上，果实内部出现褐色木栓化，或呈海绵状空洞化，病变部分果肉带苦味。葡萄初期表现为花序附近叶片出现不规则淡黄色斑点，逐渐扩展，直至脱落，新梢细弱，伸长不良，节间短，随后先端枯死，开花结果时症状最明显，特点是红褐色的花冠常不脱落，坐果少或不坐果，果串中有多量未受精的无核小粒果。

需硼量高的作物有苹果、葡萄、柑橘、芦笋、硬花球花椰菜、抱子甘蓝、卷心菜、芹菜、花椰菜、三叶草、甘蓝、大白菜、羽衣甘蓝、首稽、萝卜、马铃薯、油菜子、芝麻、红甜菜、菠菜、向日葵、豆类及豆科绿肥作物等。

2. 硼过量之症状

硼过量会阻碍植物生长，大多数耕作生硼毒害。施用过量硼肥会造成毒害，因为，溶液中硼浓度从短缺到致毒之间跨度很窄。高浓度硼积累的部位出现失绿、焦枯坏死症状。叶缘最易积累，所以，硼中毒最常见的症状之一是作物叶缘出现规则黄边，称"金边菜"。老叶中硼积累比新叶多，症状更重。

3. 市场上主要含硼化肥

应用最广泛的硼肥是硼砂（$Na_2B_7 \cdot 10H_2O$）和硼酸。缺硼土壤上一般采用基施，也有浸种或拌种作种肥使用的，必要时还可以喷施。这2种肥料水溶性都很好。

（八）铁

1844年发现铁是必需元素。它是微量元素中被植物吸收最多的一种。铁是植物结构组分元素。植物根系主要吸收二价铁离子（亚铁离子），也吸收螯合态铁。植物为了提高对铁的吸收和利用，当螯合态铁补充到根系时，在根表面螯合物中的三价铁先被还原使之与有机配位体分离，分离出来的二价铁被植物吸收。

1. 铁缺乏之症状

铁离子在植物体中是最为固定的元素之一，通常呈高分子化合物存在，流动性很小，老叶片中的铁不能向新生组织转移，因此，缺铁首先出现在植物幼叶上。缺铁植物叶片失绿黄白化，心叶常白化，称失绿症。初期脉间退色而叶脉仍绿，叶脉颜色深于叶肉，色界清晰，严重时，叶片变黄，甚至变白。双子叶植物形成网纹花叶，单子叶植物形成黄绿相间条纹花叶。不同作物症状表现如下。

果树等木本树种容易缺铁：新梢叶片失绿黄白化，称"黄叶病"，失绿程度依次由下向上加重，夏、秋梢发病多于春梢，病叶多呈清晰的网目状花叶，又称"黄化花叶病"。通常不发生褐斑、穿孔、皱缩等。严重黄白化的，叶缘亦可烧灼、干枯、提早脱落，形成枯梢或秃枝。如果这种情况几经反复，可以导致整株衰亡。

花卉观赏作物也容易缺铁：网状花纹清晰，色泽清丽，可增添几分观赏价值。一品红缺铁，植株矮小，枝条丛生，顶部叶片黄化或变白。月季花缺铁，顶部幼叶黄白化，严重时，生长点及幼叶枯焦。菊花严重缺铁失绿时上部叶片多成棕色，植株可能部分死亡。

豆科作物如大豆最易缺铁：因为铁是豆血红素和固氮酶的成分。缺铁使根瘤菌的固氮作用减弱，植株生长矮小。缺铁时上部叶片脉间黄化，叶脉仍保持绿色，并有轻度卷曲，严重时全部新叶失绿呈黄白色，极端缺乏时，叶缘附近出现许多褐色斑点，进而坏死。

禾谷类作物水稻、麦类及玉米等缺铁：叶片脉间失绿，呈条纹花叶，症状越近心叶越重。严重时，心叶不出，植株生长不良，矮缩，生育延迟，有的甚至不能抽穗。

果菜类及叶菜类蔬菜缺铁：顶芽及新叶黄白化，仅沿叶脉残留绿色，叶片变薄，一般无褐变、坏死现象。番茄叶片基部还出现灰黄色斑点。

木本植物比草本植物对缺铁敏感：果树经济林木中的柑橘、苹果、桃、李、乌桕、桑；行道树种中的樟、枫杨、悬铃木、湿地松；大田作物中的玉米、花生、甜菜；蔬菜作物中的花椰菜、甘蓝、空心菜（蕹菜）；观赏植物中的绣球花、栀子花、蔷薇花等都是对缺铁敏感或比较敏感的。其他敏感型作物有浆果类、柑橘属、蚕豆、亚麻、饲用高粱、梨树、杏、樱桃、山核桃、粒用高粱、葡萄、薄荷、大豆、苏丹草、马铃薯、菠菜、番茄、黄瓜、胡桃等。耐受型作物有水稻、小麦、大麦、谷子、苜蓿、棉花、紫花豌豆、饲用豆科、牧草、燕麦、鸭茅、糖用甜菜等。

在实际诊断中，根据外部症状判别作物缺铁时，由于铁、锰、锌三者容易混淆，需注意鉴别。

缺铁和缺锰：缺铁褪绿程度通常较深，黄绿间色界常明显，一般不出现褐斑，而缺锰褪绿程度较浅，且常发生褐斑或褐色条纹。

缺铁和缺锌：缺锌一般出现黄斑叶，而缺铁通常全叶黄白化而呈清晰网状花纹。

2. 铁过量之症状

实际生产中铁中毒不多见。在 pH 值低的酸性土壤和强还原性的嫌气条件土壤即水稻土中，三价铁离子被还原为二价铁离子，土壤中亚铁过多会使作物发生铁中毒。我国南方酸性渍水稻田常出现亚铁中毒。如果此时土壤供钾不足，植株含钾量低，根系氧化力下降，则对二价铁离子的氧化能力削弱，二价铁离子容易进入根系积累而致害。因此，铁中毒常与缺钾及其他还原性物质的危害有关。单纯的铁中毒很少。水稻铁中毒，地上部生长受阻，下部老叶叶尖、叶缘脉间出现褐斑，叶色深暗，根部呈灰黑色，易腐烂等。宜对铁中毒的田块施石灰或磷肥、钾肥。旱作土壤一般不发生铁中毒。

3. 市场上主要的含铁化肥

最常用的铁肥是硫酸亚铁，俗称绿矾。尽管它的溶解性很好，但施入土壤后立即被固定，所以，一般不土壤施用，而采用叶面喷施，从叶片气孔进入植株以避免被土壤固定，对果树也采用根部注射法。螯合铁肥既可土壤施用，又可叶面喷施。

（九）铜

1932 年发现铜是植物必需元素，它是植物结构组分元素。植物根系主要吸收二价铜离子，土壤溶液中二价铜离子浓度很低，二价铜离子与各种配位体（氨基酸、酚类以及其他有机阴离子）有很强的亲和力，形成的螯合态铜也被植物吸收，在木质部和韧皮部也以螯合态转运。作物吸收的铜量很少，这容易导致草食动物的铜营养不良。铜能强烈抑制植物对锌的吸收，反之亦然。

1. 铜缺乏之症状

植物缺铜一般表现为顶端枯萎，节间缩短，叶尖发白，叶片变窄变薄，扭曲，繁殖器官发育受阻、裂果。不同作物往往出现不同症状。麦类作物病株上位叶黄化，剑叶尤为明显，前端黄白化，质薄，扭曲披垂，坏死，不能展开，称"顶端黄化病"。老叶在叶舌处弯折，叶尖枯萎，呈螺旋或纸捻状卷曲枯死。叶鞘下部出现灰白色斑点，易感染真菌性病害，称为"白瘟病"。轻度缺铜时抽穗前症状不明显，抽穗后因花器官发育不全，花粉败育，导致穗而不实，又称"直穗病"。至黄熟期病株保持绿色不褪，田间景观常黄绿斑驳。严重时，穗发育不全、畸形，芒退化，并出现发育程度不同的大小不一的麦穗，有的甚至不能伸出叶鞘而枯萎死亡。草本植物的"开垦病"，又称"垦荒症"，其最早在新开垦地上发现，病株先端发黄或变褐，逐渐凋萎，穗部变形，结实率低。柑橘、苹果和桃等果树的"枝枯病"或"夏季顶枯病"。叶片失绿畸形，嫩枝弯曲，树皮上出现胶状水疱状褐色或赤褐色皮疹，逐渐向上蔓延，并在树皮上形成一道道纵沟，且相互交错重叠。雨季时，流出黄色或红色的胶状物质。幼叶变成褐色或白色，严重时，叶片脱落、枝条枯死。有时果实的皮部也流出胶样物质，形成不规则的褐色斑疹，果实小，易开裂，易脱落。豆科作物新生叶失绿、卷曲、老叶枯萎，易出现坏死斑点，但不失绿。蚕豆缺铜的形态特征是花由正常的鲜艳红褐色变为暗淡的漂白色。甜菜、蔬菜中的叶菜类也易发生顶端黄化病。物种之间对缺铜的敏感性差异很大，敏感作物主要是小麦、玉米、菠菜、洋葱、莴苣、番茄、苜蓿和烟草，其次为白菜、甜菜以及柑橘、苹果和桃等。其中，小麦、燕麦是良好的缺铜指示作物。其他对铜反应强烈的作物有大麻、亚麻、水稻、胡萝卜、莴苣、菠菜、苏丹草、李、杏、梨和洋葱。耐受缺铜的作物有菜豆、豌豆、马铃薯、芦笋、黑麦、禾本科牧草、百脉根、大豆、羽扇豆、油菜和松树。黑麦对缺铜土壤有独特的耐受性，在不施铜的情况下，小麦完全绝产，而黑麦却生长健壮。小粒谷物对缺铜的敏感性顺序通常为：小麦＞大麦＞燕麦＞黑麦。在新开垦的酸性有机土上种植的植物最先出现的营养性疾病常是缺铜症，这种状况常被称为"垦荒症"。许多地区有机土的底土层存在对铜的有效性产生不利影响的泥灰岩、磷酸石灰石或其他石灰性物质等沉积物，致使缺铜现象十分复杂。其余情况下土壤缺铜不普遍。根据作物外部症状进行判断，对新垦泥炭土地区的禾谷类作物"开垦病"和麦类作物的"顶端黄化病"以及果树的"枝枯病"均容易识别。

2. 铜过量之中毒症状

铜中毒症状是新叶失绿，老叶坏死，叶柄和叶的背面出现紫红色。新根生长受抑制，伸长受阻而畸形，支根量减少，严重时根尖枯死。铜中毒很像缺铁，由于铜能氧化二价铁离子变成三价铁离子，会阻碍植物对二价铁离子的吸收和铁在植物体内的转运，导致缺铁而出现叶片黄化。不同作物铜中毒表现不同。水稻插秧后不易成活，即使成活根也不易下扎，白根露出地表，叶片变黄，生长停滞。麦类作物根系变褐，盘曲不展，生长停滞，常发生萎缩症状，叶片前端扭曲、黄化。豌豆幼苗长至10～20厘米即停止生长，根粗短、无根瘤，根尖呈褐色枯死。萝卜主根生长不良，侧根增多，肉质根呈粗短的"榔头"形。柑橘叶片失绿，生长受阻，根系短粗，色深。铜毒害现象一般不常见。反复使用含铜杀虫剂（如波尔多液）后可能出现铜过量。

3. 市场上主要含铜化肥

最常用的铜肥是蓝矾（$CuSO_4 \cdot 5H_2O$），即五水硫酸铜，其水溶性很好。一般用来叶面喷施。螯合铜肥可以土壤施用和叶面喷施。

（十）锌

1926年发现锌是必需元素。它是植物结构组分元素。植物主动吸收锌离子，因此，早春低温对锌的吸收会有一定的影响。锌主要以锌离子形态从根部向地上部运输。锌容易积累在根系中，虽然从老叶向新叶转移锌的速度比铁、锰、铜等元素稍快一些，但还是很慢。

1. 锌缺乏之症状

锌在植物中不能迁移，因此，缺锌症状首先出现在幼嫩叶片上和其他幼嫩植物器官上。许多作物公有的缺锌症状主要是植物叶片褪绿黄白化、叶片失绿，脉间变黄，出现黄斑花叶，叶形显著变小，常发生小叶丛生。称为"小叶病""簇叶病"等，生长缓慢、叶小、茎节间缩短，甚至节间生长完全停止。缺锌症状因物种和缺锌程度不同而有所差异。

果树缺锌的特异症状是"小叶病"，以苹果为典型。其特点是新梢生长失常。极度短缩，形态畸变，腋芽萌生，形成多量细瘦小枝，梢端附近轮生小而硬的花斑叶，密生成簇，故又名"簇叶病"。簇生程度与树体缺锌程度呈正相关。轻度缺锌，新梢仍能伸长，入夏后可能部分恢复正常。严重时，后期落叶，新梢由上而下枯死。如锌营养未能改善，则次年再度发生。柑橘类缺锌症状出现在新梢上、中部叶片，叶缘和叶脉保持绿色，脉间出现黄斑，黄色深，健康部绿色浓，反差强，形成鲜明的"黄斑叶"，又称"绿肋黄化病"。严重时新叶小，前端尖，有时也出现丛生状的小叶，果小皮厚，果肉木质化，汁少，淡而乏味。桃树缺锌新叶变窄褪绿，逐渐形成斑叶，并发生不同度皱叶，枝梢短，近顶部节间呈莲座状簇生叶，提前脱落。果实多畸形，很少有实用价值。

玉米缺锌苗期出现"白芽症"，又称"白苗""花白苗"，成长后程"花叶条纹病""白条干叶病"。3～5叶期开始出现症状，幼叶呈淡黄至白色，特别从基部到2/3一段更明显。轻度缺锌，气温升高时症状可以渐消退。植株拔节后如继续缺锌，在叶片中肋和叶缘之间出现黄白失绿条斑，形成宽而白化的斑块或条带，叶肉消失，呈半透明状，似白绸或塑膜状，风吹易撕裂。老叶后期病部及叶鞘常出现紫红色或紫褐色，病株节间缩短，株型稍矮化，根系变黑，抽雄吐丝延迟，甚至不能吐丝抽穗，或者抽穗后，果穗发育不良，形成缺粒不满尖的"稀癞"玉米棒。燕麦也发生"白苗病"，一般是幼叶失绿发白，下部叶片脉间黄化。

水稻缺锌引起的形态症状名称很多，大多称"红苗病"，又称"火烧苗"。出现时间一般在插秧后2～4周。直播稻在立针后10天内。一般症状表现是新叶中脉及其两侧特别是叶片基部首先褪绿、黄化，有的连叶鞘脊部也黄化，以后逐渐转化为棕红色条斑，有的出现大量紫色小斑，遍布全叶，植株通常有不同程度的矮缩，严重时，叶枕距平位或错位，老叶叶鞘甚至高于新叶叶鞘，称为"倒缩苗"或"缩苗"。如发生时期较早，幼叶发病时由于基部褪绿，内容物少，不充实，使叶片展开不完全，出现前端展开而中后部折合，出叶角度增大的特殊形态。如症状持续到成熟期，植株极度矮化、色深、叶小而短似竹叶，叶鞘比叶片长，拔节困难，分蘖松散呈草丛状，成熟延迟，虽能抽出纤细稻穗，大多不实。

小麦缺锌节间短、抽穗扬花迟而不齐、叶片沿主脉两侧出现白绿条斑或条带。

棉花缺锌从第一片真叶开始出现症状，叶片脉间失绿，边缘向上卷曲，茎伸长受抑，节间缩短，植株呈丛生状，生育推迟。

烟草缺锌下部叶片的叶尖及叶缘出现水渍状失绿坏死斑点，有时叶缘周围形成一圈淡色的"晕轮"，叶小而厚，节间短。

马铃薯缺锌生长受抑，节间短，株型矮缩，顶端叶片直立，叶小，叶面上出现灰色至古铜色的不规则斑点，叶缘上卷。严重时，叶柄及茎上均出现褐点或斑块。

豆科作物缺锌生长缓慢，下部叶脉间变黄，并出现褐色斑点，逐渐扩大并连成坏死斑块，继而坏死组织脱落。大豆的特征是叶片呈柠檬黄色，蚕豆出现"白苗"，成长后上部叶片变黄、叶形变小。

叶菜类蔬菜缺锌新叶出生异常，有不规则的失绿，呈黄色斑点。番茄、青椒等果菜类缺锌呈小叶丛生状，新叶发生黄斑，黄斑渐向全叶扩展，还易感染病毒病。

果树中的苹果、柑橘、桃和柠檬，大田作物中的玉米、水稻以及菜豆、亚麻和啤酒花对锌敏感；其次是马铃薯、番茄、洋葱、甜菜、苜蓿和三叶草；不敏感作物是燕麦、大麦、小麦和禾本科牧草等。

2. 锌过量中毒之症状

一般锌中毒症状是植株幼嫩部分或顶端失绿，呈淡绿或灰白色，进而在茎、叶柄、叶的下表面出现去红紫色或红褐色斑点，根伸长受阻。水稻锌中毒幼苗长势不良，叶片黄绿并逐渐萎蔫，分蘖少，植株低矮，根系短而稀疏。小麦叶尖出现褐色条斑，生长迟缓。豆类中的大豆、蚕豆、菜豆对过量锌敏感，大豆首先在叶片中肋出现赤褐色色素，随后叶片向外侧卷缩，严重时枯死。

3. 市场上主要含锌化肥

最常用的锌肥是七水硫酸锌（$ZnSO_4 \cdot 7H_2O$），易溶于水，但吸湿性很强，氯化锌（$ZnCl_2$）也溶于水，有吸湿性。氧化锌（ZnO）不溶于水。它们可作基肥、种肥，可溶性锌肥也可作叶面喷肥。

（十一）锰

1922 年发现锰是必需元素。它是植物结构组分元素。植物根系主要吸收二价锰离子，锰的吸收受代谢作用控制。与其他二价阳离子一样，锰也参加阳离子竞争。土壤 pH 值和氧化还原电位影响锰的吸收。植物体内锰的移动性很低，因为，韧皮部汁液中锰的浓度很低。大多数重金属元素都是如此。锰的转运主要是以二价锰离子形态而不是有机络合态。锰优先转运到分生组织，因此，植物幼嫩器官通常富含锰。植物吸收的锰大部分积累在叶子中。

1. 锰缺乏之症状

锰为较不活动元素。缺锰植物首先在新生叶片叶脉间绿色褪淡发黄，叶脉仍保持绿色，脉纹较清晰，严重缺锰时有灰白色或褐色斑点出现，但程度通常较浅，黄、绿色界不够清晰，常有对光观察才比较明显的现象。严重时病斑枯死，称为"黄斑病"或"灰斑病"，并可能穿孔。有时叶片发皱、卷曲甚至凋萎。不同作物表现症状有差异。禾本科作物中燕麦缺锰症的特点是新叶叶脉间呈条纹状黄化，并出现淡灰绿色或灰黄色斑点，称"灰斑病"，严重时，叶身全部黄化，病斑呈灰白色坏死，叶片螺旋状扭曲，破裂或折断下垂。大麦、小麦缺锰早期叶片出现灰白色浸润状斑点，新叶脉间褪绿黄化，叶脉绿色，随后黄化部分逐渐变褐坏死，形成与叶脉平行的长短不一的短线状褐色斑点，叶片变薄变阔，柔软萎垂，特称"褐线萎黄症"。其中，大麦症状更为典型，有的品种有节部变粗现象。棉花、油菜幼叶首先失绿，叶脉间呈灰黄或灰红色，显示网状脉纹，有时叶片还出现淡紫色及淡棕色斑点。豆类作物如菜豆、蚕豆及豌豆缺锰称"湿斑病"，其特点是未发芽种子上出现褐色病斑，出苗后子叶中心组织变褐，有的在幼茎和幼根上也有出现。甜菜生育初期表现叶片直立，呈三角形，脉间呈斑块黄化，称"黄斑病"，继而黄褐色斑点坏死，逐渐合并延及全叶，叶缘上卷，严重坏死部分脱落穿孔。番茄叶片脉间失绿，距主脉较远部分先发黄，随后叶片出现花斑，进一步全叶黄化，有时在黄斑出现前，先出现褐色小斑点。严重时生长受阻，不开花结实。马铃薯叶脉间失绿后呈浅绿色或黄色，严重时，脉间几乎全为白色，并沿叶脉出现许多棕色小斑。最后小斑枯死、脱落，使叶面残缺不全。柑橘类幼叶淡绿色并呈现细小网纹，随叶片老化而网纹变为深绿色，脉间浅绿色，在主脉和侧脉附近出现不规则的深色条带，严重时，叶脉间呈现许多不透明的白色斑点，使叶片呈灰白色或灰色，继而部分病斑枯死，细小枝条可能死亡。苹果叶脉间失绿呈浅绿色，杂有斑点，从叶缘向中脉发展。严重时，脉间变褐并坏死，叶片全部为黄色。其他果树也出现类似症状，但由于果树种类或品种不同，有些果树的症状并不限于新梢、幼叶，也可出现在中上部老叶上。燕麦、小麦、豌豆、大豆被认为是锰的指示作物。根据作物外部缺锰症状进行诊断时，需注意与其他容易混淆症状的区别。

缺锰与缺镁：缺锰失绿首先出现在新叶上，缺镁首先出现在老叶上。

缺锰与缺锌：缺锰叶脉黄化部分与绿色部分的色差没有缺锌明显。

缺锰与缺铁：缺铁褪绿程度通常较深，黄绿间色界常明显，一般不出现褐斑，而缺锰褪绿程度较浅，且常发生褐斑或褐色条纹。

2. 锰过量之症状

锰会阻碍作物对钼和铁的吸收，往往使植物出现缺钼症状。锰中毒会诱发双子叶植物如棉花、菜豆等缺钙（皱叶病）。根一般表现颜色变褐、根尖损伤、新根少。叶片出现褐色斑点，叶缘白化或变成紫色，幼叶卷曲等。不同作物表现不同。水稻锰中毒植株叶色褪淡黄化，下部叶片、叶鞘出现褐色斑点。棉花锰中毒出现萎缩叶。马铃薯锰中毒在茎部产生线条状坏死。茶树受锰毒害叶脉呈绿色，叶肉出现网斑。柑橘锰过量出现异常落叶症，大量落叶，落下的叶片上通常有小型褐色斑和浓赤褐色较大斑，称"巧克力斑"。初出现呈油渍状，以后鼓出于叶面，以叶尖、叶边缘分布多，落叶在果实收获前就开始，老叶不落，病树从春到秋发叶数减少，叶形变小。此外树势变弱，树龄短的幼树生长停滞。

3. 市场上主要含锰化肥

目前，常用的锰肥主要是硫酸锰（$MnSO_4 \cdot 3H_2O$），易溶于水，速效，使用最广泛，适于喷施、浸种和拌种。其次为氯化锰（$MnCl_2$）、氧化锰（MnO）和碳酸锰（$MnCO_3$）等。它们溶解性较差，可以作基肥施用。

（十二）钼

钼是植物结构组分元素。1939 年发现钼是必需元素。钼主要以钼酸根阴离子形态被植物吸收。一般植株干物质中的钼含量是 1×10^{-6}。由于钼的螯合形态，植物相对过量吸收后无明显毒害。土壤溶液中钼浓度较高时（4×10^{-9} 以上），钼通过质流转运到植物根系，钼浓度低时则以扩散为主。在根系吸收过程中，硫酸根和钼酸根是竞争性阴离子。而磷酸根却能促进钼的吸收，这种促进作用可能产生于土壤中，因为土壤中水合氧化铁对阴离子的固定，磷和钼也处于竞争地位。根系对钼酸盐的吸收速率与代谢活动密切相关。钼以无机阴离子和有机钼—硫氨基酸络合物形态在植物体内移动。韧皮部中大部分钼存在于薄壁细胞中，因此，钼在体内的移动性并不大。大量钼积累在根部和豆科作物根瘤中。

1. 钼缺乏之症状

植物缺钼症有两种类型，一种是叶片脉间失绿，甚至变黄，易出现斑点，新叶出现症状较迟；另一种是叶片瘦长畸形、叶片变厚，甚至焦枯。一般表现叶片出现黄色或橙黄色大小不一的斑点，叶缘向上卷曲呈杯状。叶肉脱落残缺或发育不全。不同作物的症状有差别。缺钼与缺氮相似，但缺钼叶片易出现斑点，边缘发生焦枯，并向内卷曲，组织失水而萎蔫。一般症状先在老叶上出现。

十字花科作物如花椰菜缺钼出现特异症状"鞭尾症"，先是叶脉间出现水渍状斑点，继之黄化坏死，破裂穿孔，孔洞继续扩大连片，叶子几乎丧失叶肉而仅在中肋两侧留有叶肉残片，使叶片呈鞭状或犬尾状。萝卜缺钼时也表现叶肉退化，叶裂变小，叶缘上翘，呈鞭尾趋势。

柑橘呈典型的"黄斑症"，叶片脉间失绿变黄，或出现橘黄色斑点。严重时，叶缘卷曲，萎蔫而枯死。首先从老叶或茎的中部叶片开始，渐及幼叶及生长点，最后可导致整株死亡。

豆科作物叶片褪绿，出现许多灰褐色小斑并散布全叶，叶片变厚、发皱，有的叶片边缘向上卷曲成杯状，大豆常见。

禾本科作物仅在严重时才表现叶片失绿，叶尖和叶缘呈灰色，开花成熟延迟，籽粒皱缩，颖壳生长不正常。

番茄在第一、第二真叶时叶片发黄，卷曲，随后新出叶片出现花斑，缺绿部分向上拱起，小叶上卷，最后小叶叶尖及叶缘均皱缩死亡。叶菜类蔬菜叶片脉间出现黄色斑点，逐渐向全叶扩展，叶缘呈水渍状，老叶深绿至蓝绿色，严重时，也显示"鞭尾病"症状。

敏感作物主要是十字花科作物如花椰菜、萝卜等，其次是柑橘以及蔬菜作物中的叶菜类和黄瓜、番茄等。豆科作物、十字花科作物、柑橘和蔬菜类作物易缺钼。需钼较多的作物有甜菜、棉花、胡萝卜、油菜、大豆、花椰菜、甘蓝、花生、紫云英、绿豆、菠菜、莴苣、番茄、马铃薯、甘薯、柠檬等。根据作物症状表现进行判断，典型的症状如花椰菜的"鞭尾病"，柑橘的"黄斑病"容易确诊。

2. 钼中毒之症状

钼中毒不易显现症状。茄科植物较敏感，症状表现为叶片失绿。番茄和马铃薯小枝呈红黄色或金黄色。豆科作物对钼的吸收积累量比非豆科作物大得多。牲畜对钼十分敏感，长期取食的食草动物会发生钼毒症，由饮食中钼和铜的不平衡引起。牛中毒出现腹泻、消瘦、毛褪色、皮肤发红和不育，严重时死亡。可口服铜、体内注射甘氨酸铜或对土壤施用硫酸铜来克服。采用施硫和锰及改善排水状况，也能减轻钼毒害。

3. 土壤中的钼

钼是化学元素周期表第五周期中唯一植物所需的元素。钼在地壳和土壤中含量极少，在岩石圈中，钼的平均含量约为 2×10^{-6}。一般植株干物质中的钼含量是 1×10^{-6}。钼在土壤中的主要形态如下。

（1）处于原生和次生矿物的非交换位置。

（2）作为交换态阳离子处于铁铝氧化物上。

（3）存在于土壤溶液中的水溶态钼和有机束缚态钼。

土壤 pH 值影响钼的有效性和移动性。与其他微量元素不同，钼对植物的有效性随土壤酸度的降低（土壤 pH 值升高）而增加。土壤 pH 值的升高使有效性钼大大增多。由此不难理解，施用石灰纠正土壤酸度可改善植物的钼营养。这正是大多数情况下纠正和防止缺钼的措施。而施用含铵盐的生理酸性肥料，如硫酸铵、硝酸铵等，则会降低植物吸钼。土壤含水量低会削弱钼经质流和扩散由土壤向根表面运移，增加缺钼的可能性。土壤温度高有利于增大钼的可溶性。钼可被强烈地吸附在铁、铝氧化物上，其中，一部分吸附态钼变得对植物无效，其余部分与土壤溶液中的钼保持平衡。当钼被根系吸收后，一些钼解吸进入土壤溶液中。正因这种吸附反应，在含铁量高，尤其是粘粒表面上的非晶形铁高时，土壤有效钼往往很低。磷能促进植物吸收和转移钼。而硫酸盐（SO_4^{2-}）降低植物吸钼。铜和锰都对钼的吸收有拮抗作用。而镁的作用相反，它能促进钼的吸收。硝态氮明显促进植物吸钼，而铵态氮对钼的吸收起相反作用。

4. 市场上主要含钼化肥

最常用的钼肥是钼酸铵［$(NH_4)_6Mo_7O_{24}\cdot4H_2O$］，易溶于水，可用作基肥、种肥和追肥，喷施效果也很好。有时也使用钼酸钠，也是可溶性肥料。三氧化钼为难溶性肥料，一般不太使用。

（十三）氯

1954 年发现氯是必需元素。到目前为止人们对氯营养的研究还很不够，因为，氯在自然界中广泛存在并且容易被植物吸收，所以，大田中很少出现缺氯现象，有人认为，植物需氯几乎与需硫一样多。其实一般植物含氯 100～1 000 毫克/千克即可满足正常生长需要，在微量元素范围，但大多数植物中含氯高达 2 000～20 000毫克/千克，已达中、大量元素水平，可能是因为氯的奢侈吸收跨度较宽。人们普遍担心的是氯过量影响农产品的产量和品质。土壤中的氯主要以质流形式向根系供应。氯以氯离子形态通过根系被植物吸收，地上部叶片也可以从空气中吸收氯。植物中积累的正常氯浓度一般为 0.2%～2.0%。

1. 氯缺乏之症状

植物缺氯时根细短，侧根少，尖端凋萎，叶片失绿，叶面积减少，严重时组织坏死，由局部遍及全叶，不能正常结实。幼叶失绿和全株萎蔫是缺氯的 2 个最常见症状。

番茄表现为下部叶的小叶尖端首先萎蔫，明显变窄，生长受阻。继续缺氯，萎蔫部分坏死，小叶不能恢复正常，有时叶片出现青铜色，细胞质凝结，并充满细胞间隙。根短缩变粗，侧根生长受抑。及时加氯可使受损的基部叶片恢复正常。莴苣、甘蓝和苜蓿缺氯，叶片萎蔫，侧根粗短呈棒状，幼叶叶缘上卷成杯状，失绿，尖端进一步坏死。

棉花缺氯叶片凋萎，叶色暗绿，严重时叶缘干枯，卷曲，幼叶发病比老叶重。

甜菜缺氯叶片生长缓慢，叶面积变小，脉间失绿，开始时与缺锰症状相似。甘蔗缺氯根长较短，侧根较多。

大麦缺氯叶片呈卷筒形，与缺铜症状相似。玉米缺氯易感染茎腐病，病株易倒伏，影响产量和品质。

大豆缺氯易患猝死病。三叶草缺氯首先最幼龄小叶卷曲，继而刚展开的小叶皱缩，老龄小叶出现局部棕色坏死，叶柄脱落，生长停止。由于氯的来源广，大气、雨水中的氯远超过作物每年的需要量，即使在实验室的水培条件下因空气污染也很难诱发缺氯症状。因此，大田生产条件下不易发生缺氯症。椰子、油棕、洋葱、甜菜、菠菜、甘蓝、芹菜等是喜氯作物。氯化钠或海水可使椰子产量提高。

2. 氯中毒之症状

从农业生产实际看，氯过量比缺氯更被人担心。氯过量主要表现是生长缓慢，植株矮小，叶片少，叶面积小，叶色发黄，严重时，叶尖呈烧灼状，叶缘焦枯并向上卷筒，老叶死亡，根尖死亡。同时，氯过量时种子吸水困难，发芽率降低。氯过量主要的影响是增加土壤水的渗透压，因而降低水对植物的有效性。另外，一些木本植物，包括大多数果树及浆果类、蔓生植物和观赏植物对氯特别敏感，当氯离子含量达到干重的 0.5% 时，植物会出现叶烧病症状，烟草、马铃薯和番茄叶片变厚且开始卷曲，对马铃薯块茎的储藏品质和烟草熏制品质都有不良影响。氯过量对桃、鳄梨和一些豆科植物作物也有害。作物氯害的一般表现是生长停滞、叶片黄化，叶缘似烧伤，早熟性发黄及叶片脱落。作物种类不同，症状有差异。小麦、大麦、玉米等叶片无异常特征，但分蘖受抑。水稻叶片黄化并枯萎，但与缺氮叶片均匀发黄不同，开始时叶尖黄化而叶片其余部分仍保持深绿。柑橘典型氯毒害叶片呈青铜色，易发生异常落叶，叶片无外表症状，叶柄不脱落。葡萄氯毒害叶片严重烧边。油菜、小白菜于三叶期后出现症状，叶片变小，变形，脉间失绿，叶尖叶缘先后枯焦，并向内弯曲。甘蔗氯毒害时根较短，无侧根。马铃薯氯毒害主茎萎缩、变粗，叶片褪淡黄化，叶缘卷曲有焦枯。影响马铃薯产量及淀粉含量。甘薯氯毒害叶片黄化，叶面上有褐斑。茶树氯毒害叶片黄化，脱落。烟草氯毒害主要不在产量而在品质方面，氯过量使烟叶糖/氮比升高，影响烟丝的吸味和燃烧性。

氯对所有作物都是必需的，但不同作物耐受氯的能力差别很大。耐氯强的作物有：甜菜、水稻、谷子、高粱、小麦、大麦、玉米、黑麦草、茄子、豌豆、菊花等。耐氯中等的作物有：棉花、大豆、蚕豆、油菜、番茄、柑橘、葡萄、茶、苎麻、葱、萝卜等。不耐氯的作物有：莴苣、紫云英、四季豆、马铃薯、甘薯、烟草等。

3. 土壤中的氯

氯是植物必需养分中唯一的第七主族元素又称卤族元素，也是唯一的气体非金属微量元素。一般认为，土壤中大部分氯来自包裹在土壤母质中的盐类、海洋气溶胶或火山喷发物。几乎土壤中所有的氯都曾一度存在于海洋中。土壤中大多数氯通常以氯化钠、氯化钙、氯化镁等可溶性盐类形式存在。人为活动带入土壤的氯也是一个不小的来源。氯经施肥、植物保护药剂和灌溉水进入土壤。大多数情况下，氯是伴随其他养分元素进入土壤的，包括氯化铵、氯化钾、氯化镁、氯化钙等。此外，人类活动使局部地区环境恶化，氯离子含量过高，如用食盐水去除路面结冰、用氯化物软化用水、提取石油和天然气时盐水的外溢、处理牧场废物和工业盐水等各种污染。除极酸性土壤外，氯离子在大多数土壤中移动性很大，所以，能在土壤系统中迅速循环。氯离子在土壤中迁移和积累的数量和规模极易受水循环的影响。在土壤内排水受限制的地方将积累氯。氯化物又能从土壤表面以下几米深处的地下水中通过毛细管作用运移到根区，在地表或近地表处积累起来。如果灌溉水中含大量氯离子；或没有足够的水淋洗积累在根区的氯离子；或地下水位高，排水条件不理想，致使氯离子通过毛细管移入根区时，土壤中可能出现氯过量。

4. 市场上主要含氯化肥

海潮、海风、降水可以带来足够的氯，只有远离海边的地方和淋溶严重的地区才可能缺氯。人类活动产生的含氯三废可能给局部地区带来过量的氯，造成污染。专门施用氯肥的情况很少见。大多数情况下，氯是伴随其他养分元素进入土壤的，包括氯化铵、氯化钾、氯化镁、氯化钙等。我国广东、广西壮族自治区、福建、浙江、湖南等省区曾有施用农盐的习惯，主要用于水稻，有时也用于小麦、大豆和蔬菜。农盐中除含大量氯化钠外，还有相当数量镁、钾、硫和少量硼。氯化钠可使水稻、甜菜增产、亚麻品质改善。这除了氯的作用外，还有钠的营养作用。

第二节　有机肥料的作用与合理施用技术

我国有机肥资源很丰富，但利用率却很低，目前有机肥资源实际利用率不足40%。其中，畜禽粪便养分还田率为50%左右，秸秆养分直接还田率为35%左右。增施有机肥料是替代化肥的一个重要途径，也是解决农业生产自身污染的"双面"有效办法。

一、有机肥概述

（一）有机肥的概念

有机肥肥料是指有大量有机物质的肥料。这类肥料在农村可就地取材，就地积制，对生态农业的发展起着很大的作用。

（二）有机肥的特点

有机肥料种类多，来源广、数量大、成本低、肥效长，有以下几个特点。

（1）养分全面。它不但含有作物生育所必需的大量、中量和微量营养元素，而且还含有丰富的有机质，其中包括胡敏酸、维生素、生长素和抗生素等物质。

（2）肥效缓。有机肥料中的植物营养元素多呈有机态必须经过微生物的转化才能被作物吸收利用，因此，肥效缓慢。

（3）对培肥地力有重要作用。有机肥养分不仅能够供应作物生长发育需要的各种养分，而且还含有有机质和腐殖质，能改善土壤耕性。协调水、气、热、肥力因素，提高土壤的保水保肥能力。有机肥对增加作物营养，促进作物健壮生长，增强抗逆能力，降低农产品成本，提高经济效益，培肥地力，促进农业良性循环有着极其重要的作用。

（4）有机肥料中含有大量的微生物以及各种微生物的分泌物 - 酶、刺激素、维生素等生物活性物质。

（5）现在的有机肥料一般养分含量较低，施用量大，费工费力。因此，需要提高质量。

（三）有机肥料的作用

增施有机肥料是提高土壤养分供应能力的重要措施。有机肥中含氮、磷、钾大量营养元素以及植物所需的各种营养元素，施入土壤后，一方面经过分解逐步释放出来，成为无机状态，可使植物直接摄取，提供给作物全面的营养，减少微量元素缺乏症；另一方面经过合成，部分形成腐殖质，促使土壤中生成各级粒径的团聚体，可贮藏大量有效水分和养分，使土壤内部通气良好，增强土壤的保水、保肥和缓冲性能，供肥时间稳定且长效，能使作物前期发棵稳长，使营养生长与生殖生长协调进行，生长后期仍能供应营养物质，延长植株根系和叶片的功能时间，使生产期长的间套作物丰产丰收。

二、有机肥料的施用

有机肥料种类较多、性质各异，在使用时应注意各种有机肥的成分、性质，做到合理施用。

（一）动物质有机肥的施用

动物肥料有人粪尿，家畜粪尿、家禽粪、厩肥等。人粪尿含氮较多，而磷、钾较少，所以，常做氮肥施用。家畜粪尿中磷、钾的含量较高，而且一半以上为速效性，可做速效磷、钾肥料。马粪和牛粪由于分解慢，一般做厩肥或堆肥基料施用较好，腐熟后作基肥使用。人粪和猪粪腐熟较快，可做基肥，也可作追肥加水浇施。厩肥是家畜粪尿和各种垫圈材料混合积制的肥料，新鲜厩肥中的养料主要为有机态，作物大多不能直接利用，待腐熟后才能施用。

有机肥料腐熟的目的是为了释放养分，提高肥效，避免肥料在土壤中腐熟时产生某些对作物不利的影响。如与幼苗争夺水分、养分或因局部地方产生高温、氮浓度过高而引起的烧苗现象等，有机肥料的腐熟过程是通过微生物的活动，使有机肥料发生两方面的变化，从而符合农业生产的需要。在这个过程中，一方面是有机质的分解，增加肥料中的有效养分；另一方面是有机肥料中的有机物由硬变软，质地由不均匀变的比较均匀，并在腐熟过程中，使杂草种子和病菌虫卵大部分被消灭。

（二）植物质有机肥的施用

植物质肥料中有饼肥、秸秆等。饼肥为肥分较高的优质肥料，富含有机质、氮素，并含有相当数量的磷、钾及各种微量元素，饼肥中氮磷多呈有机态，为迟效性有机肥。作物秸秆也富含有机质和各种作物营养元素，是目前生产上有机肥的主要原料来源，多采用厩肥或高温堆肥的方式进行发酵腐熟后作为基肥施用。

随着生产力的提高，特别是灌溉条件的改善，在一些地方也应用了作物秸秆直接还田技术。在应用秸秆还田时需注意保持土壤墒足和增施氮素化肥，由于秸秆还田的碳氮比较大，一般为（60～100）：1，作物秸秆分解的初期，首先需要吸收大量的水分软化和吸收氮素来调整碳氮比，一般分解适宜的碳氮比为25：1，所以应保持足墒和增施氮素化肥，否则会引起干旱和缺氮。试验证明，小麦、玉米、油菜等秸秆直接还田，在不配施氮、磷肥的条件下，不但不增产，相反还有较大程度的减产。另外，在一些高产地区和高产地块目前秋季玉米秸秆产量较大，全部还田后加上耕层浅，掩埋不好，上层变暄，容易造成小麦苗根系悬空和缺乏氮肥而发育不良甚至死亡。需要部分还田。

在一些秋作物上，如玉米、棉花、大豆等适当采用麦糠、麦秸覆盖农田新技术，利用夏季高温多雨等有利气象因素，能蓄水保墒抑制杂草生长，增加土壤有机质含量，提高土壤肥力和肥料利用力，能改变土壤、水、肥、气、热条件，能促进作物生长发育增产增收。该技术节水、节能、省劳力，经济效益显著，是发展高效农业，促进农业生产持续稳定发展的有效措施。采用麦糠、麦秸覆盖，首先可以减少土壤水分蒸发、保蓄土壤水分。据试验表明，第一，玉米生长期覆盖可多保水154毫米，较不覆盖节水29％。第二，提高土壤肥力，覆盖一年后氮、磷、钾等营养元素含量均有不同程度的提高。第三，能改变土壤不良理化性状。覆盖保墒改变了土壤的环境条件，使土壤湿度增加，耕层土壤通透性变好，田块不裂缝，不板结，增加了土壤团粒结构，土壤容量下降 0.03% ~ 0.06%。第四，能抑制田间杂草生长。据调查，玉米覆盖的地块比不覆盖地块杂草减少 13.6% ~ 71.4%。由于杂草减少，土壤养分消耗也相对减少，同时，提高了肥料的利用率。其五，夏季覆盖能降低土壤温度，有利于农作物的生长发育。覆盖较不覆盖的农作物株高、籽粒、千粒重、秸草量均有不同程度的增加，一般玉米可增产 10% ~ 20%。麦秸、麦糠覆盖是一项简单易行的土壤保墒增肥措施，覆盖技术应掌握适时适量，麦秸破碎不宜过长。一般夏玉米覆盖应在玉米长出 6 ~ 7 片叶时，每 667 平方米秸料 300 ~ 400 千克，夏棉花覆盖于 7 月初，棉花株高 30 厘米左右时进行，在株间均匀撒麦秸每 667 平方米 300 千克左右。

施用有机肥，一方面不但能提高农产品的产量，而且还能提高农产品的品质，净化环境，促进农业生产的生态良性循环；另一方面还能降低农业生产成本，提高经济效益。所以搞好有机肥的积制和施用工作，对增强农业生产后劲，保证生态农业健康稳定发展，具有十分重要的意义。

三、当前推进有机肥利用的几项措施

第一，推广机械施肥技术，为秸秆还田、有机肥积造等提供有利条件，解决农村劳动力短缺的问题。

第二，推进农牧结合，通过在肥源集中区、规模化畜禽养殖场周边、畜禽养殖集中区建设有机肥生产车间或生产厂等，实现有机肥资源化利用。

第三，争取扶持政策，已补助的形式鼓励新型经营主体和规模经营主体增加有机肥施用，引导农民积造农家肥、应用有机肥。

第四，创新服务机制，发展各种社会化服务组织，推进农企对接，提高有机肥资源的服务化水平。

第五，加强宣传引导，加大对新型经营主体和规模经营主体科学施肥的培训力度，营造有机肥应用的良好氛围。

第三节 合理施用化学肥料

在增施有机肥的基础上，合理施用化学肥料，是调节作物营养，提高土壤肥力，获得农业持续高产的一项重要措施。但是盲目地施用化肥，不仅会造成浪费，还会降低作物的产量和品质。特别是在目前情况下，应大力提倡经济有效地施用化肥，使其充分有效发挥化肥效应，提高化肥的利用率，降低生产成本，获得最佳产量，并防止造成污染。

一、化学肥料的概念和特点

一般认为凡是用化学方法制造的或者采矿石经过加工制成的肥料统称为化学肥料。

从化肥的施用方面来看，化学肥料具有以下几个方面的特点。

（1）养分含量高，成分单纯。与有机肥相比它养分含量高，成分单一，并且便于运输、贮存和施用。

（2）肥效快，肥效短。化学肥料一般易溶于水，施入土壤后能很快被作物吸收利用，肥效快；但也能挥发和随水流失，肥效不持久。

（3）有酸碱反应。化学肥料有两种不同的酸碱反应，即化学酸碱反应和生理酸碱反应。

化学酸碱反应指肥料溶于水中以后的酸碱反应。如过磷酸钙是酸性，碳酸氢铵为碱性，尿素为中性。

生理酸碱反应指经作物吸收后产生的酸碱反应。生理碱性肥料是作物吸收肥料中的阴离子多于阳离子，剩余的阳离子与胶体代换下来的碳酸氢根离子形成重碳酸盐，水解后产生氢氧根离子，增加了土壤溶液的碱性。如硝酸钠肥料。生理酸性肥料是作物吸收肥料中的阳离子多于阴离子，使从胶体代换下来的氢离子增多，增加了土壤溶液的酸性。如硫酸铵肥料。

（4）不含有机物质，单纯大量使用会破坏土壤结构。化学肥料一般不含有机物质，它不能改良土壤，在施用量大的情况下，长期单纯施用某一种化肥会破坏土壤结构，造成土壤板结。

基于化学肥料的以上特点，在施用时要求技术要严，要十分注意平衡、经济的施用，使化肥在农业生产中发挥更大的作用。并且要防止土壤板结，土壤肥力下降。

二、化肥的合理施用原则

合理施用化肥，一般应遵循以下几个原则。

（1）根据化肥性质，结合土壤、作物条件合理选用肥料品种。

在目前化肥不充足的情况下，应优先在增产效益高的作物上施用，使之充分发挥肥效。一般在雨水较多的夏季不要施用硝态氮肥，因为，硝态氮易随水流失。在盐碱地不要大量施用氯化铵，因为，氯离子会加重盐碱危害。薯类含碳水化合物较多，最好施用铵态氮肥，如碳酸氢铵、硫酸铵等。小麦分蘖期喜欢硝态氮肥，后期则喜欢铵态氮肥，应根据不同时期施用相应的化肥品种。

（2）根据作物需肥规律和目标产量，结合土壤肥力和肥料中养分含量以及化肥利用率确定适宜的施肥时期和施肥量。

不同作物对各种养分的需求量不同。据试验表明，一般 667 平方米产 100 千克的小麦需从土壤中吸收 3 千克纯氮，1.3 千克五氧化二磷，2.5 千克氧化钾；667 平方米产 100 千克的玉米需从土壤中吸收 2.5 千克纯氮，0.9 千克五氧化二磷，2.2 千克氧化钾；667 平方米产 100 千克的花生（果仁）需从土壤中吸收 7 千克纯氮，1.3 千克五氧化二磷，3.9 千克氧化钾；667 平方米产 100 千克的棉花（棉籽）需从土壤中吸收纯氮 5 千克，五氧化二磷 1.8 千克，氧化钾 4.8 千克。根据作物目标产量，用化学分析的方法或田间实验的方法，首先诊断出土壤中各种养分的供应能力，再根据肥料中有效成分的含量和化肥利用率，用平衡施肥的方法计算出肥料的施用量。

作物不同的生育阶段，对养分的需求量也不同，还应根据作物的需肥规律和土壤的保肥性来确定适宜的施肥时期和每次数量。在通常情况下，有机肥、磷肥、钾肥和部分氮肥作为基肥一次施用。一般作物苗期需肥量少，在底肥充足的情况下可不追施肥料；如果底肥不足或间套种植的后茬作物未施底肥时，苗期可酌情追施肥料，应早施少施，追施量不应超过总施肥量的 10%，作物生长中期，即营养生长和生殖生长并进期，如小麦起身期、玉米拔节期、棉花花铃期、大豆和花生初花期、白菜包心期，生长旺盛，需肥量增加，应重施追肥；作物生长后期，根系衰老，需肥能力降低，一般追施肥料效果较差，可适当进行叶面喷肥，加以补充，特别是双子叶作物叶面吸肥能力较强，后期喷施肥料效果更好，作物的一次追肥数量，要根据土壤的保肥能力确定。一般沙土地保肥能力差，应采用少施勤施的原则，一次 667 平方米追施标准氮肥（硫酸铵）不宜超过 15 千克；两合土保肥能力中等，每次 667 平方米追施标准氮肥不宜超过 30 千克；黏土地保肥能力强，每次 667 平方米追施标准氮肥不宜超过 40 千克。

（3）根据土壤、气候和生产条件，采用合理的施肥方法。

肥料施入土壤后，大部分会被植物吸收利用或被胶体吸附保存起来，但是还有一部分会随水渗透流失或形成气体挥发，所以，要采用合理的施肥方法。因此，一般要求基肥应深施，结合耕地边耕边施肥，把肥料翻入土中；种肥应底施，把肥料条施于种子下面或种子一旁下侧，与种子隔离；追肥应条施或穴施，不要撒施。应施在作物一侧或两侧的土层中，然后覆土。

硝态氮肥一般不被胶体吸附，容易流失，提倡灌水或大雨后穴施在土壤中。

铵态和酰铵态氮肥，在沙土地的雨季也提倡大雨后穴施，施后随即盖土，一般不应在雨前或灌水前洒施。

第四节　应用叶面肥喷肥技术

叶面喷肥是实现作物高效种植的重要措施之一，一方面作物高效种植，生产水平较高，作物对养分需要量较多；另一方面，作物生长初期与后期根部吸收能力较弱，单一由根系吸收养分已不能完全满足生产的需要。叶面喷肥作为强化作物营养和防治某些缺素症的一种施肥措施，能及时补充营养，可较大幅度的提高作物产量，改善农产品品质，是一项肥料利用率高、用量少而经济有效的施肥技术措施。实践证明，叶面喷肥技术在农业生产中有较大增产潜力。现把叶面喷肥在主要农作物上的应用技术和增产作用介绍如下。

一、叶面喷肥的特点及增产效应

(一) 养分吸收快

叶面肥由于喷施于作物叶表，各种营养物质可直接从叶片进入体内，直接参与作物的新陈代谢过程和有机物的合成过程，吸收养分快。据测定，玉米 4 叶期叶面喷用硫酸锌，3.5 小时后上部叶片吸收已达 11.9%，48 小时后已达 53.1%。如果通过土壤施肥，施入土壤中首先被土壤吸附，然后再被根系吸收，通过根、茎输送才能到达叶片，这种养分转化输送过程最快也必须经过 80 小时以上。因此，无论从速度、效果哪一方面讲，叶面喷肥都比土壤施肥的作用来得及时、显著。在土壤中，一些营养元素供应不足，成为作物产量的限制因素时，或需要量较小，土壤施用难以做到均匀有效时，利用叶面喷施反应迅速的特点，在作物各个生长时期及不同阶段喷施叶面肥，以协调作物对各种营养元素的需要与土壤供肥之间的矛盾，促进作物营养均衡、充足，保持健壮生长发育，才能使作物高产优质。

(二) 光合作用增强，酶的活性提高

在形成作物产量的若干物质中，90% ~95% 来自光合作用的产物。但光合作用的强弱，在同样条件下和植株内的营养水平有关。作物叶面喷肥后，体内营养均衡、充足，促进了作物体内各种生理进程的进展，显著地提高了光合作用的强度。据测定，大豆叶面喷施后平均光合强度达到 22.69 毫克/平方分米·小时，比对照提高了 19.5%。

作物进行正常代谢的必不可少的条件是酶的参与，这是作物生命活动最重要的因素，其中，也有营养条件的影响，因为，许多作物所需的常量元素和微量元素是酶的组成部分或活性部分。如铜是抗坏血酸氧化镁的活性部分，精氨酸酶中含有锰，过氧化氢酶和细胞色素中含有铁、氨、磷和硫等营养元素。叶面喷施能极明显地促进酶的活性，有利于作物体内各种有机物的合成、分解和转变。据

试验表明，花生在荚果期喷施叶面肥，固氮酶活性可提高 5.4% ~ 24.7% 叶面喷肥后能促进根、茎、叶各部位酶的活性提高 15% ~ 31%。

（三）肥料用料省，经济效益高

叶面喷肥用量少，即可高效能利用肥料，也可解决土壤施肥常造成一部分肥料被固定而降低使用效率的问题。叶面喷肥效果大于土壤施肥。如叶面喷硼肥的利用率是施基肥的 8.18 倍；洋葱生长期间，每 667 平方米用 0.25 千克硫酸锰加水喷施与土壤撒施 7 千克的硫酸锰，效果相同。

二、主要作物叶面喷肥技术

叶面喷肥一般是以肥料水溶液形式均匀得喷洒在作物叶面上。实践证明，肥料水溶液在叶片上停留的时间越长，越有利于提高利用率。因此，在中午烈日下和刮风天喷洒效果较差，以无风阴天和晴天 9：00 前或 16：00 后进行为宜。由于不同作物对某种营养元素的需要量不同，不同土壤中多种营养元素含量也有差异，所以不同作物在不同地区叶面施用肥料效果也差别很大。现把一些肥料在主要农作物上叶面喷施的试验结果分述如下。

（一）小麦

尿素：667 平方米用量 0.5 ~ 1.0 千克，对水 40 ~ 50 千克，在拔节至孕穗期喷洒，可增产 8% ~ 15%。

磷酸二氢钾：667 平方米用量 150 ~ 200g，对水 40 ~ 50 千克，在抽穗期喷洒，可增产 7% ~ 13%。

以硫酸锌和硫酸锰为主的多元复合微肥 667 平方米用量 200 克，对水 40 ~ 50 千克，在拔节至孕穗期喷洒，可增产 10% 以上。

综合应用技术，在拔节肥喷微肥，灌浆期喷硫酸二氢钾，缺氧发黄田块增加尿素，对预防常见的干热风危害作物较好。蚜虫发病较重的田块，结合防蚜虫进行喷施。可起到一喷三防的作用，一般增加穗粒数 1.2 ~ 2 个，提高千粒重 1 ~ 2 克，667 平方米增产 30 千克左右，增产 20% 以上。

（二）玉米

近年来，玉米植株缺锌症状明显，应注意增施硫酸锌，667 平方米用量 100 克加水 40 ~ 50 千克，在出苗后 15 ~ 20 天喷施，隔 7 ~ 10 天再喷 1 次，可增长穗长 0.2 ~ 0.8 厘米；秃顶长度减少 0.2 ~ 0.4 厘米，千粒重增加 12 ~ 13g，增产 15% 以上。

（三）棉花

棉花生育期长，对养分的需要量较大，而且后期根系功能明显减退，但叶面较大且吸肥功能较强，叶面喷肥有显著的增产作用。

喷氮肥防早衰：在 8 月下旬至 9 月上旬，用 1% 尿素溶液喷洒，每 667 平方米 40 ~ 50 千克，隔 7 天左右喷 1 次，连喷 2 ~ 3 次，可促进光合作用，防早衰。

喷磷促早熟：从 8 月下旬开始，用过磷酸钙 1 千克加水 50 千克，溶解后取其过滤液，每 667 平方米用 50 千克，隔 7 天 1 次，连喷 2 ~ 3 次，可促进种子饱满，增加铃重，提早吐絮。

喷硼攻大桃：一般从铃期开始用千分之一硼酸水溶液喷施，每 667 平方米用 50 千克，隔 7 天 1 次，连喷 2 ~ 3 次，有利于多坐桃，结大桃。

综合性叶面棉肥：每 667 平方米每次用量 250 克，加水 40 千克，在盛花期后喷施 2 ~ 3 次，一般增产 15.2% ~ 31.5%。

（四）大豆

大豆对钼反应敏感，在苗期和盛花期喷施浓度为 0.05% ~ 0.1% 的钼酸铵溶液每 667 平方米每次 50 千克，可增产 13% 左右。

（五）花生

花生对锰、铁等微量元素敏感，"花生王"是以该两种元素为主的综合性施肥，从初花期到盛花期，每 667 平方米每次用量 200 克，加水 40 千克喷洒 2 次，可使根系发达，有效侧枝增多，结果多，饱果率高。一般增产 20% ~ 35%。

（六）叶菜类蔬菜（如大白菜、芹菜、菠菜等）

叶菜类蔬菜产量较高，在各个生长阶段需氮较多，叶面肥以尿素为主，一般喷施浓度为 2%，每 667 平方米每次用量 50 千克，在中后期喷施 2～4 次，另外中期喷施 0.1% 浓度的硼砂溶液 1 次，可防止芹菜"茎裂病"、菠菜"矮小病"、大白菜"烂叶病"。一般增产 15%～30%。

（七）瓜果类蔬菜（如黄瓜、番茄、茄子、辣椒等）

此类蔬菜一生对氮磷钾肥的需要比较均衡，叶面喷肥以磷酸二氢钾为主，喷施浓度以 0.5% 为宜，每 667 平方米每次用量 50 千克。在中后期喷施 3～5 次，可增产 8.6%。

（八）根茎类蔬菜（如大蒜、洋葱、萝卜、马铃薯等）

此类蔬菜一生中需磷钾较多，叶面喷肥应以磷钾为主，喷施硫酸钾浓度为 0.2% 或 3% 过磷酸钙加草木灰浸出液，每 667 平方米每次用量 50 千克液，在中后期喷施 3～4 次。另外，萝卜在苗期和根膨大期各喷 1 次 0.1% 的硼酸溶液。每 667 平方米每次用量 40 千克，可防治"褐心病"。一般可增产 17%～26%。

随着高效种植和产量效益的提高，一种作物同时缺少几种养分的现象将普遍发生，今后的发展方向将是多种肥料混合喷施，可先预备一种肥料溶液，然后按用量加入其他肥料，而不能先配置好几种肥液再混合喷施。在加入多种肥料时应考虑各种肥料的化学性质，在一般情况下起反应或拮抗作用的肥料应注意分别喷施。如磷、锌有拮抗作用，不宜混施。

叶面喷施在农业生产中虽有独到之功，增产潜力很大，应该不断总结经验加以完善，但叶面喷肥不能完全替代作物根部土壤施肥。因为，根部比叶面有更大更完善的吸收系统。我们必须在土壤施肥的基础上。配合叶面喷肥，才能充分发挥叶面喷肥的增效、增产、增质作用。

第五节　推广应用测土配方施肥技术

测土配方施肥技术是对传统施肥技术的深刻变革，是建立在科学理论基础之上的一项农业实用技术，对搞好农业生产具有十分重要的意义。开展测土配方施肥工作，既是提高作物单产，保障农产品安全的客观要求，也是降低生产成本，促进节本增效的重要途径；既是节约能源消耗，建设节约型社会的重大行动，也是不断培肥地力，提高耕地产出能力的重要措施；既是提高农产品质量，增强农业竞争力的重要环节；也是减少肥料流失，保护农业生态环境的需要。

一、测土配方施肥的内涵

1983 年，为了避免施肥学术领域中概念混乱，农业部在广东湛江地区召开的配方施肥会议上，将全国各地所说的"平衡施肥"统一定名为测土配方施肥。其涵义是指：综合运用现代农业科技成果，根据作物需肥规律、土壤供肥性能与肥料效应，在以有机肥为基础的条件下，产前提出氮、磷、钾和微肥的适宜用量和比例以及相应的施肥技术。通过测土配方施肥满足作物均衡吸收各种营养，维持土壤肥力水平，减少养分流失和对环境的污染，达到高产、优质和高效的目的。

测土配方施肥的关键是确定不同养分的配比和施肥量。一是根据土壤供肥能力、植物营养需求、肥料效应函数等，确定需要通过施肥补充的元素种类及数量；二是根据作物营养特点、不同肥料的供肥特性，确定施肥时期及各时期的肥料用量；三是制定与施肥相配套的农艺措施，选择切实可行的施肥方法，实施施肥。

二、测土配方施肥的三大程序

（一）测土

摸清土壤的家底，掌握土壤的供肥性能。就像医生看病，首先进行把脉问诊。

（二）配方

根据土壤缺什么，确定补什么，就像医生针对病人的病症开处方抓"药"。其核心是根据土壤、作物状况和产量要求，产前确定施用肥料的配方、品种和数量。

（三）施肥

执行上述配方，合理安排基肥和追肥比例，规定施用时间和方法，以发挥肥料的最大增产作用。

三、测土配方施肥的理论依据

（一）养分归还学说

1840 年，德国著名农业化学家、现代农业化学的倡导者李比希在英国有机化学学会上做了《化学在农业和生理学上的应用》的报告，在该报告中，他系统地阐述了矿质营养理论，并以此理论为基础，提出了养分归还学说。矿质营养理论和养分归还学说，归纳起来有四点：其一，一切植物的原始营养只能是矿物质，而不是其他任何别的东西。其二，由于植物不断地从土壤中吸收养分并把它们带走，所以，土壤中这些养分将越来越少，从而缺乏这些养分。其三，采用轮作和倒茬不能彻底避免土壤养分的匮乏和枯竭，只能起到减轻或延缓的作用，或是使现存养分利用得更协调些。其四，完全避免土壤中养分的损失是不可能的，要想恢复土壤中原有物质成分，就必须施用矿质肥料使土壤中营养物质的损耗与归还之间保持着一定的平衡，否则，土壤将会枯竭，逐渐成为不毛之地。

种植农作物每年带走大量的土壤养分，土壤虽是个巨大的养分库，但并不是取之不尽的，必须通过施肥的方式，把某些作物带走的养分"归还"于土壤，才能保持土壤有足够的养分供应容量和强度。我国每年以大量化肥投入农田，主要是以氮、磷两大营养元素为主，而钾素和微量养分元素归还不足。

（二）最小养分律

1843 年，德国著名农业化学家李比希在矿质理论和养分归还学说的基础上，提出了"农作物产量受土壤中那个相对含量最小养分的制约"。随着科技的发展和生产实践，目前对最小养分应从以下 5 个方面进行理解：第一，最小养分是指按照作物对养分的需要来讲土壤中相对含量最少的那种养分，而不是土壤中绝对含量最小的养分。第二，最小养分是限制作物产量的关键养分，为了提高作物产量必须首先补充这种养分，否则，提高作物产量将是一句空话。第三，最小养分因作物种类、产量水平和肥料施用状况而有所变化，当某种最小养分增加到能够满足作物需要时，这种养分就不再是最小养分了，而是另一种养分又会成为新的最小养分。第四，最小养分可能是大量元素，也可能是微量元素，一般而言，大量元素因作物吸收量大，归还少，土壤中含量不足或有效性低，而转移成为最小养分。第五，某种养分如果不是最小养分，即使把它增加再多也不能提高产量，而只能造成肥料的浪费。

测土配方施肥首先要发现农田土壤中的最小养分，测定土壤中的有效养分含量，判定各种养分的肥力等级，择其缺乏者施以某种养分肥料。

（三）各种营养元素同等重要与不可替代性

植物所需的各种营养元素，不论他们在植物体内的含量多少，均具有各自的生理功能，它们各自的营养作用都是同等重要的。每一种营养元素具有其特殊的生理功能，是其他元素不能代替的。

（四）肥料效应报酬递减律

肥料效应报酬递减律其内涵是指施肥与产量之间的关系是在其他技术条件相对稳定的前提下，随着施肥量的逐渐增加，作物产量也随之增加，但作物的增产量却随着施肥量的增加而逐渐递减。当施肥量超过一定限度后，如再增加施肥量，不仅不能增加产量，反而会造成减产，肥料不是越多越好。

（五）生产因子的综合作用律

作物生长发育的状况和产量的高低与多种因素有关，气候因素、土壤因素、农业技术因素等都会对作物生长发育和产量的高低产生影响。施肥不是一个孤立的行为，而是农业生产中的一个环节，可用函数式来表达作物产量与环境因子的关系：

$$Y = f（N、W、T、G、L）$$

式中：Y – 农作物产量，f – 函数的符号，N – 养分，W – 水分，T – 温度，G – CO_2 浓度，L – 光照。

此式表示农作物产量是养分、水分、温度、CO_2 浓度和光照的函数，要使肥料发挥其增产潜力，必须考虑到其他 4 个主要因子，如肥料与水分的关系，在无灌溉条件的旱作农业区，肥效往往取决于土壤水分，在一定的范围内，肥料利用率随着水分的增加而提高。五大因子应保持一定的均衡性，方能使肥料发挥应有的增产效果。

四、测土配方施肥应遵循的基本原则

（一）有机无机相结合的原则

土壤肥力是决定作物产量高低的基础。土壤有机质含量是土壤肥力的最重要的指标之一。增施有机肥料可有效地增加土壤有机质。根据中国农科院土肥所的研究，有机肥和化肥的氮素比例以（3∶7）～（7∶3）较好，具体视不同土壤及作物而定。同时，增施有机肥料能有效促进化肥利用率提高。

（二）氮磷钾相配合的原则

原来我国绝大部分土壤的主要限制因子是氮，现在很多地方土壤的主要限制因子是钾。在目前高强度利用土壤的条件下，必须实行氮磷钾肥的配合施用。

（三）辅以适量的中微量元素的原则

在氮磷钾三要素满足的同时，还要根据土壤条件适量补充一定的中微量元素，不仅能提高肥料利用率，而且能改善产品品质，增强作物抗逆能力，减少农业面源污染，达到作物高产、稳产、优质的目的。如施硼能防止"花而不实"。

（四）用地养地相结合，投入产出相平衡的原则

要使作物－土壤－肥料形成能量良性循环，必须坚持用地养地相结合、投入和产出相平衡。也就是说，没有高能量的物质投入就没有高能量物质的产出，只有坚持增施有机肥、氮磷钾和微肥合理配施的原则，才能达到高产优质低耗。

五、测土配方施肥技术路线

主要围绕"测土、配方、配肥、供肥、施肥指导"5个环节开展11项工作。11项工作的主要内容有：①野外调查，②采样测试，③田间试验，④配方设计，⑤校正试验，⑥配肥加工，⑦示范推广，⑧宣传培训，⑨信息系统建立，⑩效果评价，⑪技术研发。

测土配方施肥的目的是以耕层土壤测试为核心，以作物产量反应为依据，达到节本、增产、增效。

六、配方施肥的基本方法

经过试验研究和生产实践，广大肥料科技工作者已经总结出了适合我国不同类型区的作物测土配方施肥的基本方法。要搞好本地区的作物测土配方施肥工作，必须首先学习和掌握这些基本方法。

第一类：地力分区法

方法：利用土壤普查、耕地地力调查和当地田间试验资料，把土壤按肥力高低分成若干等级，或划出一个肥力均等的田片，作为一个配方区。再应用资料和田间试验成果，结合当地的实践经验，估算出这一配方区内，比较适宜的肥料种类及其施用量。

优点：较为简便，提出的用量和措施接近当地的经验，方法简单，群众易接受。

缺点：局限性较大，每种配方只能适应于生产水平差异较小的地区，而且依赖于一般经验较多，对具体田块来说针对性不强。在推广过程中必须结合试验示范，逐步扩大科学测试手段和理论指导的比重。

第二类：目标产量法

包括养分平衡法和地力差减法；根据作物产量的构成，由土壤本身和施肥两个方面供给养分的原理来计算肥料的用量。

方法是先确定目标产量以及为达到这个产量所需要的养分数量。再计算作物除土壤所供给的养分外，需要补充的养分数量。最后确定施用多少肥料。

目标产量就是计划产量，是肥料定量的最原始依据。目标产量并不是按照经验估计，或者把其他地区已达到的绝对高产作为本地区的目标产量，而是由土壤肥力水平来确定。

作物产量对土壤肥力依赖率的试验中，把土壤肥力的综合指标 X（空白田产量）和施肥可以获得的最高产量 Y 这两个数据成对地汇总起来，经过统计分析，两者之间，同样也存在着一定的函数关系，即 $Y = X/(a + bX)$ 或 $Y = a + bX$，这就是作物定产的经验公式。

一般推荐把当地这一作物前 3 年的平均产量，或前 3 年中产量最高而气候等自然条件比较正常的那一年的产量，作为土壤肥力指标，然后提高10%，最多不超过15%，拟定为当年的目标产量。

1. 养分平衡法

"平衡"是相对的、动态的，是方法论。不同时空不同作物的平衡施肥是变化的。利用土壤养分测定值来计算土壤供肥量，然后再以斯坦福公式计算肥料需要量。

肥料需要量＝［（作物单位产量养分吸收量×目标产量）－（土壤养分测定值×0.15×校正系数）］（肥料中养分含量×肥料当季利用率）

作物单位产量养分吸收量，可由田间试验和植株地上部分分析化验或查阅有关资料得到。由于不同作物的生物特性有差异，使得不同作物每形成一定数量的经济产量所需养分总量是不同的。主要作物形成100千克经济产量所需养分量，见表4－2。

表4－2　主要作物形成100千克经济产量所需养分量

作物	纯氮（千克）	五氧化二磷（千克）	氧化钾（千克）
玉米	2.62	0.90	2.34
小麦	3.00	1.20	2.50
水稻	1.85	0.85	2.10
大豆	7.20	1.80	4.09
甘薯	0.35	0.18	0.55
马铃薯	0.55	0.22	1.02
棉花	5.00	1.80	4.00
油菜	5.80	2.50	4.30
花生	6.80	1.30	3.80
烟叶	4.10	0.70	1.10
芝麻	8.23	2.07	4.41
大白菜	0.19	0.087	0.342
番茄	0.45	0.50	0.50
黄瓜	0.40	0.35	0.55
大蒜	0.30	0.12	0.40

　　由于不同地区，不同产量水平下作物从土壤中吸收养分的量也有差异，故在实际生产中应用表 4 - 2 的数据时，应根据情况，酌情增减。

　　作物总吸收量 = 作物单位产量养分吸收量 × 目标产量。

　　土壤养分供给量（千克） = 土壤养分测定值 × 0.15 × 校正系数。

　　土壤养分测定值以毫克/千克表示，0.15 为该养分在每 667 平方米 15 万千克表土中换算成千克/667 平方米的系数。

　　校正系数 = （空白田产量 × 作物单位养分吸收量）/（养分测定值（毫克/千克）× 0.15）

　　优点：概念清楚，理论上容易掌握。

　　缺点：由于土壤的缓冲性和气候条件的变化，校正系数的变异较大，准确度差。因为土壤是一个具有缓冲性的物质体系，土壤中各养分处于一种动态平衡之中，土壤能供给的养分，随作物生长和环境条件的变化而变化，而测定值是一个相对值，不能直接计算出土壤的"绝对"供肥量，需要通过试验获得一个校正系数加以调整，才能估计土壤供肥量。

　　2. 地力差减法

　　原理：从目标产量中减去不施肥的空白田的产量，其差值就是增施肥料所能得到的产量，然后用这一产量来算出作物的施肥量。

　　计算公式：肥料需要量 = ［作物单位产量养分吸收量 ×（目标产量 - 空白田产量）］（肥料中养分含量 × 肥料当季利用率）。

　　优点：不需要进行土壤养分的化验，避免了养分平衡法的缺陷，在理论上养分的投入与利用也较为清楚，人们容易接受。

　　缺点：空白田的产量不能预先获得，给推广带来困难。由于空白田产量是构成作物产量各种环境条件（包括气候、土壤养分、作物品种、水分管理等）的综合反映，无法找出产量的限制因素对症下药。当土壤肥力愈高，作物吸着土壤的养分越多，作物对土壤的依赖性也愈大，这样一来由公式所得到的肥料施用量就越少，有可能引起地力损耗而不能觉察，所以在使用这个公式时，应注意这方面的问题。

第三类：田间试验法

包括肥料效应函数法、养分丰缺指标法、氮磷钾比例法。该类的原理是通过简单的单一对比，或应用较复杂的正交、回归等试验设计，进行多点田间试验，从而选出最优处理，确定肥料施用量。

1. 肥料效应函数法

采用单因素、二因素或多因素的多水平回归设计进行布点试验，将不同处理得到的产量进行数理统计，求得产量与施肥量之间的肥料效应方程式。根据其函数关系式，可直观地看出不同元素肥料的不同增产效果以及各种肥料配合施用的联应效果，确定施肥上限和下限，计算出经济施肥量，作为实际施肥量的依据。如单因子、多水平田间试验法，一般应用模型为：

$$Y = a + bx + cx^2$$

最高施肥量 $= -b/2c$

优点：能客观地反映肥料等因素的单一和综合效果，施肥精确度高，符合实际情况。

缺点：地区局限性强，不同土壤、气候、耕作、品种等需布置多点不同试验。对于同一地区，当年的试验资料不可能应用，而应用往年的函数关系式，又可能因土壤、气候等因素的变化而影响施肥的准确度，需要积累不同年度的资料，费工费时。这种方法需要进行复杂的数学统计运算，一般群众不易掌握，推广应用起来有一定难度。

2. 养分丰缺指标法

利用土壤养分测定值与作物吸收养分之间存在的相关性，对不同作物通过田间试验，根据在不同土壤养分测定值下所得的产量分类，把土壤的测定值按一定的级差分等（如极缺、缺、中、丰、极丰），一般为 3～5 级，制成养分丰缺及应该施肥量对照检索表。在实际应用中，只要测得土壤养分值，就可以从对照检索表中，按级确定肥料施用量。

3. 氮、磷、钾比例法

其原理是通过田间试验，在一定地区的土壤上，取得某一作物不同产量情况下各种养分之间的最好比例，然后通过对一种养分的定量，按各种养分之间的比例关系，来决定其他养分的肥料用量。如以氮定磷、定钾，以磷定氮、以钾定氮等。

优点：减少了工作量，比较直观，一看就懂，容易为群众所接受。

缺点：作物对养分的吸收比例，与应施肥料养分之间的比例是两个不同的概念。土壤中各养分含量不同，土壤对各种养分的供应强度不同，按上述比例在实际应用时难以定得准确。

七、有机肥和无机肥比例的确定

以上配方施肥各法计算出来的肥料施用量，主要是指纯养分。而配方施肥必须以有机肥为基础，得出肥料总用量后，再按一定方法来分配化肥和有机肥料的用量。主要方法有同效当量法、产量差减法和养分差减法。

（一）同效当量法

同效当量：由于有机肥和无机肥的当季利用率不同，通过试验先计算出某种有机肥料所含的养分，相当于几个单位的化肥所含的养分的肥效，这个系数，就称为"同效当量"。例如，测定氮的有机无机同效当量在施用等量磷、钾（满足需要，一般可以氮肥用量的一半来确定）的基础上，用等量的有机氮和无机氮两个处理，并以不施氮肥为对照，得出产量后，用下列公式计算同效当量：

同效当量 =（有机氮处理－无机氮处理）/（化学氮处理－无氮处理）

例如，小麦施有机氮（N）7.5 千克的产量为 265 千克，施无机氮（N）的产量为 325 千克，不施氮肥处理产量为 104 千克，通过计算同效当量为 0.63，即 1 千克有机氮相当于 0.63 千克无机氮。

（二）产量差减法

原理：先通过试验，取得某一种有机肥料单位施用量能增产多少产品，然后从目标产量中减去有机肥能增产部分，减去后的产量，就是应施化肥才能得到的产量。

例如，有一 667 平方米水稻，目标产量为 325 千克，计划施用
厩肥 900 千克，每百千克厩肥可增产 6.93 千克稻谷，则 900 千克
厩肥可增产稻谷 62.37 千克，用化肥的产量为 262.63 千克。

（三）养分差减法

在掌握各种有机肥料利用率的情况下，可先计算出有机肥料中
的养分含量，同时，计算出当季能利用多少，然后从需肥总量中减
去有机肥能利用部分，留下的就是无机肥应施的量。

化肥施用量 =（总需肥量 − 有机肥用量 × 养分含量 × 该有机
肥当季利用率）/（化肥养分 × 化肥当季利用率）

第六节　高产土壤的特点与培肥

土壤培肥工作是生态农业发展过程中一个十分重要的环节，关
系到是否能搞好植物生产环节和可持续生产能力。要从了解高产土
壤的特点入手，努力培肥土壤，建设和管理好高产农田。

一、高产土壤的特点

俗话说："万物土中生"，要使作物获得高产，必须有高产土
壤作为基础。因为只有在高产土壤中水、肥、气、热、松紧状况等
各个肥力因素才有可能调节到适合作物生长发育所要求的最佳状
态，使作物生长发育有良好的环境条件，通过栽培管理，才有可能
获得高产。高产土壤要具备以下几个特点。

（一）土地平坦，质地良好

高产土壤要求地形平坦，排灌方便，无积水和漏灌的现象，能
经得起雨水的侵蚀和冲刷，蓄水性能好，一般中、小雨土壤不会流
失，能做到水分调节自由。

（二）良好的土壤结构

高产土壤要求土壤质地以壤质土为好，从结构层次来看，通体
壤质或上层壤质下层稍黏为好。

（三）熟土层深厚

高产土壤要求耕作层要深厚，以 30 厘米以上为宜。土壤中固、

液、气三相物质比以 1：1：0.4 为宜。土壤总空隙度应在 55% 左右，其中，大空隙应占 15%，小空隙应占 40%。土壤容重值在 1.1~1.2 为宜。

（四）养分含量丰富且均衡

高产土壤要求有丰富的养分含量，并且作物生长发育所需要的大、中量和微量元素含量还要均衡，不能有个别极端缺乏和过分含量现象。在黄淮海平原潮土区一般要求土壤中有机质含量要达到 1% 以上，全氮含量要大于 0.1%，其中，水解氮含量要大于 80 毫克/千克；全磷含量要大于 0.15%，其中，速效磷含量要大于 30 毫克/千克；全钾含量要大于 1.5%；其中，速效钾含量要大于 150 毫克/千克。另外，其他作物需要的钙、镁、硫中量元素和铁、硼、锰、铜、钼、锌、氯等微量元素也不能缺乏。

（五）适中的土壤酸碱度

高产土壤还要求酸碱度适中，一般 pH 值在 7.5 左右为宜。石灰性土壤还要求石灰反应正常，钙离子丰富，从而有利于土壤团粒结构的形成。

（六）无农药和重金属污染

按照国家对无公害农产品土壤环境条件的要求，农药残留和重金属离子含量要低于国家规定标准。

需要指出的是，以上对高产土壤提出的养分含量指标，只是一个应该努力奋斗的目标，它不是对任何作物都十分适宜的，具体各种作物对各种养分的需求量在不同地区和不同土壤中以及不同产量水平条件下是不尽相同的，故各种作物对高产土壤中各种养分含量的要求也不一致。一般小麦吸收氮、磷、钾养分的比例为 3：1.3：2.5；玉米则为 2.6：0.9：2.2；棉花是 5：1.8：4.8；花生是 7：1.3：3.9；红薯是 0.5：0.3：0.8；芝麻是 10：2.5：11。在生产中，应综合应用最新科研成果，根据作物需肥、土壤供肥能力和近年的化肥肥效，在施用有机肥料的基础上，产前提出各种营养元素肥料适宜用量和比例以及相应的施肥技术，积极地开展测土配方施肥工作，合理而有目的地去指导调节土壤中养分含量，将对各种作物产量的提高，起到重要的作用。

二、用养结合，努力培育高产稳产土壤

我国有数千年的耕作栽培历史，有丰富的用土改土和培肥土壤的宝贵经验。各地因地制宜在生产中根据高产土壤特点，不断改造土壤和培肥土壤，才能使农业生产水平得到不断提高。

（一）搞好农田水利建设是培育高产稳产土壤的基础

土壤水分是土壤中极其活跃的因素，除它本身有不可缺少的作用外，还在很大程度上影响着其他肥力因素，因此，搞好农田水利建设，使之排灌方便，能根据作物需要人为的调节土壤水分因素是夺取高产的基础。同时，还要努力搞好节约用水工作，在高产农田要提倡推广滴灌和渗灌技术，以提高灌溉效益。

（二）实行深耕细作，广开肥源，努力增施有机肥料，培肥土壤

深耕细作可以疏松土壤，加厚耕层，熟化土壤，改善土壤的水、气、热状况和营养条件，提高土壤肥力。瘠薄土壤大部分土壤容重值大于 1.3，比高产土壤要求的容重值大，所以，需要逐步加深耕层，疏松土壤。要迅速克服目前存在的小型耕作机械作业带来的耕层变浅局面，按照高产土壤要求改善耕作条件，不断加深耕层。

增施有机肥料，提高土壤中有机质的含量，不仅可以增加作物养分，而且还能改善土壤耕性，提高土壤的保水保肥能力，对土壤团粒结构的形成，协调水、气、热因素，促进作物健壮生长有着极其重要的作用。目前，大多数土壤有机肥的施用量不足，质量也不高，在一些坡地或距村庄远的地块还有不施有机肥的现象。因此，需要广开肥源，在搞好常规有机肥积造的同时，还要大力发展养殖业和沼气生产，以生产更多的优质有机肥，在增加施用量的同时还要提高有机肥质量。

（三）合理轮作，用养结合，调节土壤养分

由于各种作物吸收不同养分的比例不同，根据各作物的特点合理轮作，能相应的调节土壤中的养分含量，培肥土壤。生产中应综合考虑当地农业资源，研究多套高效种植制度，根据市场行情，及

时调整种植模式。同时，在比较效益不低的情况下应适当增加豆科作物的种植面积，充分发挥作物本身的养地作用。

第七节　土壤的障碍因素与改良

当前，在农业生产中，由于化肥的过量施用与单一化的种植结构等，使得我国土壤酸化、盐渍化与生物学障碍问题日渐凸显，并开始被人们所关注。这些障碍土壤的一个共同特点，就是由于土壤理化特性与生物学特性的改变，从而抑制了作物根系的生长，影响根系对土壤养分的吸收，降低其养分利用效率。必须采取合理、高效技术对这些障碍土壤进行改良，才能使农业生态化可持续发展。

一、土壤酸化

土壤酸化是指土壤中氢离子增加或土壤酸度由低变高的过程。土壤酸化既是一种自然现象，也受人为因素影响。土壤酸化与酸性土壤是两个完全不同的概念，酸性土壤反映的一种土壤酸碱状态，是指 pH 值小于 7 的土壤。而土壤酸化的原因一般有两类，一类是成土母质风化产生的盐基成分淋失和土壤微生物代谢产生有机酸导致天然酸化；另一类是当前生产过程中氮肥过量施用与大水漫灌等生产活动因素加剧了土壤酸化。由于过量施用铵态氮肥到土壤中，转化作物能吸收的硝态氮肥过程中产生氢离子，而伴随着硝态氮淋洗，氢离子与土壤胶体的吸附能力高于钙镁离子，故钙镁等盐基离子将会伴随着硝酸根离子淋洗，使氢离子在土壤表层积累加剧酸化。另外，作物残茬还田少或缺乏有机肥施用等都会加剧酸化过程。

改良措施：

（1）利用化学改良剂。如石灰、酸性土壤调理剂、碱性肥料、有机肥等。一般在施用有机肥的基础上，选择硅钙钾镁肥或以石灰、磷酸铵镁、磷尾矿等碱性原料为主的酸性土壤调理剂，每 667 平方米施用量为 50 ~ 100 千克，具体用量需根据区域酸化程度而定。

（2）采用生物改良法。如种植鼠茅草等绿肥，实现果园覆草等。

（3）适宜的农业管理措施。如合理选择氮肥、作物秸秆还田、合理水肥以及作物间套作等。

二、土壤盐渍化

土壤盐渍化是指土壤底层或地下水的盐分随毛管水上升到地表，水分蒸发后，使盐分积累在表层土壤中的现象或过程。我国干旱、半干旱和半湿润地区的土壤易出现盐渍化。土壤盐渍化除受气候干旱、地下水埋深浅、地形低洼以及海水倒灌等自然因素影响外，还与灌溉水质、灌溉制度以及重施化肥轻施有机肥等人为因素密切相关。

改良措施：

（1）采用适时合理地灌溉、洗盐或以水压盐。

（2）多施有机肥，种植绿肥作物。

（3）化学改良，施用土壤改良剂，提高土壤的团粒结构和保水性能。

（4）中耕（切断地表的毛细管），地表覆盖，减少地面过度蒸发，防止盐碱上升。

根据腐殖酸与钙离子结合后，形成钙胶体和有机－无机复合体，改变土壤团粒结构，提高土壤通透性，我们可以选择腐殖酸类肥料进行盐碱土改良。具体施用量应结合盐碱化程度与作物而定，一般可 667 平方米用 50 ~ 100 千克腐殖酸类肥料。

三、土壤生物学障碍

土壤生物学障碍是指在同一地块上连续种植同一种作物，导致土壤养分供应失衡、植物源有害物质的积累和土壤有害生物累积、土壤酸化和盐渍化伴生的现象，土壤生物学障碍使作物植株出现生长和发育受阻，病、虫、草害严重发生，从而导致作物减产和品质降低等问题出现。此外，作物自身产生的化感物质，也会影响作物生长，增加土传病害的危害，并对维持生态平衡和系统的稳定性具有重要影响。由于我国土地资源相对短缺、种植习惯与经验、保护地倒茬困难、过量水肥投入、环境条件和经济利益驱动等原因，近年来，在同一地块上连续种植同一种作物的现象比较普遍，所以，目前存在生物学障碍的土壤也比较普遍，尤其在集约化生产的设施蔬菜中较为严重，几乎所有的设施菜田都存在生物学障碍问题。

改良措施：

（1）合理轮作，种植填闲作物。

（2）合理施肥，采用肥水一体化技术。

（3）应用石灰氮－秸秆消毒技术。

（4）选用抗性品种或采用嫁接技术。

（5）使用生物有机型土壤调理剂产品。

（6）选用生物型有机水溶肥或防线虫液体肥进行灌根。

针对华北地区设施老菜田的根结线虫等土传病虫害，选用生物有机肥、烟渣进行改土。如在番茄定植时，每667平方米沟施50千克生物有机肥，或施60～80千克烟渣，也可在生长中后期灌溉时将烟渣撒施到灌溉沟内，随水冲施，每沟用量约0.25千克。

第五章 农药基础知识与科学使用技术

农作物病虫害是制约农业生产的重要因素之一，随着农业生产水平的提高和现代化生产方式的发展，利用农药来控制病虫草害的技术，已成为夺取农业丰收不可缺少的关键技术措施。化学农药防治病虫害可节省劳力，达到增产、高效、低成本的目的，特别是在控制危险性、爆发性病虫草害时，农药就更显示出其不可取代的作用和重要性。

农药的科学使用也是一项技术性很强的工作，近年来，我国农药工业发展迅速，许多高效、低毒的新品种、新剂型不断产生，农药的应用技术也在不断革新，又促使农药不断更新换代。由于化学防除病虫害应用时要求严格，既要考虑选择有效、安全、经济、方便的品种，力求提高防治效果，也要避免产生药害进行无公害生产，还要兼顾对土壤环境的保护，防止对自然资源破坏。当前各地在病虫害化学防治中，还存在着药剂选择不当、用药剂量不准、用药不及时、用药方法不正确，见病、见虫、见草就用药等问题。造成了费工、费药、污染严重、有害生物抗药性迅速增强、对作物为害加重的后果。因此，需要了解农药新知识新技术，应用绿色防控理念与技术进行防治。

第一节 农药基础知识

一、农药的概念与种类

农药是农用药剂的总称，它是指用于防治危害农林作物及农林产品害虫、螨类、病菌、杂草、线虫、鼠类等有害生物的和促进或抑制调节作物生长的一类化学物质，并包括提高这些药剂效力的辅助剂、增效剂等。随着科学技术的不断发展和农药的广泛应用，农药的概念和它所包括的内容也在不断地充实和发展。

农药的品种十分繁多，而且，农药的品种还在不断增加。因此，有必要对农药进行科学分类，以便更好地对农药进行研究、使用和推广。农药的分类方法很多，按农药的成分及来源、防治对象、作用方式等都可以进行分类。其中，最常用的方法是按照防治对象，将农药分为杀虫剂、杀螨剂、杀菌剂、杀线虫剂、除草剂、杀鼠剂、植物生长调节剂等七大类，每一大类下又有分类。

（一）杀虫剂

杀虫剂是用来防治有害昆虫的化学物质，是农药中发展最快、用量最大、品种最多的一类药剂，在我国农药销售额中居第一位。

1. 杀虫剂按成分和来源可分为 4 类

（1）无机杀虫剂。以天然矿物质为原料的无机化合物，如硫黄等。

（2）有机杀虫剂。又分为直接由天然有机物或植物油脂制造的天然有机杀虫剂，如棉油皂等；有效成分为人工合成的有机杀虫剂，即化学杀虫剂，如有机磷类的辛硫磷、拟除虫菊酯类的甲氰菊酯（灭扫利）、特异性杀虫剂的灭幼脲等。

（3）微生物杀虫剂。即用微生物及其代谢产物制造而成的一类杀虫剂。主要有细菌杀虫剂如苏云金杆（Bt），真菌杀虫剂如白僵菌等，病毒杀虫剂如核多角体病毒等。生物源杀虫剂阿维菌素、甲维盐等。

（4）植物性杀虫剂。即用植物产品制成的一类杀虫剂，如鱼藤精、除虫菊等。

2. 杀虫剂按作用方式可分为 10 类

（1）胃毒剂。药物通过昆虫取食而进入其消化系统发生作用，使之中毒死亡，如毒死蜱等。

（2）触杀剂。药剂接触害虫后，通过昆虫的体壁或气门进入害虫体内，使之中毒死亡，如异丙威等。

（3）熏蒸剂。药剂能化为有毒气体，害虫经呼吸系统吸入后中毒死亡，如敌敌畏、磷化铝等。

（4）内吸剂。药物通过植物的茎、叶、根等部位进入植物体内，并在植物体内传导扩散，对植物本身无害，而能使取食植物的害虫中毒死亡，如吡虫啉等。

（5）拒食剂。药剂能影响害虫的正常生理功能，消除其食欲，使害虫饥饿而死，如拒食胺等。

（6）引诱剂。药剂本身无毒或毒效很低，但可以将害虫引诱到一处，便于集中消灭，如棉铃虫性诱剂等。

（7）驱避剂。药剂本身无毒或毒效很低，但由于具有特殊气味或颜色，可以使害虫逃避而不来为害，如樟脑丸、避蚊油等。

（8）不育剂。药剂使用后可直接干扰或破坏害虫的生殖系统而使害虫不能正常生育，如喜树碱等

（9）昆虫生长调节剂。药剂可阻碍害虫的正常生理功能，扰乱其正常的生长发育，形成没有生命力或不能繁殖的畸形个体，如灭幼脲等。

（10）增效剂。这类化合物本身无毒或毒效很低，但与其他杀虫剂混合后能提高防治效果，如激活酶细胞修复酶等。

（二）杀螨剂

杀螨剂是主要用来防治危害植物的螨类的药剂。根据它的化学成分，可分为有机氯、有机磷、有机锡等几大类。另外，有不少杀虫剂对防治螨类也有一定的效果，如齐螨素、阿维菌素等。

（三）杀菌剂

杀菌剂是用来防治植物病害的药剂，它的销售额在我国仅次于杀虫剂。

1. 杀菌剂按化学成分分为 4 类

天然矿物或无机物质成分的无机杀菌剂，如石硫合剂等；人工合成的有机杀菌剂，如酸式络氨铜、吗胍铜等；植物中提取出的具有杀菌作用的植物性杀菌剂，如辛菌胺醋酸盐、香菇多糖、大蒜素等；用微生物或它的代谢产物制成的微生物杀菌剂，又称抗生素，如地衣芽孢杆菌、多抗菌素、井冈霉素等。

2. 杀菌剂按作用方式可分为保护剂和治疗剂两种

（1）保护剂。在病原菌侵入植物前，将药剂均匀的施在植物表面，以消灭病菌或防止病菌入侵，保护植物免受危害。应该注意，这类药剂必须在植物发病前使用，一旦病菌侵入后再使用，效果很差。如波尔多液、石硫合剂、百菌清等。

（2）治疗剂。病原菌侵入植物后，这类药剂可通过内吸进入植物体内，传导至未施药的部位，抑制病菌在植物体内的扩展或消除其为害。如酸式络氨铜、辛菌胺、辛菌胺醋酸盐、地衣芽孢杆菌、多抗霉素等。

3. 杀菌剂按施药方法可分为 3 类

在植物茎叶上施用的茎叶处理剂，如粉锈宁等；用浸种或拌种方法以保护种子的种子处理剂，如地衣芽孢杆菌种子包衣剂、拌种灵等；用来对带菌的土壤进行处理以保护植物的土壤处理剂，如吗啉胍．硫酸铜、五氯硝基苯等。

（四）杀线虫剂

杀线虫剂是用来防治植物病原线虫的一类农药，如线虫磷、硫酸铜等。施用方法多以土壤处理为主。另外，有些杀虫剂也兼有杀线虫作用，如阿维菌素等。

（五）除草剂

除草剂是用以防除农田杂草的一类农药，近年来发展较快，使用较广，在我国农药销售额中居第三位。

1. 按除草剂对植物作用的性质分为两类

（1）无选择性，接触此药的植物均受害致死的灭生性除草剂，如草甘膦、百草枯等。

（2）有选择性，在一定剂量范围内在植物间具有选择性，或者只毒杀杂草而不伤作物的选择性除草剂，如敌稗等。

2. 按除草剂杀草的作用方式也可分两类

施药后能被杂草吸收，并在杂草体内传导扩散而使杂草死亡的内吸性除草剂，如西玛津、扑草净等；施药后不能在杂草内传导，而是杀伤药剂所接触的绿色部位，从而使杂草枯死的触杀性除草剂，如草醚、五氯酚钠等。

另外，按除草剂的使用方法还可分为土壤处理剂和茎叶处理剂两类。

（六）杀鼠剂

杀鼠剂是用以防治鼠害的一类农药。杀鼠剂按化学成分可分为无机杀鼠剂（如磷化锌等）和有机合成杀鼠剂（如敌鼠钠盐等）；按作用方式可分为急性杀鼠剂（如安妥等）和作用缓慢的抗凝血杀鼠剂（如大隆等）。

（七）植物生长调节剂

植物生长调节剂是一类能够调节植物生理机能，促进或抑制植物生长发育的药剂。按作用方式可将它分为两类，一类是生长促进剂，如赤霉素、芸苔素内酯、复硝酚钠等；另一类是生长抑制剂，如矮壮素、青鲜素、胺鲜酯等。但应该注意的是，这两种作用并不是绝对的，同一种调节剂在不同浓度下会对植物产生不同的作用。

二、农药的剂型及特点

原药经过加工，成为不同外观形态的制剂。外观为固体状态的称为干制剂；外观为液体状态的称为液制剂。制剂可供使用的形态和性能的总和称为剂型。除极少数农药原药如硫酸铜等不需加工可直接使用外，绝大多数原药都要经过加工，加入适当的填充剂和辅助剂，制成含有一定有效成分，一定规格的制剂，才能使用。否则，就无法借助施药工具将少量原药分散在一定面积上，无法使原药充分发挥药效，也无法使一种原药扩大使用方式和用途，以适应各种不同场合的需要。同时，通过加工，制成颗粒剂、微囊剂等剂型，可使农药耐贮藏，不变质，并且可使剧毒农药制成低毒制剂，使用安全。

随着农药加工业的发展，农药剂型也由简到繁。依据农药原药的理化性质，一种原药可加工成一种或多种制剂。目前，世界上已有50多种剂型，我国已经生产和正在研制的有30多种。

（一）粉剂

粉剂是用原药加上一定量的填充料混合，加工制成的。在质量上，粉剂必须保证一定的粉粒细度，要求 95% 能通过 200 目筛分离直径在 30 微米以下。粉剂施药方法简易方便，即可用简单的药械撒布，也可混土用手撒施。具有喷撒功效高、速度快、不需要水、不宜产生药害、在作物中残留量较少等优点。其用途广泛，可以喷粉、拌种、制毒土、配置颗粒剂、处理土壤等。但它易被风雨吹失，污染周围环境；不易附着植物体表；用量较大；防治果树等高大作物的病虫害，一般不能获得良好的效果。如丁硫克百威干粉剂等。

（二）可湿性粉剂

可湿性粉剂是原药与填充料极少量湿润剂按一定比例混合，加工制成的。具有在水溶液中分散均匀、残效期长、耐雨水冲刷、贮运安全方便、药效比同一种农药的粉剂高等特点，适合于对水喷雾。如多抗霉素可湿性粉剂。

（三）乳油

乳油是将原药按一定比例溶解在有机溶剂中，加入一定量的乳化剂而配成的一种均匀油状药剂。乳油加水稀释后呈乳化状。它具有有效成分含量高、稳定性好、使用方便、耐贮存等特点，其药效比同一药剂的其他剂型要高，是目前最常用的剂型之一，可用来喷雾、泼浇、拌种、侵种、处理土壤等。如阿维菌素乳油等。

（四）颗粒剂

颗粒剂是用原药、辅助剂和载体制成的粒状制剂。具有用量少、残效期长、污染范围小、不易引起作物药害和人畜中毒等特点，主要用来撒施或处理土壤。如辛硫磷颗粒剂。

（五）胶悬剂

胶悬剂是由原药加载体加分散剂混合制成的药剂。具有有效成分含量高、在水中分散均匀、在作物上附着力强、不易沉淀等特点。它可分为水胶悬剂和油胶悬剂，水胶悬剂用来兑水喷雾，如很多除草剂都做成该剂型。油胶悬剂不能对水喷雾，只有用于超低容量喷雾。如 10% 硝基磺草酮油胶悬剂。

（六）微乳剂

微乳剂是农药有效成分和乳化剂、分散剂、防冻剂、稳定剂、助溶剂等助剂均匀地分散在水中，形成透明或接近透明的均相液体，和乳油外观相当，但用的乳化剂比乳油和水乳剂用量多。微乳剂有如下优势：①不可燃，便于贮存和运输。②以水为主要基质，对容器要求不高。③由于不含二甲苯等溶剂，减轻了制剂的毒性。④减轻了对环境的污染和压力。⑤一般田间药效比乳油高5%～10%。它是一种行之有效的绿色环保剂型。但成本一般高于乳油，有效成分含量一般最高仅在25%左右。如5%吡丙醚微乳剂，15%炔草酯微乳剂等。

（七）悬浮剂

悬浮剂是把有效成分为固体又难溶于溶剂的原药和分散剂、湿润剂、黏度调节剂、消泡剂、水等一起经过砂磨机进行超微粉碎而加工成的黏稠性制剂。水基性制剂中发展最快、可加工的农药活性成分最多、加工工艺最为成熟、相对成本较低和市场前景非常好的新剂型。悬浮剂的优势在于：①加工时不需要任何有机溶剂，对环境无污染。②加工和使用时无粉尘，对操作者安全。③分散度高，有较高的生物活性。悬浮剂具有可湿性粉剂和水乳剂的优点，被称为"划时代"的新剂型，它以价廉的水为分散介质，也不需要用量很大、要求严格的填充剂，是代表当前农药制剂技术发展方向的一类重要剂型，并且已经成为我国农药制剂中有竞争力的新剂型。如21%噻虫嗪悬浮剂，25%嘧菌酯悬浮剂等。

（八）水分散粒剂

水分散粒剂是一种加水后能迅速崩解并分散成悬浮液的粒状制剂。剂型优势：①崩解性、分散性、悬浮性好。②有效成分含量高达90%。③物理化学性能稳定、流动性好、计量和使用方便。④贮运安全、包装费低。避免了可湿性粉剂在使用时的粉尘对操作者和环境的污染、毒害等缺点。水分散粒剂药效与乳油相当，因此，水分散粒剂兼有可湿性粉剂和悬浮剂的优点。高质量浓度水分散粒剂是未来农药市场最具竞争力的产品之一。如25%噻虫嗪水分散粒剂，10%笨醚甲环唑水分散粒剂等。

（九）微胶囊剂

农药的原药，用具有控制释放作用或保护膜作用的物质包裹起来的微粒状制剂。该剂型显著降低了有效成分的毒性和挥发性，可延长残效期。

（十）微囊悬浮剂

一种新型的农药剂型，利用天然或者合成的高分子材料形成核－壳结构微小容器，将农药包覆其中，并悬浮在水中的农药剂型。它包括囊壁和囊芯两部分，囊芯是农药有效成分及溶剂，囊壁是成膜的高分子材料。这个剂型分为连续相和非连续相，连续相为水和助剂，非连续相是被包覆的农药微小胶囊。该剂型残效期长，使用稳定性好、对施药者和受药者安全、对环境污染小等优点。如30%毒死蜱微囊悬浮剂，用于杀灭蚊蝇的23%精高效氯氟氰菊酯杀虫剂微囊悬浮剂。

（十一）烟剂

烟剂是由原药、燃料、助燃剂、阻燃剂，按一定比例均匀混合而成。烟剂主要用于防治温室、仓库、森林等相对密闭环境中的病虫害。具有防效高、功效高、劳动强度小等优点。如保护地常用的杀虫烟剂20%异丙威烟剂，食用菌棚室常用的消毒除杂菌的烟剂10%百菌清烟剂。

（十二）超低容量喷雾剂

一般是含农药有效成分20%～50%的油剂，不需稀释而用超低量喷雾工具直接喷洒。如花卉常用的保色保鲜灵等。

（十三）气雾剂

农药的原药分散在发射剂中，从容器的阀门喷出并分散成细物滴或微粒的制剂。主要用于室内防治卫生害虫。如灭害灵等。

（十四）水剂

把水溶性原药溶于水中而制成的匀相液体制剂，使用时再加水稀释。如杀菌剂酸式络氨铜，辛菌胺等。

（十五）种衣剂

用于种子处理的流动性黏稠状制剂，或水中可分散的干制剂，加水后调成浆状。该制剂可均匀的涂布于种子表面，溶剂挥发后在种子表面形成一层药膜。如防治小麦全蚀病的地衣芽孢杆菌包衣剂。

（十六）毒饵

将农药吸附或浸渍在饵料中制成的制剂。如多用于杀鼠剂。

（十七）塑料结合剂

随着塑料薄膜覆盖技术的推广，现在出现了具有除草作用的塑料薄膜，而且具有缓释作用。其制备方法是直接把药分散到塑料母体中，加工成膜，也可以把药聚合到某一载体上，然后将其涂在膜的一面。

（十八）气体发生剂

气体发生剂指由组分发生化学变化而产生气体的制剂。如磷化铝片剂，可与空气中的水分发生反应，而产生磷化氢气体。可用于防治仓储害虫。

在实际生产中，要考虑高效、环保、安全、好用等因素，确定生产剂型的一般原则是：能生产可溶粉的不做成水剂，能生产成水剂的不做可湿粉剂，能生产成可湿性粉的不做成乳油；选择填料时能用水不用土，能用土不用有机溶剂等。

三、农药的科学使用

（一）基本原则与方法

使用农药防治病、虫、草、鼠害，必须做到安全、经济、有效、简易。具体应掌握以下几个原则。

1. 选用对口农药

各种农药都有自己的特性及各自的防治对象，必须根据防治对象选定对它有防治效果的农药，做到有的放矢，药到"病"除。

2. 按照防治指标施药

每种病虫害的发生数量要达到一定的程度，才会对农作物的为害造成经济上的损失。因此，各地植保部门都制定了当地病、虫、草、鼠的防治指标。如果没有达到防治指标就施药防治，就会造成人力和农药的浪费；如果超过了防治指标再施药防治，就会造成经济上的损失。

3. 选用适当的施药方法

施药方法很多，各种施药方法都有利弊，应根据病虫的发生规律、为害特点、发生环境、农药特性等情况确定适宜的施药方法。如防治地下害虫，可用拌种、拌毒土、土壤处理等方法；防治种子带菌的病害，可用药剂处理种子或温汤浸种等方法；用对种子胚芽比较安全的地衣芽孢杆菌拌种，既能直接对种子表面消毒，又能在种子生根发芽时代谢高温蛋白因子对作物二次杀菌和增加免疫力等。

由于病虫为害的特点不同，施药具体部位也不同，如防治棉花苗期蚜虫，喷药重点部位在棉苗生长点和叶被；防治黄瓜霜霉病时着重喷叶背；防治瓜类炭疽病时，叶正面是喷药重点。

4. 掌握合理的用药量和用药次数

用药量应根据药剂的性能、不同的作物、不同的生育期、不同的施药方法确定。如棉田用药量一般比稻田高，作物苗期用药量比生长中后期少。施药次数要根据病虫害发生时期的长短、药剂的持效期及上次施药后的防治效果来确定。

5. 轮换用药

对一种防治对象长期反复使用一种农药，很容易使这种防治对象对这种农药产生抗性，久而久之，施用这种农药就无法控制这种防治对象的危害。因此，要轮换、交替施用对防治对象作用不同的农药，以防抗性的产生。

另外，也要搞好安全用药，合理的混用农药。

（二）科学使用准则

1. 喷雾

喷雾是利用喷雾器械把药液物滴均匀地喷洒到防治对象及寄主体上的一种施药方法，这是农药最常用的使用方法。喷雾法具有喷洒均匀、黏着力强、不易散失、残效持久、药效好等优点。根据每

667 平方米喷施药液量的多少，可将喷雾分为常量喷雾、低容量喷雾、超低容量喷雾。如用喷雾法杀虫，防病治病，调节常常是一次进行。

2. 喷粉

喷粉是利用喷粉器械将粉剂农药均匀地分布于防治对象及其活动场所和寄主表面上的施药方法。喷粉法的优点是使用简便，不受水源限制，防治功效高；缺点是药效不持久，易冲刷，污染环境等。

3. 种子处理

种子处理是通过浸种或拌种的方法来杀死种子所带病菌或处理种苗，使其免受病虫为害。该方法具有防效好、不杀伤天敌、用药量少、对病虫害控制时间长等优点。如用地芽菌对小麦种子包衣。

4. 土壤处理

把杀虫剂敌百虫等农药均匀喷洒在土壤表面，然后翻入或耙入土中，或开沟施药后再覆盖上。土壤处理主要用来防治小麦吸浆虫、地下害虫、线虫等；用呋喃．硫酸铜处理土壤传播的病害、用除草剂处理杂草的萌动种子和草芽等。

5. 毒饵

毒饵是利用粮食、麦麸、米糠、豆渣、饼肥、绿肥、鲜草等害虫、害鼠喜吃的饵料，与具有胃毒作用的农药按一定比例拌和制成。常在傍晚将配好的毒饵撒施在植物的根部附近或害虫、害鼠经常活动的地方。

6. 涂抹法

涂抹法是将农药涂抹在农作物的某一部位上，利用农药的内吸作用，起到防治病虫草害以及调节作物生长的效果。涂抹法可分为点心、涂花、涂茎、涂干等几种类型。例如，用络氨铜涂抹树干防治干腐病枝腐病等。

7. 熏蒸法

熏蒸法是指利用熏蒸剂或容易挥发的药剂所产生的毒气来杀虫灭菌的一种施药方法，适用于仓库、温室、土壤等场所或作物茂密的情况，具有防效高、作用快等优点。

8. 熏烟法

熏烟法是利用烟剂点烟或利用原药直接加热发烟来防治病虫的施药方法，适合在密闭的环境（如仓库、温室）或在郁闭度高的情况（如森林、果园）以及大田作物的生长后期使用。药剂形成的烟雾毒气要有较好的扩散性和适当的沉降穿透性，空间停留时间较长，又不过分上浮飘移，这样才能取得好的效果。选择做烟剂的原药熔点在 300 度以上，在高温下要保持药效。如异丙威烟剂和百菌清烟剂。

第二节　农药污染与防控

一、农药的污染

农药在农业生产中极大地提高了农产品产量，为日益增长的世界人口提供了丰富的食品。但同时农药又是一类有毒的化学品，尤其是有机氯农药，有机磷农药，含铅、汞、砷、镉等物质的金属制剂以及某些特异性的除草剂的大量使用造成的农药残留带来了严重的环境污染。

（一）农药污染的概念

农药污染是指农药中原药和助剂或其有害代谢物、降解物对环境和生物产生的污染。农药及其在自然环境中的降解产物，污染大气、水体和土壤，会破坏生态系统，引起人和动、植物的急性或慢性中毒。农药是一把"双刃剑"，一方面它为人类战胜农作物病虫害功不可没；另一方面它对环境的污染和人类的危害也令人担忧。农药的大量不合理施用，造成了土壤污染，严重影响了人类的身体健康。土壤农药污染是由不合理施用杀虫剂、杀菌剂及除草剂等引起的。施于土壤的化学农药，有的化学性质稳定，存留时间长。大量而持续施用农药，使其不断在土壤中积累，到一定程度便会影响作物的产量和质量，而成为土壤污染物。另外，农药还可以通过各种途径，如挥发、扩散而转入大气、水体和生物中，造成其他环境要素污染，通过食物链对人体产生危害。

（二）农药污染的方式

1. 无机农药污染

我国使用的无机氯农药主要是六六六和 DDT。西方国家尚有环戊二烯类化合物艾氏剂、狄氏剂、异狄氏剂等。这些化合物性质稳定，在土壤中降解一半所需的时间为几年甚至几十年。它们可随径流进入水，随大气漂移至各地，然后又随雨雪降到地面。无机氯农药应用的品种已经很少。在一些地区使用的无机农药主要是含汞杀菌剂和含砷农药。含汞杀菌剂如升汞、甘汞等，它们会伤害农作物，因而一般仅用来进行种子消毒和土壤消毒。汞制剂一般性质稳定，毒性较大，在土壤和生物体内残留问题严重，在中国、美国、日本、瑞典等许多国家已禁止使用。含砷农药为亚砷酸（砒霜）、亚砷酸钠等亚砷酸类化合物以及砷酸铅、砷酸钙等砷酸类化合物。亚砷酸类化合物对植物毒性大，曾被用作毒饵以防止地下害虫。砷酸类化合物曾广泛用于防治咀嚼式口器害虫，但也因防治面窄、药效低等原因，而被有机杀虫剂所取代。

2. 有机农药污染

我国是农药生产和使用的大国，农药品种有 120 多种，大多为有机农药。田间施药大部分农药将直接进入土壤；蒸发到大气中的农药及喷洒附着在作物上的农药，经雨水淋洗也将落入土壤中，污水灌溉和地表径流也是造成农药污染土壤的原因。我国平均每年每 667 平方米农田施用农药 0.927 千克，比发达国家高约 1 倍，利用率不足 30%，造成土壤大面积污染。有机农药按其化学性质可分为有机氯类农药、有机磷类农药、氨基甲酸酯类农药和苯氧基链烷酸酯类农药。前两类农药毒性巨大，且有机氯类农药在土壤中不易降解，对土壤污染较重，有机磷类农药虽然在土壤中容易降解，但由于使用量大，污染也很广泛。后两类农药毒性较小，在土壤中均易降解，对土壤污染不大。

3. 农药包装物的污染

农药是现代农业生产的基本生产资料，随着农药使用范围的扩大和使用时间的延长，农药包装废弃物已成为又一个不可忽视的农业生态污染源。农药包装物包括塑料瓶、塑料袋、玻璃瓶、铝箔袋、纸袋等几十种包装物，其中，有些材料需要上百年的时间才能降解。此外，废弃的农药包装物上残留不同毒性级别的农药本身也是潜在的危害。农药包装废弃物的危害来自于以下两个方面。

包装物自身对环境的危害：包装物自身以玻璃、塑料等材质为主，这些材料在自然环境中难以降解，散落于田间、道路、水体等环境中，造成严重的"视觉污染"；在土壤中形成阻隔层，影响植物根系的生长扩展，阻碍植株对土壤养分和水分的吸收，导致田间作物减产。在耕作土壤中影响农机具的作业质量，进入水体造成沟渠堵塞；破碎的玻璃瓶还可能对田间耕作的人畜造成直接的伤害。

包装物内残留农药毒性危害：残留农药随包装物随机移动，对土壤、地表水、地下水和农产品等造成直接污染，并进一步进入生物链，对环境生物和人类健康都具有长期的和潜在的危害。

农药废弃包装物对食品安全、生态安全，乃至公共安全存在隐患。在大力消除餐桌污染，提倡食品安全，发展可持续农业的今天，人类在享受化学农药各植物保护带来巨大成果的同时，必须规避其废弃包装物导致的污染。

（三）农药对环境的污染

1. 农药对土壤的污染

土壤是农药在环境中的"贮藏库"与"集散地"，施入农田的农药大部分残留于土壤环境介质中。经有关研究表明，使用的农药，80%～90%的量最终进入土壤。土壤中的农药主要来源于农业生产过程中防治农田病、虫、草害直接向土壤使用的农药；农药生产、加工企业废气排放和农业上采用喷雾时，粗雾粒或大粉粒降落到土壤上；被污染植物残体分解以及随灌溉水或降水带入到土壤中；农药生产、加工企业废水、废渣向土壤的直接排放以及农药运输过程中的事故泄漏等。进入土壤中的农药将被土壤胶粒及有机质吸附。土壤对农药的吸附作用降低土壤中农药的生物学活性，降低农药在土壤中的移动性和向大气中的挥发性。同时，它对农药在土壤的残留性也有一定影响。农田土壤中残留的农药可通过降解、移动、挥发以及被作物吸收等多种途径，逐渐从土壤中消失。

2. 农药对水的污染

农药对水体的污染主要来源于：直接向水体施药；农田施用的农药随雨水或灌溉水向水体的迁移；农药生产、加工企业废水的排放；大气中的残留农药随降水进入水体；农药使用过程，雾滴或粉尘微粒随风飘移沉降进入水体以及施药工具和器械的清洗等。据有关资料表明，目前，在地球的地表水域中，基本上已找不到一块干净的、不受农药污染的水体了。除地表水体以外，地下水源也普遍受到了农药的污染。一般情况下，受农药污染最严重的农田水，浓度最高时可达到每升数十毫克数量级，但其污染范围较小；随着农药在水体中的迁移扩散，从田沟水至河流水，污染程度逐渐减弱，但污染范围逐渐扩大；自来水与深层地下水，因经过净化处理或土壤的吸附作用，污染程度减轻；海水，因其巨大水域的稀释作用污染最轻。不同水体遭受农药污染程度的次序依次为：农田水 > 河流水 > 自来水 > 深层地下水 > 海水。

3. 农药对大气的污染

农药对大气的污染的途径主要来源于地面或飞机喷雾或喷粉施药；农药生产、加工企业废气直接排放；残留农药的挥发等，大气中的残留农药漂浮物或被大气中的飘尘所吸附，或以气体与气溶胶的状态悬浮于空气中。空气中残留的农药，将随着大气的运动而扩散，使大气的污染范围不断扩大，一些高稳定性的农药，如有机氯农药，进入到大气层后传播到很远的地方，污染区域更大。

（四）农药对生物的危害

农药的污染破坏生态平衡，生物多样性受到威胁：农药的大量使用，尤其是高毒农药的使用，打破自然界中害虫与天敌之间原有的平衡。不合理的施用农药，同时，毒杀害虫与非靶生物，农药施用后，残存的害虫仍可依赖作物为食料，重新迅速繁殖起来，而以捕食害虫为生的天敌，在施药后害虫未大量繁殖恢复以前，由于食物短缺，其生长受到抑制，在施药后的一段时期内，就可能发生害虫的再度猖獗。农药的反复使用，在食物链上传递与富集，导致种群衰亡，对生物多样性造成严重危害，直接威胁整个生态系统平衡。此外，农药残留超标导致农产品出口创汇受挫，农药中毒，各种污染事故的发生，还给国民经济造成巨大损失。

1. 农药对人体健康的影响

随着人类社会的发展，科学技术水平的提高，化学品对人们生活的影响越来越大。毫无疑问，农药的使用给人们带来了许多好处，但同时也给人类带来了许多不利的影响。农药对人体的危害表现为急性和慢性两种。急性危害中，不同农药中毒以后，有不同的体征反应。据有关部门的不完全统计，我国每年发生的农药中毒事故有几万起，死亡人数较多。农药对人体慢性危害引起的细微效应主要表现在：对酶系的影响；组织病理改变；致癌、致畸和致突变3个方面。农药对人体的急性危害往往易引起人们的注意，而慢性危害易被人们所忽视。值得注意的是，因食用农药残留超标的蔬菜中毒的现象不断发生，原因是一些地方违反农药的有关规定，未安全合理使用农药，特别是使用了一些禁止在蔬菜上使用的高毒、甚至剧毒农药。致使上市蔬菜等农药残留严重超标，发生食物中毒。此外，近年来农药中毒由农民生产性中毒、误服、自杀扩大到学校、工厂、工地及普遍居民食物中毒等，危害有进一步扩大的趋势。

2. 农药对生物多样性的影响

农药作为外来物质进入生态系统，可能改变生态系统的结构和功能，影响生物多样性，这些变化和影响可能是可逆的或不可逆的。并且由于食物链的富集作用，只要农药普遍污染了环境，尽管初始含量并不高，但它们可以通过食物链传递，在生物体内逐渐积累增加，越是上面的营养级，生物体内有毒物质的残留浓度越高，也就越容易造成中毒死亡。人处于营养食物链的终端，因此，农药污染环境的后果是将对人体产生危害。在自然界中，许多野生动物（主要是鸟类）的死亡，往往是浓缩杀虫剂后累积中毒致死的。

（1）农药对鸟类种群的影响。由于农田、果园、森林、草地等大量使用化学农药，给鸟类带来了严重的危害。这些危害主要有两个方面：一是鸟类体内蓄积的农药达到一定量时中毒，中毒致死（包括急性中毒致死）。二是对鸟类繁殖后代产生严重的影响。

（2）农药对昆虫种群的影响。使用农药，特别是广谱杀虫剂不仅能杀死诸多害虫，也同样杀死了益虫和害虫天敌，昆虫是地球上数量最多的生物种群，全世界大约有100万种昆虫，其中，对农林作物和人类有害的昆虫只有数千种。真正对农林业能造成严重危害的，每年需要防治和消灭的仅有几百种。因此，使用农药杀伤了大量无害的昆虫，不仅破坏了构成生态系的种间平衡关系，而且使昆虫多样性趋于贫乏。

（3）农药对土壤无脊椎动物种类的影响。土壤无脊椎动物是许多哺乳动物和鸟类的重要食物来源。因此，它们体内的残留农药可以伤害食物链上高级的动物。进入土壤中的农药能杀死某些土壤中的无脊椎动物，使其数量减少，甚至于种群濒于灭绝。

二、农药污染的防控

我国实施"预防为主，综合防治"的植保方针以来，在病虫害防治上取得了一定的成效，但控制化学农药对环境污染的任务仍相当艰巨，我们必须实施持续植保，针对整个农田生态系统，研究生态种群动态和相关联的环境，采用尽可能相互协调的有效防治措施，充分发挥自然抑制因素的作用，将有害生物群控制在经济损害水平下，使农药对农田生态系统的不良影响减少到最低限度，以获得最佳的经济、生态、社会效益。

（一）提高全民对农药危害的认识

农药是有毒的，但并不可怕，可怕的是人们对它的无知；农药本身没有错，错就错在人们对它的滥用和不合理使用，引起环境的污染。因此，提高全民对这一问题的认识，能够正确、科学、合理地使用农药是解决农药污染问题的重要基础，要经常开展最广泛的群众宣传教育，提高全民的生态环境保护意识，使人们真正认识到农药污染的严重危害性，不仅是关系到当代人的问题，也是影响子孙后代的问题，让全人类都投入到保护生态环境的活动中，这样，解决农药污染的问题便有了希望。

（二）加强农药的管理工作，认真贯彻和完善相应的法律法规

运用法律武器，对农药的生产制造、销售渠道、使用全过程进行有效管理。禁止农药经营者销售无"三证"（即农药登记证，产品标准证，生产许可证）的农药产品。销售无"三证"农药的，依照刑法关于非法经营者罪或者危险物品肇事罪的规定，依法追究刑事责任；不够刑事处罚的，由相应主管部门按照有关规定给予处罚。对制造、销售假农药，劣持农药的，依照有关法律法规追究刑事责任或给予处罚。农业生产经营者，应严格按照农药使用说明书中的要求进行合理施药（特别是进行蔬菜生产时），如不按规定用药而造成食物中毒事件或污染环境的，依照有关条例追究刑事责任或给予处罚。而对于农药的开发利用方面，为保护生态环境方面做出了贡献的，国家和政府应当给予表彰和奖励。

（三）农药新品种的开发

用安全、高效、污染性小的农药取代当前使用的农药品种，是解决农药环境污染问题的关键所在。要求开发的农药新品种在性能、价格、安全性等方面优于当前正在使用的农药，新农药的开发应从环境相容性好，农药好、活性高、安全性好、市场潜力大等方面来考虑，并且应特别注意引进生物技术开发生物农药，从而使新农药的使用对环境中非靶生物影响小，在大气、土壤、水体、作物中易于分解、无残留影响；用量少，对环境污染也少，在动物体内不累积迅速代谢排出，且代谢产物也无毒性，无致癌、致畸、致突变的潜在遗传毒性。

（四）农药生产过程中的污染控制

农药生产过程针对每个生产环节产生的废气、废水和废渣的性质，应用相应的物理、化学、生物等方法处理，达标后方能排放。建议加快无废或少废生产工艺的开发研究，从改革工艺入手，提高产品回收率，减少污染物的排放，从根本上来解决污染问题；加强综合利用研究，合理利用资源；加强企业技术改造，更新落后的生产工艺和设备，对落后的生产工艺和设备，应加快改造进程，对污染严重又无治理条件的中、小型企业实行关、停、并、转，严格限

制农药的设计规模，逐步实现大型化、集中化生产。

（五）农业生产过程中的污染控制

1. 提高农业生产经营者的技术技能

农业生产过程中首先要对广大的生产经营者进行培训，使它们能正确、合理的使用化学农药来进行作物病虫害的防治，进行规范化生产，使既能把农药污染控制在最低范围内，产品又能达到无公害化，实现生产效益、社会效益与经济效益的统一。

2. 综合防治病虫害

农业生产过程中对病虫害的防治按照"以防为主，综合防治"的植保方针，坚持"农业防治、物理防治、生物防治为主，化学防治为辅"的无害化治理原则。进一步改进栽培技术、改良品种，生产中选用抗病品种，针对当地主要病虫控制对象，选用高抗的品种，实行严格轮作制度，有条件的地区实行水旱轮作。培育适龄壮苗，提高抗逆性，深沟高畦栽培，严防积水、清洁田园。测土平衡施肥，增施充分腐熟的有机肥，少施化肥，积极保护利用天敌，采用生物药剂和生物源农药防治病虫害。

3. 推广作物健身栽培

推广作物健身栽培是指植物体在作物丰产营养学观点指导下，从栽培措施入手，使植物生长健壮，综合运用生态学的观点有利天敌的生存繁衍，而不利于病虫的发生。这是目前在植物病虫防治上的新特点，也是保护利用自然控制因素的基础。充分运用肥料学、土壤学、植物生理学、植物营养学和生态学的观点和最新技术理论，来综合解决作物自身以及自身与周边环境的协调，以达到有利于作物最优的环境生长条件，从而获得作物最优的生长和积累。也就是植物体在作物丰产营养学观点指导下，从栽培措施入手，使植物生长健壮，综合运用生态学的观点有利天敌的生存繁衍，而不利于病虫的发生。这是目前在植物病虫防治上的新特点，也是保护利用自然控制因素的基础。

第三节　主要农作物病虫害防治历

一、小麦及病虫害防治历

（一）播种期至越冬期（9 月下旬至翌年 2 月中旬）

1. 主要防治对象

全蚀病、腥黑穗病、散黑穗病、秆黑粉病、纹枯病、根腐病、斑枯病；蝼蛄、蛴螬、金针虫、吸浆虫、麦蜘蛛、麦蚜、灰飞虱。

2. 主要防治措施

（1）农业防治措施。选用抗、耐病品种。注意品种合理布局，避免单一品种种植；秋耕时做到深耕细耙，精细整地，减少病虫基数；施用经高温堆沤、充分腐熟的有机肥，应用配方施肥技术；根据品种特性、地力水平和气候条件，在适播期内做到精量、足墒下种，促进麦苗早发，培育壮苗，以增加植株自身抗病能力，减轻为害。

（2）化学防治。

土壤处理：对地下害虫和小麦吸浆虫并重或单独重发区，要进行药剂土壤处理，667 平方米用阿维·菌毒二合一或 40%辛硫磷乳油 300 毫升，加水 1~2 千克，拌沙土 25 千克制成毒土，犁地前均匀撒施地面，随犁地翻入土中。对小麦全蚀病严重发生田 667 平方米用 80 亿单位地衣芽苞杆菌 200 毫升或 28%井冈·多菌灵 300 毫升或 70%甲基托布津可湿性粉剂 2~2.5 千克拌细土 25 千克撒施，重病区施药量可适度增加。病虫混发区用上述两种药剂混合使用。

药剂拌种：要大力推广应用包衣种子，对非包衣种子播种前采用优质对路的种衣剂包衣或杀虫、杀菌剂混合拌种用菌衣地虫死、菌衣无地虫、菌衣地虫灵直接包衣；杀虫剂可选用吡·杀单，甲基异柳磷、辛硫磷等；杀菌剂可选用地衣芽苞杆菌、辛菌胺、敌磺钠、多抗霉素、立克秀、适乐时、敌萎丹等；任选一种杀虫剂与杀菌剂混合拌种，方法是：用 40%辛硫磷乳油 20 毫升，加 80 亿单位地衣芽苞杆菌 20~50 毫升、1.8%辛菌胺 20 毫升、50%敌磺钠 15 克、3%多抗霉素 10 克、3%敌萎丹，或用 2.5%适乐时 15~20

毫升，或用 12.5% 烯唑醇，或用 2% 立克秀 10～15 克兑水 0.5 千克均匀拌麦种 10 千克，待药膜包匀后，晾 3～5 分钟后播种，如不能及时播种，必须用透气的袋子装，若是普通编制袋子要扎几个孔子后再装包好的种子。可有效预防小麦全蚀病、纹枯病、叶枯病等土传病害。

（二）返青期至抽穗期（2 月中旬至 4 月下旬）

1. 主要防治对象

纹枯病、白粉病、锈病、颖枯病；地下害虫、麦蜘蛛、麦蚜、吸浆虫、麦叶蜂。

2. 主要防治措施

适时灌水，合理均匀施肥，增施磷、钾肥原生汁冲施 1 千克。12.5 烯唑醇按每 667 平方米有效成分 15 克，加水 30 千克喷洒；667 平方米用 70% 甲基硫菌灵有效成分 15～30 克，加水 30 千克喷洒；用 90% 敌百虫晶体 0.5 千克，加水 10～15 千克，拌炒香麦麸 10～15 千克，于傍晚 667 平方米撒 1.5～2.5 千克。用 15% 扫螨净乳油或 20% 粉剂或者 20% 爱杀螨乳油 1 500～2 000 倍液，667 平方米喷药液 50 千克；667 平方米用 5% 蚜虱净 7～10 毫升或 40～50 毫升加水 50 千克喷洒。

（三）抽穗期至成熟期（4 月底至 5 月底）

1. 主要防治对象

白粉病、赤霉病、黑胚病；地下害虫、麦蜘蛛、麦蚜、黏虫、吸浆虫。

2. 主要防治措施

小麦扬花率 10% 以上时，可用 25% 酸式络氨铜水剂或 50% 多菌灵可湿性粉剂或 28% 井冈·多菌灵悬乳剂 75～100 克，加水 30～45 千克喷洒。或 667 平方米用 12.5% 烯唑醇 15 克，加水 30 千克喷洒，防治病害。用 50% 辛硫磷 1 000 倍液或 15% 扫螨净 1 500～2 000 倍液或 4.5% 高效氯氰菊酯乳油 1 000～1 500 倍液或 40% 氧化乐果 1 000～1 500 倍液，667 平方米喷药液 50 千克防治虫害。

二、玉米病虫害防治历

（一）播种期

1. 防治对象

地下害虫、黑粉病、丝黑穗、粗缩病。

2. 防治措施

50%辛硫磷 0.5 千克添加地芽菌 5 千克，拌种 250～500 千克，晾 3～5 分钟后播种，如不能及时播种，必须用透气的袋子装，若是普通编制袋子要扎几个孔子后再装包好的种子。毒饵诱杀：将麦麸、豆饼等炒香，每 100 千克饵料用 90%敌百虫 2 千克、加水 10 千克稀释后拌入，在黄昏时撒入田间，若能在小雨后防治，效果更好。地衣芽苞杆菌或用 20%吗啉胍•铜水剂 20 药种比为 1：50：50%多菌灵可湿性粉按种子量的 0.5%剂量拌种，防黑粉病和丝黑穗病。

（二）苗期

1. 防治对象

地老虎、红蜘蛛、蝼蛄、玉米铁甲、玉米蚜；纹枯病、粗缩病、黑条矮缩病、圆斑病。

2. 防治措施

（1）地老虎防治。消除田边、地头杂草，消灭卵和幼虫，地老虎入土前用 90%敌百虫 800～1 000 倍液喷雾；幼虫入土后 50%敌敌喂或 50%的辛硫磷每 667 平方米 0.2～0.25 千克，对水 400～500 千克顺垄灌根，或用 90%敌敌畏 0.5 千克或辛硫磷 0.5 千克加水稀释后，拌碎鲜草 50 千克，于傍晚撒于玉米苗附近。菊酯类农药每 667 平方米用 30～50 毫升，对水 40～60 千克喷雾。为害轻的地块也可人工捕捉，每日清晨在为害苗附近扒土捕捉幼虫。

（2）红蜘蛛防治。清除田边、地头杂草，用 60%敌敌畏＋20%乐果加水 2 000～3 000 倍喷洒，或用 0.9%虫螨克 2 500 倍或 15%扫螨净 1 000～1 500 倍液，每 667 平方米 40 千克喷雾。

（3）蝼蛄防治。毒饵诱杀，将麦麸、豆饼等炒香，每 50 千克饵料拌入 90%敌百虫 0.5 千克加水 5 千克稀释后拌匀，在黄昏时撒入田间，小雨后防治效果更好。

（4）玉米铁甲防治。人工捕虫，每天 9：00 前，连续扑杀成虫。化学防治，在成虫产卵盛期和幼虫卵孵化率达 15%～20% 时进行药剂防治，每 667 平方米用 90% 敌百虫晶体 75 克，加水 60～75 千克喷雾。

（5）玉米蚜防治。农业防治，消灭田边、路边、坟头杂草，消灭孳生基地。

生物防治：利用天敌，以瓢治蚜。化学防治，0.5% 阿维菌素 1 000 倍液，60% 敌敌畏乳剂 1 500～2 000 倍液或 50% 马拉松乳剂 1 000 倍液，每 667 平方米 50 千克喷雾。

（6）纹枯病防治。农业防治，使行轮作，及时排除田间积水，消除病叶。

化学防治，发病初期，667 平方米用 25% 络氨铜水剂 30 毫升或 28% 井冈·多菌灵 50～100 克加水 30 千克喷雾或 667 平方米用三唑酮有效成分 15～20 克加水 50 千克喷雾。严重地块，隔 7～10 天防治 1 次，连续防 3 次，要求植株下部必须着药。

（7）玉米粗缩病防治。农业防治，做好小麦丛矮病的防治，减少灰飞虱的虫口，适当调整玉米播期，麦套玉米要适当晚播，减少共生期，提倡麦收灭茬后再播种；加强田间管理，及时中耕除草，追肥浇水，提高植株抗病能力；结合间苗、定苗及时拔除病株，减少毒源。化学防治：抓住玉米出苗前后这一关键时期，用 80 亿单位地衣芽苞杆菌 800 倍液，或用 20% 吗啉胍·铜水剂 50～100 克加水 30～50 千克喷施，喷匀为度，连用 2 次间隔 3 天。

（8）玉米黑条矮缩病防治。农业防治，把好第一次灌水时间关，力争适时。化学防治，每 667 平方米用 20% 吗胍·铜水剂 50 毫升，或用 30% 氮苷·吗啉胍 25 克；粗缩病严重时加高能锌，发病初期开始喷药，间隔 3 天连喷 2 次，以后每隔 7～10 天 1 次，连喷 2～3 次，灭虫防治在灰飞虱迁入玉米地初期，连续防治 2～3 次，每次用药时间间隔 1 周左右，用 40% 氧化乐果乳油，每 667 平方米 50～100 毫升加水 75 千克喷雾；泼浇时，每 667 平方米加水 400～500 千克。

（9）圆斑病、黄粉病防治。农业防治，主要是对病区种子外调加强检疫。化学防治，发病初期开始喷药，以后每隔 7 ~ 10 天 1 次，连喷 2 ~ 3 次，每 667 平方米用 45% 代森铵水剂 100 毫升，或用 30% 氮苷·吗啉胍 25 克，或用 70% 甲基硫菌灵 800 倍液 50 千克喷雾，或用 50% 退菌特可湿性粉 500 倍液 50 千克喷雾。

（三）中后期

1. 防治对象

玉米螟、蓟马、黏虫、红蜘蛛、棉铃虫、甜菜夜蛾、锈病、细菌性角茎腐病、干腐病、青枯病。

2. 防治措施

（1）蓟马防治。0.5% 阿维菌素乳油 1 000 倍液，常规喷雾。

（2）红蜘蛛防治。0.5% 阿维菌素乳油 800 ~ 1 000 倍液，0.9% 虫螨克 2 500 ~ 3 000 倍或 15% 扫螨净 1 000 ~ 1 500 倍液，常规喷雾。

（3）玉米螟防治。在各代玉米螟产卵初期、始盛期和高峰期 3 次放赤眼蜂，每 667 平方米每次放蜂 1.5 ~ 2.0 万头，每 667 平方米投放点 5 ~ 10 个。心叶期用 1.5% 辛硫磷颗粒剂，每 667 平方米 3 ~ 5 千克捏心；也可用 1% 甲维盐乳油，90% 敌百虫 1 500 ~ 2 000 倍液灌心叶，用 70% 吡. 杀单 50 克对水 500 ~ 600 倍液 5 ~ 10 叶把喷头去掉，用喷雾器杆喷口。打苞露雄期，当幼虫蚀入雄穗时，可用 50% 敌敌畏乳油 2 000 倍液或 4.5% 高效氯氰菊酯灌穗。

（4）棉铃虫防治。玉米抽雄授粉结束后，除去雄穗，清除部分卵和幼虫，利用成虫趋味、趋光的特性，用杨柳枝和黑光灯诱杀成虫，保护田间有益生物。

（5）甜菜夜蛾防治。田间出现卵高峰后 7 天左右为幼虫 3 龄盛期，也是防治有利适期，主要用药有 1% 甲维盐乳油或灭幼脲三号 500 ~ 1 000 倍液 + 4.5% 高效氯氢菊酯 1 000 倍液于 8：00 前和 18：00 后喷药。

（6）黏虫防治。利用小谷草把诱杀成虫。在发生量小时可人工捉杀幼虫。化学防治，用 25% 辛硫磷乳剂 3 龄前每 667 平方米 80 ~

100 毫升，3 龄后每 667 平方米用 100～200 毫升或 2.5% 敌百虫或 5% 马拉松每 667 平方米 1.5～2 千克超低量喷雾。菊酯类常规喷雾。

（7）玉米锈病防治。农业防治，选用抗病品种，合理增施磷、钾肥，及早拔除病株。化学防治，发病初期用 45% 代森铵 800 倍液或用波美 0.2 度石硫合剂喷雾；或 667 平方米用烯唑醇有效成分 10～12 克，常规喷雾。

（8）青枯病农业防治。玉米抽雄期追施一次钾肥，并注意排水，特别是暴雨后要及时排水、中耕。化学防治，23% 络氨铜，或 80 亿单位地衣芽孢杆菌，也可叶面喷洒 2.85% 萘乙酸，复硝酚钠防治。

（9）玉米细菌性角茎腐病防治。农业防治，苗期增施磷、钾肥，合理浇水，搞好排水，降低田间湿度。化学防治，用 72% 硫酸链霉素喷施，1 000 倍液喷均匀为度，严重时加高能硼胶囊 1 粒，或瑞毒霉系列药品在喇叭口期喷雾防治。

（10）玉米干腐病防治。农业防治主要是搞好检疫；实行 2～3 年轮作；及时采收果穗。化学防治是在抽穗期施药，用 23% 络氨铜 800 倍液喷雾，重点喷果穗及下部茎叶，隔 7 天再喷 1 次。

（11）玉米赤霉穗腐病防治。农业防治，如实行轮作，合理施肥，注意防虫，减少伤口，充分成熟后收获，果穗充分晾晒后入仓储藏等。化学防治，用 1.8% 辛菌胺 800 倍液喷施，喷匀为度。

三、水稻病虫草害综合防治

水稻病虫害种类多，为害严重，应采取综合防治措施进行防治。

（一）石灰水浸种

催芽前，用石灰水浸种，可减轻白叶枯病和稻瘟病的发生。采取石灰水浸种后，白叶枯病、稻瘟病的病株率分别比对照降低 33.75% 和 23.23%。石灰水浸种方法简便，成本低廉，又不增加工序，易于推广。先配成 1% 石灰水后，倒入种子，使种子距离水面 14 厘米以下，不要搅动水层，浸 2～3 天（气温 15～20℃时浸 3 天，25℃时浸 2 天），浸好后捞起洗净催芽。

（二）肥水管理

在肥料的运筹上推广配方施肥和重施底肥，做到氮、磷、钾肥合理配合，有机肥、化肥搭配使用，对控制病虫草危害和水稻增产起到一定作用，避免串灌、漫灌和长期灌深水，分蘖末期及时晒田结扎，促进植株健壮生长、降低田间湿度，可减轻纹枯病、稻飞虱等多种病虫害的发生和为害。

（三）药剂防治

目前，药剂防治仍是病虫防治的重要手段。但必须讲究防治策略，抓好病虫预测预报，合理施药，准确防治适期，以稻螟虫、稻飞虱、白叶枯病、纹枯病为重点，兼治其他病。

1. 秧苗期

应以稻蓟马防治为主，兼治苗稻瘟。可在稻蓟马卷叶株率达15%以上时，667平方米用5%高效氯氰菊酯800倍液15千克（加糯米汤600毫升）喷雾。防治苗稻瘟，可在田间出现中心病株时，用20%三环唑可湿性粉剂每667平方米20～27克，对水75～100千克喷雾。

2. 分蘖、孕穗期

应以稻螟虫、纹枯病为主，兼治稻纵卷叶螟、稻飞虱、稻苞虫等。稻螟虫在卵孵盛期，对667平方米卵量达80块以上的田块，及时喷药防治。常用药剂有50%杀螟松每667平方米100克对水50千克喷雾，还可以兼治稻飞虱稻纵卷叶螟、稻苞虫等。也可以用2.5%敌杀死每667平方米20毫升喷雾，既可杀蚁螟，又可杀卵，防治效果达100%。兼治其他害虫，但不能连续使用，以免产生抗药性。纹枯病在病丛率达20%以上时施药，667平方米用15%粉锈宁55～75克对水50千克喷雾，且兼治其他病害。若单治纹枯病，每667平方米仅用5万单位井冈霉素100毫升喷雾即可。

3. 抽穗、灌浆、乳熟期

应以稻飞虱、白叶枯病为防治重点，兼治其他病虫。防治稻飞虱，当百蔸稻有虫1 000头以上，益害比（稻田蜘蛛与稻飞虱之比）超过1∶5时，667平方米用50%敌敌畏200克拌细沙土20千克撒施，施药时田间要保持浅水层。也可以用 25% 扑虱灵每 667 平方米 20～25 克，对水 50 千克喷雾或迷雾。防治白叶枯病，当田间出现中心病株时，667 平方米用 25% 叶枯唑或叶枯净 200 克，或用 50% 代森铵 100 克对水 50 千克喷雾。防治穗颈瘟，可在孕穗前期或齐穗期施药，每 667 平方米用 40% 稻瘟灵乳剂 100 克，对水 75 千克喷雾，防效 90% 以上。

4. 化学除草

搞好化学除草的关键是田要整平；选好对口农药；抓住施药适期；田间施药要适当。化学除草应以秧田为重点，其次才是插秧大田。秧田畦整好后，播种前，667 平方米用 50% 杀草丹 75～100 克对水 50 千克喷雾，或播后苗前，667 平方米用 72% 禾大壮 250 克，或 60% 丁草胺 100 克对水 50 千克喷雾，施药后保持浅水层 5～7 天，对稗草防除效果分别为 97.6% 和 86.9%。还可以兼除其他杂草。栽插大田，水稻移栽后、返青前，667 平方米用 25% 除草醚 500 克，加 80% 五氯酚钠 250 克，拌细土 17.5～20 千克，于晴天雾水干后均匀撒施，施药后田间保持 5 厘米左右的水层 5～7 天，一次施药可基本控制杂交稻整个生育期的草害。但是秧不能插歪，否则，易造成药害，也可以在秧苗移栽后返青前，667 平方米用 72% 禾大壮 250 克喷第一次，分蘖期双子叶杂草 4～6 叶时，667 平方米用 25% 苯达松 250～300 克喷第二次。田间正常灌水。前期对稗草，后期对鸭舌草、三菱草、野慈茹等杂草都有很好的控制作用。

四、马铃薯病虫害综合防治

马铃薯已成为我国第四大粮食作物，正在实施主粮化。该作物具有生产周期短，增产潜力大，市场需求广，经济效益好等特点，近年来，种植规模发展很快，已成为一条农民增产增收的好途径。由于规模化种植和气候等因素的影响，马铃薯病虫害呈逐年加重趋势，严重影响了马铃薯产业的发展。马铃薯主要病虫害如下。

（一）病害

晚疫病、早疫病、青枯病、环腐病、病毒病、疮痂病、癌肿病、黑胫病、线虫、黑痣病。

（二）虫害

二十八星瓢虫、马铃薯甲虫、小地老虎、蚜虫、蛴螬、蝼蛄、块茎蛾。

（三）主要病虫害防治技术

1. 马铃薯晚疫病

（1）选用脱毒抗病种薯。

（2）种薯处理。严格挑选无病种薯作种薯，采用 25% 甲霜灵锰锌 2 克对水 1 千克将 2 000~2 500 千克种薯均匀喷洒后，晾干或阴干进行播种。

（3）栽培管理。选择土质疏松、排水良好的地块种植；避免偏施氮肥和雨后田间积水；发现中心病株，及时清除。

（4）药剂防治。采用 25% 甲霜灵锰锌 2 克对水 1 千克将 200~250 千克种薯均匀喷洒后，晾干或阴干进行播种。

2. 早疫病

早疫病于发病初期用 1：1：200 波尔多液或 77% 的可杀得可湿性微粒粉剂 500 倍液茎叶喷雾，7~10 天 1 次，连喷 2~3 次。

3. 青枯病

目前，还未发现防治青枯病的有效药剂，主要还是以农业防治为主。可用可杀得 800 倍液进行灌根或用农用链霉素灌根。

4. 马铃薯环腐病

（1）实行无病田留种，采用整薯播种。

（2）严格选种。播种前进行室内晾种和削层检查、彻底淘汰病薯。切块种植，切刀可用 53.7% 可杀得 2 000 干悬浮剂 400 倍液浸洗灭菌。切后的薯块用新植霉素 5 000 倍液或 47% 加瑞农粉剂 500 倍液浸泡 30 分钟。

（3）生长期管理。结合中耕培土，及时拔出病株带出田外集中处理。使用过磷酸钙每 667 平方米 25 千克，穴施或按重量的 5% 播种，有较好的防治效果。

5. 马铃薯病毒病

（1）建立无毒种薯繁育基地。采用茎尖组织脱毒种薯，确保无毒种薯种植。

（2）选用抗耐病优良品种。

（3）栽培防病。施足有机底肥，增施钾、磷肥，实施高垄或高埂栽培。

（4）出苗后施药。早期用 10% 的吡虫啉可湿性粉剂 2 000 倍液茎叶喷雾防治蚜虫。

（5）药剂防治。喷洒 1.5% 植病灵乳剂 1 000 倍液或 20% 病毒 A 可湿性粉 500 倍液。

6. 疮痂病

防治技术同环腐病。

7. 线虫病

用 55% 茎线灵颗粒剂 1～15 千克/667 平方米，撒在苗茎基部，然后覆土灌水。

8. 地下害虫

主要包括小地老虎、蛴螬和蝼蛄。防治技术可用毒土防治的方法，对小地老虎用敌敌畏 0.5 千克对水 2.5 千克喷在 100 千克干沙土上，边喷边拌，制成毒砂、傍晚撒在苗眼附近；蛴螬和蝼蛄可用 75% 辛硫磷 0.5 克加少量水，喷拌细土 125 千克，施在苗眼附近，每 667 平方米撒毒土 20 千克。

9. 二十八星瓢虫、甲虫的防治技术

用 90% 敌百虫颗粒 1 000 倍液或 20% 氰戊菊酯 3 000 倍液喷雾。

五、大豆病虫害综合防治

（一）播种至苗期

1. 主要防治对象

大豆潜根蝇、蛴螬、孢囊线虫病、根结线虫病、紫斑病、霜霉病、炭疽病。

2. 主要防治措施

（1）大豆潜根蝇。农业防治，与禾本科作物实行两年以上的轮作，增施基肥和种肥。化学防治，采用菌衣无地虫拌种，药种比为 1 : 60；5 月末至 6 月初用专治蝇类阿维．菌毒二合一各 20 毫升加水 30 千克喷施，80% 敌敌畏乳油 800 ~ 1 000 倍液喷雾。

（2）蛴螬。用种子重量 0.2% 的辛硫磷乳剂拌种，即 50% 辛硫磷乳剂 50 毫升拌种 25 千克。或用 5% 辛硫磷颗粒剂每 667 平方米 2.5 ~ 3 千克，加细土 15 ~ 20 千克拌匀，顺垄撒于苗根周围，施药以 14：00 ~ 18：00 为宜。田间喷洒可用菊酯类或辛硫磷乳油 1 000 ~ 1 500 倍液，常规喷雾。

（3）孢囊线虫病和根结线虫病。农业防治，与禾本科作物实行 2 ~ 3 年以上的轮作。化学防治，土壤施药 667 平方米用根结线虫二合一（1 ~ 2 套）加水 100 千克直接冲施或灌根，80% 二溴氯丙烷沟施，每 667 平方米用药 1 ~ 1.5 千克，对水 75 千克，然后均匀施与沟内，沟深 20 厘米左右，沟距按大豆行距，施药后将沟覆土踏实，隔 10 ~ 15 天在原药沟中播种大豆。或用 10% 滴灭威颗粒剂每 667 平方米 2.5 ~ 3.5 千克，于播种时结合深施肥料施于大豆种子下。

（4）紫斑病和炭疽病。农业防治，与禾本科作物或其他非寄主植物实行 2 年以上的轮作。化学防治，播前用采用菌衣无地虫拌种，药种比为 1：60；0.3% 的福美双可湿性粉拌种。

（5）霜霉病。播种时用 5% 菌毒清菌衣剂按药种比 1：50 拌种，种子重量的 0.1% ~ 0.3% 的 35% 瑞毒霉或 80% 克霉灵拌种，也可用种子重量的 0.7% 的 50% 多菌灵可湿性粉拌种。

（二）成株期至成熟期

1. 主要防治对象

食心虫、豆荚螟、豆天蛾、红蜘蛛、蛴螬、霜霉病、花叶病、锈病。

2. 主要防治措施

（1）食心虫。1% 甲维盐，敌敌畏熏杀成虫。幼虫孵化盛期喷 25% 快杀灵乳油或 4.5% 高效氯氰菊酯乳油 1 000 ~ 1 500 倍液，每 667 平方米 50 千克喷雾。

（2）豆荚螟。生物防治，在豆荚螟产卵始盛期释放赤眼蜂每 667 平方米 2 万 ~ 3 万头；在幼虫脱荚前（入土前）在地面上撒白僵菌剂。化学防治，在成虫盛发期和卵孵盛期喷药，可用阿维菌素、快杀灵、辉丰菊酯、敌百虫等药剂。

（3）豆天蛾。利用黑光灯诱杀成虫。化学防治，幼虫 1 ~ 3 龄前用1%甲维盐或40%甲锌宝乳油 1 000 ~ 1 500倍液，每667平方米 50 千克。

（4）红蜘蛛。用 0.5% 阿维菌素或 1.8% 虫螨克 800 倍或 20% 爱杀螨乳油 1 500 ~ 2 000倍液，常规喷雾。

（5）蛴螬。利用黑光灯诱杀成虫，并适时灌水，控制蛴螬。化学防治，用75%辛硫磷乳剂 1 000 ~ 1 500倍液灌根，每株灌药液不能少于 100 ~ 200 克。

（6）霜霉病。用 10% 百菌清 500 ~ 600 倍或 30% 噁霉·多菌灵可悬浮剂 800 倍液或 35% 瑞毒霉 700 倍液，常规喷雾。所提药剂可交替使用，次间隔15 天。

（7）锈病。发病初期用 12.5% 烯唑醇可湿性粉剂或 20% 粉锈宁乳油每 667 平方米 30 毫升或 25% 粉锈宁可湿性粉剂 25 克加水 50 千克喷雾，严重时，隔 10 ~ 15 天再喷 1 次。

六、谷子病虫害综合防治

（一）播种至苗期

1. 主要防治对象

蝼蛄、白发病、胡麻斑病。

2. 主要防治措施

（1）蝼蛄。灯光诱杀、堆粪诱杀、毒饵诱杀和药剂拌种：用菌衣地虫死液剂按药种比 1 : 60 拌种或 50% 辛硫磷 0.5 千克加水 20 ~ 30 千克，拌种 300 千克。用药量准确，拌混要均匀。

（2）白发病。播种时用地衣芽苞杆菌水剂按药种比 1 : 60 拌种或 25% 瑞毒霉可湿性粉剂，按种子量 0.2% 拌种。

（3）胡麻斑病。用地衣芽苞杆菌水剂按药种比 1 : 60 拌种或 50% 多菌灵可湿性粉剂 1 000 倍液浸种 2 天。

（二）成株期至成熟期

1. 主要防治对象

胡麻斑病、叶锈病、粟灰螟。

2. 主要防治措施

（1）胡麻斑病。农业防治，增施有机肥和钾肥，磷、钾肥配合。化学防治，用23%络氨铜或28%井冈·多菌灵或70%甲基托布津可湿性粉剂每667平方米75～100克，常规喷雾。

（2）叶锈病。用1.8%辛菌胺水剂800倍液喷施，20%粉锈宁乳油每667平方米30毫升或25%粉锈宁可湿性粉剂25克加水50千克喷雾。

（3）粟灰螟。苗期（5月底至6月初）可用0.1%～0.2%辛硫磷毒土撒心。或用Bt每667平方米250克或250毫升，对水50千克喷雾。

七、甘薯病虫害综合防治

（一）育苗至扦插期

1. 主要防治对象

黑斑病、茎线虫病。

2. 主要防治措施

（1）黑斑病。种薯可用地衣芽苞杆菌水800倍液浸种3分钟左右，或用50%多菌灵可湿性粉剂800～1 000倍液浸种2～5分钟，1 000～2 000倍药液蘸薯苗基部10分钟。如扦插剪下的薯苗可用70%甲基托布津可湿性粉剂500倍液浸苗10分钟，防效可达90%～100%，浸后随即扦插。

（2）茎线虫病。加强检疫工作。用根结线虫二合一667平方米用1～2套灌根，或用40%甲基异柳磷乳剂每667平方米施0.25千克，或用50%辛硫磷乳剂667平方米施0.25～0.35千克，将药均匀拌入20～25千克细干土后晾干，扦插时，将毒土先施于栽植穴内，然后浇水，待水渗下后栽秧。

（二）生长期至成熟期

1. 主要防治对象

甘薯天蛾、斜纹夜蛾。

2. 主要防治措施

（1）甘薯天蛾。农业防治，在幼虫盛发期，及时捏杀新卷叶内的幼虫；或摘除虫害苞叶，集中杀死。化学防治，在幼虫 3 龄前的 16：00 后喷洒 1% 甲维盐乳油 1 000 倍液或 50% 辛硫磷乳油 1 000 倍液，或菊酯类农药 1 500 倍液，667 平方米用药液 50 千克。

（2）斜纹夜蛾。人工防治，摘除卵块，集中深埋；用黑光灯诱杀成虫。化学防治，用 1% 甲维盐乳油 1 000 倍液或 4.5% 高效氯氰菊酯 1 000 倍液，或用甲辛宝乳油 1 000～1 500 倍液，常规喷雾。

（三）收获期至储藏期

1. 主要防治对象

软腐病、环腐病、干腐病。

2. 主要防治措施

（1）适时收获，避免冻害。

（2）精选薯块。选无病虫害、无伤冻害的薯块作种。

（3）清洁薯窖，消毒灭菌。旧窖要打扫清洁，或将窖壁刨土见新，然后用 10% 百菌清烟雾剂或硫黄熏蒸。

八、棉花作物病虫害防治

（一）播种期（4 月中下旬至 5 月上旬）

1. 主要防治对象

立枯病、炭疽病、红腐病、茎枯病、角斑病、黑斑病、轮纹斑病、褐斑病、疫病。

2. 主要防治措施

（1）农业防治。一般以 5 厘米地温稳定在 12℃ 以上时开始播种为宜，加强田间管理，播前施足底肥并整好地。

（2）种子处理。选种、晒种、温汤浸种和药剂拌种。将经过粒选的种子于播前 15 天暴晒 30～60 小时，以促进种子后熟和杀死短绒上的病菌，播种前一天将种子用 55～60℃ 温水浸种 0.5 小时，水和种子比例是 2.5∶1，浸种时充分搅拌，使种子受温一致，捞出稍晾后用 80 亿单位地衣芽苞杆菌或 50% 多菌灵或 70% 甲基托布津可湿性粉剂按种子重量的 0.5%～0.8% 拌种。

（3）使用菌衣地虫死包衣剂按 1∶30 包衣种子。

（二）苗期（5月上旬至6月上旬）

1. 主要防治对象

立枯病、炭疽病、红腐病、茎枯病、角斑病、黑斑病、轮纹斑病、褐斑病、疫病。蚜虫、红蜘蛛、盲椿象、蓟马、地老虎。

2. 主要防治措施

（1）防治病害。用80亿单位地衣芽苞杆菌水剂或1.8%辛菌胺水剂或28%井冈·多菌灵或50%退菌特或70%甲基托布津800～1 000倍液或45%代森锌500～800倍液常规喷雾。

（2）防治蚜虫、叶螨。用19%克蚜宝或10%蚜虱净或20%螨立杀或0.9%虫螨克或15%扫螨净等药剂常规喷雾。

（3）防治盲椿象、蓟马。用4.5%高效氯氢菊酯或10%大功臣或40%蟀龟必杀等药剂喷雾防治。

（4）防治地老虎。用敌百虫拌菜叶和麦麸制成毒饵诱杀。

（三）蕾期（6月中旬至7月中旬）

1. 主要防治对象

棉铃虫、盲椿象、蓟马、红蜘蛛、棉花枯萎病。

2. 主要防治措施

（1）防治棉铃虫。农业、物理、生物、化学防治相结合；农业防治，秋耕冬灌、消灭部分越冬蛹；物理防治，种植玉米诱集带、安装杀虫灯、插杨柳枝把诱杀成虫、人工抹卵、捉幼虫；生物防治，利用BT、NPV病毒杀虫剂；化学防治，叶面喷洒阿维菌素·毒死威、快杀灵、路路通等。

（2）防治棉花枯黄萎病。在选用抗病品种做基础，用1.8%辛菌胺水剂，或枯萎防死防治。

（3）其他虫害参考前述防治方法。

（四）花铃期（7月下旬至9月中旬）

1. 主要防治对象

棉铃虫、造桥虫、伏蚜、红蜘蛛、红铃虫、象鼻虫、细菌性角斑病、棉花黄萎病。

2. 主要防治措施

（1）化学防治三代、四代棉铃虫。用 12% 路路通或 35% 毒死威或 4.5% 高效氯氰菊酯或 50% 辛硫磷或快杀灵或灭灵皇等，同时，兼治造桥虫、红铃虫。

（2）防治象鼻虫。4.5% 高效氯氰菊酯 + 煤油（柴油）喷雾防治；角斑病用 80 亿单位地衣芽苞杆菌水剂或可杀得 DT 杀菌剂等防治。

（3）其他病虫害参考前述防治方法。

（五）吐絮期（9 月中旬至 10 月中旬）

1. 防治对象

造桥虫。

2. 防治措施

1% 甲维盐或 50% 辛硫磷防治。用有机磷粉剂农药喷粉防治效果较好。

九、花生病虫害防治

（一）主要防治对象

茎腐病、立枯病、冠腐病、白绢病、叶斑病、病毒；根结线虫、地下害虫、红蜘蛛、蚜虫、棉铃虫和鼠类。

（二）主要防治措施

1. 播种前

（1）轮作倒茬。实行与禾本科作物或甘薯、棉花等轮作，有效地降低田间病原。

（2）科学施肥。播前施足底肥，生育期内科学追肥，并注意补肥。

（3）精选良种。选用适宜当地栽培的抗病品种，并在播前精选种子和晒种。

（4）及时采用灌水或毒饵诱杀的办法消灭鼠类。

2. 苗期（播种至团棵）

以播后鼠害、草害、地下害虫和茎腐病、立枯病、冠腐病、白绢病害为主攻对象，兼治苗期红蜘蛛、蚜虫以及其他食叶性害虫。

（1）拌种。在选晒种的基础上，搞好种子处理，用花生专用菌衣地虫灵药种比按 1∶50 拌种，或地衣苞杆菌按药种比 1∶60 拌种，或按种子量的 0.2% 加 50% 多菌灵可湿性粉剂按种子量的 0.2%，加适当量水混合拌种，可防鼠、防虫、防病。

（2）播后苗前及时采用 48% 腐乐灵每 667 平方米 110 克或 50% 扑草净每 667 平方米 130 克或 43% 拉索 200 克对水 50 千克喷雾除草；若是麦垄套种则于花生 1~3 复叶期，阔叶草 2~5 叶期，采用 48% 苯达松水剂 170 毫升配 10.8% 高效盖草能 30 毫升加水 40 千克喷雾，杀死单双子叶及防莎草。

（3）及时喷施 20% 吗胍·硫酸铜水剂或 25% 酸式络氨铜水剂，667 平方米用 30~50 克或喷施 50% 多菌灵可湿性粉剂 400 倍或 70% 甲基托布津 500 倍，可有效控病菌繁殖体的生长，防止花生叶部病害的侵染和发生。

（4）及早喷施高能锌、高能铜、高能硼或复合微肥，以防花生缺素症的发生和提高花生植株抗逆能力。

（5）防治蚜虫、蓟马。花生蚜虫一般于 5 月底至 6 月初出现第一次高峰有翅蚜，夏播则在 6 月中上旬，首先为点片发生期，之后田间普遍发生。蓟马则在麦收后转入花生危害，一般选用 40% 氧化乐果乳油 1 000 倍液，或用 10% 吡虫啉可湿性粉剂 2 000 倍液，或用 10% 百虫畏乳油 1 500 倍液进行喷雾，第一次防治在 6 月中旬，第二次则在 6 月下旬，同时，能兼治蛴螬成虫。也可选用 50% 甲基异柳磷 1 000 倍液喷雾。可兼治蚜虫、红蜘蛛、金龟子及其他食叶性害虫。

（6）继续拔除个别杂草。

3. 开花下针期

此期是管理的关键时期，用 0.004% 芸苔素内酯 10 克对水 15 千克，喷匀为度或用 1.4% 的复硝酚钠 10 克对水 15 千克，间隔 15 天用 2~3 次，增产显著，且提高品质。多年来花生区常用多效唑控制旺长企图增加产量，其实多效唑在花生上且不可过量，过量造成根部木质化，收获时出现秕荚和果柄断掉，无法机械收获而减产。这个时期的主要虫害是蚜虫、红蜘蛛和二代棉铃虫以及其他一些有害生物。蚜虫、红蜘蛛应按苗期防治方法继续防治或兼治。对二代棉铃虫则在百墩卵粒达 40 粒以上时 667 平方米用 Bt 乳剂 250 毫升加 0.5% 阿维菌素（又名齐螨素）40 毫升加水 30～50 千克喷雾，7 天后再治 1 次。或 667 平方米用 50% 辛硫磷乳油 50 毫升加 20% 杀灭菊酯 30 毫升对水 50 千克喷雾，并能兼治金龟子和其他食叶性害虫。

4. 荚果期

此期为多种病虫害生发期，主要有二代、三代棉铃虫、蛴螬、叶斑病等，鼠害的防治也应从此时开始。防治上应采取多种病虫害兼治混配施药。

（1）防治蛴螬。成虫防治，防治成虫是减少田间虫卵密度的有效措施，根据不同金龟子生活习性，抓住成虫盛发期和产卵之前，采用药剂扑杀或人工扑杀相结合的办法。即采用田间插榆、杨、桑等枝条的办法，667 平方米均匀插 6～7 撮，枝条上喷 500 倍 40% 辛硫磷乳油毒杀。幼虫防治，6 月下旬至 7 月上旬是当年蛴螬的低龄幼虫，此期正是大量果针入土结荚期，是治虫保果的关键时期。可结合培土迎针，顺垄施毒土或灌毒液配合灌水防治，方法是 667 平方米用 3% 辛硫磷颗粒剂 5 千克加细土 20 千克，覆土后灌水。也可 667 平方米使用 40% 辛硫磷乳油 300 毫升对水 700 千克灌穴后普遍灌水。防治花生蛴螬要在卵盛期和幼虫孵化初盛期各防治 1 次。

（2）棉铃虫及其他食叶害虫防治。棉铃虫对花生以第三代危害最重，应着重把幼虫消灭在 3 龄以前，可 667 平方米用 Bt 乳剂 250 毫升配 40% 辛硫磷 50 毫升，对水 50 千克在产卵盛期喷雾；也可选用 20% 百多威乳油 40 毫升加 20% 杀灭菊酯 30 毫升对水 50 千克在产卵盛期喷雾，于 7 天后再喷防一遍。

（3）叶斑病防治。防治花生叶斑病，只要按质、按量、按时进行防治，就能收到良好效果，叶斑病始盛期一般在 7 月中下旬至 8 月上旬，当病叶率达 10%～15% 时，667 平方米用 80 亿单位地衣芽苞杆菌 60 ~ 100 克，或用 28% 井冈·多菌灵悬浮剂 80 克或 45% 代森铵水剂 100 克或 80% 新万生（大生）可湿性粉剂 100 克，加水 50 千克喷雾防治，10 天后再喷一次效果更好。如果以花生网斑病为主，则以 80 亿单位地衣芽苞杆菌新万生或代森锰锌为主。

（4）锈病防治。花生锈病是一种爆发性流行病害。一般在 8 月上中旬发生、8 月下旬流行。8 月上中旬田间病叶率达 15% ~ 30% 时，及时用 50% 敌磺钠可湿性粉剂 1 000 倍液或 95% 敌锈钠可湿性粉剂 600 倍液防治，或用 15% 三唑酮可湿性粉剂 800 倍液防治。锈病流行年份，避免用多菌灵药剂防治叶斑病，以免加重锈病危害。

（5）及时防治田间鼠害。8 月中下旬是各种鼠危害盛期，应在为害盛期之前选用毒饵防除。以上病虫害混发时，则应混合用药，以减少用药次数，兼治各种病虫害。另外，还应和喷生长调节剂 2.85% 萘乙·硝钠水剂 667 平方米用量 50 克或芸薹素内脂和单元素微肥如高能钾、高能锌、高能硼、高能铜、高能钼、高能锰胶囊轮流或结合起来用药防病虫。

5. 收获期

以综合预防为主，减轻来年病虫草鼠害发生

（1）防止收获期田间积水，造成荚果霉烂。

（2）结合收获灭除蛴螬。

（3）留种田花生荚果收获后及时晾晒，防止霉烂，预防茎腐病。

（4）消除田间杂草及病株残体，减轻叶斑病、茎腐病的土壤带菌率和杂草种子。

（5）利用作物空白期抢刨田间鼠洞，破坏其洞道并人工捕鼠，减轻来年鼠害。

十、芝麻病虫害综合防治

（一）播种期至苗期

1. 主要防治对象

茎点枯病、叶枯病、枯萎病、地老虎。

2. 主要防治措施

（1）茎点枯病。农业防治，与棉花、甘薯作物进行 3～5 年轮作；播前用 55℃温水浸种 10 分钟或用 60℃温水浸种 5 分钟。化学防治，每 500 克种子用 80 亿单位地衣芽苞杆菌 10 克拌种，0.5% 无氯硝基苯 2.5 克拌种，也可用种子量 0.1%～0.3% 的多菌灵处理种子。

（2）枯萎病。农业防治，与禾本科作物进行 3～5 年轮作。化学防治，播前用 0.5% 菌毒清 200 倍液浸种，或 0.5% 硫酸铜溶液浸种 30 分钟。

（3）叶枯病。农业防治，播前用 53℃温水浸种 5 分钟。化学防治，用 70% 甲基托布津 700 倍液喷洒。

（4）地老虎。农业防治，苗期每天清晨检查，发现有被害幼苗，就可拨开土层人工捕杀。化学防治，一是毒饵诱杀，用青草 15～20 千克加敌百虫 250 克；或用糖醋毒草，即将嫩草切成 1 厘米左右长的草段，用糖精 5 克，醋 250 克，25% 敌敌畏乳剂 5 毫升加水 1 千克配成糖醋液，喷在草段上制成毒饵，撒在田间毒杀。二是直接喷药毒杀，用 90% 敌百虫 1 500 倍液或 50% 辛硫磷乳油 1 000 倍液喷洒芝麻幼苗和附近杂草。

（二）成株期至收获期

1. 主要防治对象

茎点枯病、叶枯病、枯萎病、甜菜夜蛾。

2. 主要防治措施

（1）茎点枯病。用 28% 井冈·多菌灵胶悬剂 700 倍液或用 70% 甲基托布津 800～1 000 倍液于蕾期、盛花期喷洒，每次每 667 平方米用量 75 千克。

（2）枯萎病。用 80 亿单位地衣芽杆菌液剂 667 平方米用 50～100 克喷施，23% 络氨铜防治，每 10 天喷 1 次，连喷 2～3 次。

（3）叶枯病。用 70% 甲基托布津或 28% 井冈·多菌灵 700 倍液在初花和终花期各喷 1 次。

（4）甜菜夜蛾。用 0.5% 阿维菌素 500 倍液或 1% 甲维盐 1 000

倍液或灭幼脲三号 500～1 000 倍液加 5%高效氯氢菊酯 1 000 倍液喷雾；或用 50%辛硫磷 1 000 倍液喷雾，在 8：00 前和 18：00 后用药比较适宜。

十一、西瓜（甜瓜）病虫害综合防治

（一）播种至苗期

1. 主要防治对象

猝倒病、枯萎病、炭疽病。

2. 主要防治措施

（1）立枯病、猝倒病。选择地势高、排灌好、未种过瓜类作物的田块，在刚出现病株时立即拔除，并喷洒杀菌剂，如立枯猝倒防死或络氨铜或地芽菌加上高能锌、高能硼、高能铁等，因这 3 种元素苗期易流失。

（2）枯萎病。病毒病农业防治，在无病植株上采种；实行与非瓜类、茄果类作物轮作；采用瓠瓜或南瓜作砧木进行嫁接防除。化学防治，发病初期用辛菌胺醋酸盐（5%菌毒清水剂）600 倍液或 80 亿地衣芽苞杆菌水剂 800 倍液或多抗霉素 800 倍液交替灌根，间隔 7～10 天 1 次，连续 2～3 次。

（3）炭疽病、叶斑病。农业防治，实行与非瓜类、茄果类作物轮作，一般要间隔 3 年以上；播种前进行种子消毒，用 55℃温水汤种 15 分钟，或用 40%甲醛 100 倍液浸种 30 分钟，清水洗净后催芽或用西瓜专用地芽菌种子直接包衣下种。化学防治，发病初期用 72%硫酸链霉素 1 500～2 000 倍液或 25%酸式络氨铜 600 倍液或炭疽福美 500 倍液，连喷 2～3 次。

（二）成株期

1. 主要防治对象

叶枯病、枯萎病、疫病、病毒病；瓜蚜、黄守瓜、潜叶蝇、蛞蝓、白粉虱。

2. 主要防治措施

（1）叶枯病。用 80 亿单位地衣芽苞杆菌水剂 800 倍液或 25%络氨铜水剂 1 000 倍液或 45%代森铵 700～800 倍液或 28%井冈·

多菌灵 800 倍液，常规喷雾，以上几种药液可交替使用，连喷 2 ~ 3 次。

（2）疫病。在发病初期用 80 亿单位地衣芽苞杆菌水剂 800 倍液或 25% 络氨铜水剂 1 000 倍液或 25% 瑞毒霉 600 倍液或 40% 疫霜灵 800 倍液或 75% 百菌清 500 倍液，常规喷雾，连喷 2 ~ 3 次。

（3）病毒病。农业防治，增施有机肥和磷、钾肥，加强栽培管理；并及时消除蚜虫，消灭传毒媒介。化学防治，初期用 20% 吗胍·硫酸铜水剂 800 ~ 1 000 倍液喷施或 31% 氮苷·吗啉胍可溶性粉剂 1 000 倍液喷施，或用 0.5% 香菇多糖水剂 400 ~ 600 倍液喷施预防；成株期用 1.26% 辛菌胺加高能锌等药剂配合多元素复合肥常规喷雾防治，间隔 7 ~ 10 天，一般喷 2 ~ 3 次。病毒病严重时用 20% 吗胍·硫酸铜水剂 800 ~ 1 000 倍液喷施或 31% 氮苷·吗啉胍可溶性粉剂 1 000 倍液喷施加高能锌胶囊连用 2 次，间隔 3 天，效果显著。

（4）枯萎病。80 亿单位地衣芽苞杆菌水剂 800 倍液或 5% 菌毒清 800 ~ 1 000 倍液叶面喷施，严重时加高能钙，把喷头去掉侧喷茎基根部，或用 25% 络氨铜水剂 1 000 倍液或用 70% 甲基托布津 1 000 倍液或农抗"120"水剂 100 ~ 150 倍液或 10% 双效灵 300 倍液淋根。

（5）瓜蚜。用 70% 蚜螨净乳油 1 000 ~ 1 500 倍液或爱杀螨乳油 2 000 ~ 3 000 倍液，常规喷洒。

（6）黄守瓜。农业防治，清晨露水未干时人工捕捉；在瓜秧根部附近覆一层麦壳、谷糠，防止成虫产卵，减少幼虫为害。化学防治，用 90% 晶体敌百虫 800 倍液喷洒或 2 000 倍液灌根。

（7）潜叶蝇。用斑潜·菌毒二合一 667 平方米用 1 套，或 1.8% 虫螨克 8 000 倍液或 80% 敌敌畏乳油 2 000 倍液。

（8）蛞蝓。农业防治，铲除田边杂草并撒上生石灰，减少滋生之地；提倡地膜栽培，以减轻危害；撒石灰带，每 667 平方米用石灰粉 5 ~ 10 千克。化学防治，用 0.5% 阿维菌素或 8% 灭蜗灵颗粒剂或 10% 多聚乙醛颗粒剂每平方米 1.5 克进行撒施。

（9）白粉虱。用药要早，主攻点片发生阶段。用吡虫啉加米汤（3 勺）或 1.8% 农克螨乳油 2 000 倍液或 20% 灭扫利乳油 2 000 倍液、或用 70% 克螨特乳油 2 000 倍液喷雾，喷雾时加米汤 200 毫升（2 勺）左右，有增效作用，隔 7 ~ 10 天喷 1 次。

十二、温棚黄瓜病害综防技术

（一）选用抗病、耐病品种，做好种子处理，培育适龄壮苗

1. 因地制宜，选择品种

一般宜选用结果性好，早熟、耐低温、耐热的品种。

2. 做好种子处理

恒温处理种子：将阳光下晒干的种子，放在恒温箱进行干热处理 48 小时，以消灭部分病毒和细菌。

温汤浸种：将种子放入干净容器中，稍放一点凉水泡 15 分钟之后，加入热水使水温达 55℃，浸种 20 分钟，期间不断搅拌，待水温降到 30℃时，将种子捞出水，滤掉水膜加入蔬菜种子专用地衣芽苞杆菌包衣剂包衣，晾 5 分钟后直接下种育苗。或用 25% 瑞毒霉 400 倍药液浸种 1 小时，再放到 30℃水中浸泡 1 ~ 1.5 小时，然后捞出催芽。

常温处理：浸种后，将种子晾至种皮无水膜，加入蔬菜种子专用地衣芽苞杆菌包衣剂包衣晾 5 分钟后直接下种育苗。

3. 营养土配置与消毒

选用未种过瓜类的肥沃园土，加入充分发酵腐熟好的农家肥和马粪各占 1/3，粉碎过筛，同时，每平方米苗床用 5 千克毒土（1.8% 的辛菌胺醋酸盐 5 ~ 8 克或 28% 井冈或 25% 酸式络氨铜 8 ~ 10 克拌细土）1/3 播前撒施，2/3 盖种，防治苗期猝倒病和立枯病。

4. 变温管理，培育抗病壮苗

播种后出苗前保持温度 25 ~ 30℃，80% 出土后及时放风降温，白天 23 ~ 25℃，夜间 13 ~ 15℃；一叶一心时加大昼夜温差，白天 25 ~ 28℃，夜间可降至 12℃，增加养分积累，防止徒长，培育壮苗。或喷施 2.85% 硝钠·萘乙酸水剂 1 000 ~ 1 500 倍液或芸苔素喷施。

（二）平衡施肥，提高土壤肥力，增强植株抗性

1. 增施有机肥，配施氮磷钾

一般 667 平方米施优质有机肥 5 000 千克，过磷酸钙 100 ~ 150 千克，饼肥 300 ~ 500 千克，硫酸钾 40 千克，采用 1/3 量普施深翻，其余 2/3 集中施于畦底，以充分发挥肥效。

2. 巧施追肥，促使黄瓜稳健生长

小水灰：将 1 千克小灰（草木灰）加 14 千克清水浸泡 24 小时，淋出 10 千克澄清液，直接叶面喷洒，亦可结合防病用药喷洒。

糖钾尿醋水：用白糖、尿素、磷酸二氢氢钾、食醋各 0.4 千克，溶于 100 千克水中叶面喷洒，能促使叶片变厚，细胞变密，叶绿素含量提高，增强抗病能力，一般每 7 天 1 次。

巧施冲施肥：用以辛菌胺（5% 菌毒清）为主的原生汁冲施肥，每 667 平方米 1 ~ 2 千克，用时可加优质尿素 10 千克撒施后浇水或直接冲施，苗期定植后 1 次，初花期一次，盛瓜期 1 ~ 2 次，间隔 15 天，可提质增产。

用细麦糠或麦麸 5 ~ 6 千克加水 50 千克浸泡 24 小时，取其澄清过滤液直接喷洒，并根据黄瓜需要轮配入一定量的高能硼、高能锌、高能铁、高能钼等微肥胶囊，或每样一粒 1 次喷施。一般喷 4 ~ 6 次，注意晴天多放风补充 CO_2，阴雨雪低温无法放风时增施 CO_2 能量神增温剂。

及时追肥，促秧苗壮、抗病，在追肥上本着"少吃多餐，两头少，中间多"的原则，做到及时合理，用方法上以开沟条施并及时覆土为宜；种类上以腐熟有机肥配合适量的氮磷钾化肥；时期上，当根瓜长到 10 厘米长以后，每株埋施充分腐熟的鸡粪或发酵好的饼肥 150 ~ 200 克，盛瓜期每 7 ~ 10 天每 667 平方米冲施 1000 千克人粪稀或 20 千克硝酸铵 +15 千克硫酸钾，以满足黄瓜对肥料的需求。

（三）搞好温湿度管理，进行生态防治

1. 灌水

灌水实行膜下暗灌，有条件的利用滴灌。冬季和早春灌水应在

坏天气刚过，好天气刚开始的上午进行，浇水后应闭棚升温 1 小时，再放风排湿 3~4 小时，若棚内温度低于 25℃，就再关闭风口提高温度至 32℃，持续 1 小时，再大通风，夜间最低温度可降至 12~13℃，这样有利于排湿和减少当夜叶面上水膜的形成。

2. 温湿度调控

白天上午温度 28~32℃，不超过 35℃，即日出前排湿 1 小时，日出后充分利用阳光闭棚升温，超过 28℃开始放风，超过 32℃加大放风量，以不超过 35℃高温。下午大通风温度降到 20~25℃，晚上，前半夜温度控制在 15~20℃，后半夜 10~13℃。

（四）重点防治和普遍防治相结合

一般情况下，以霜霉病、炭疽病、角斑病和真菌性叶斑类为主线，用药上分清主次，配合使用，尽量减少喷药次数。预防期夜里用 10%百菌清烟雾剂烟雾杀菌标准棚室（高 2~2.8 米，跨 4 米以上）667 平方米用 200~300 克，严重时白天再用嘧霉·多菌灵加硫酸链霉素；霜霉病发生时采用 1.8%辛菌胺＋硫酸链霉素或用多抗霉素 25%络氨铜，可杀得或 DT 加瑞毒霉，炭疽病、叶斑病则选用 25%络氨铜或炭疽福镁或加新万生等，黑心病、根腐病等选用地芽菌灌根等防治。

十三、甘蓝病虫害综合防治

（一）菌核病防治

发病初期及时喷药保护，喷洒部位重点是茎基部、老叶和地面。主要药剂如下。

（1）80 亿单位地衣芽苞杆菌 800 倍液。

（2）72%硫酸链霉素可湿性粉剂 2 000 倍液。

（3）5%菌核防死灵水剂 800~1 000 倍液。以上 3 种药剂每 7~10 天喷 1 次，交替使用，连喷 2~3 次。

（二）霜霉病防治

（1）农业防治。选用抗病品种；与非十字花科蔬菜隔年轮作；合理施肥，及时追肥。

（2）药剂防治。在发病初期喷药，用 30%嘧霉·多菌灵 800

倍液，3%多抗霉素 1 000 倍液，或用 10%百菌清 500 倍液，或用 1：2：400 倍波尔多液，每 5 ~ 7 天喷 1 次，共喷 2 ~ 3 次。

（三）黑腐病防治

（1）种子消毒。用 50℃温水浸种 20 ~ 30 分钟，或用 45%代森铵水剂 200 倍液浸种 15 分钟。

（2）与非十字花科作物实行 1 ~ 2 年轮作；及时消除病残体和防治害虫。

（3）在发病初期喷 72%硫酸链霉素 4 000 ~ 6 000 倍液，每隔 7 ~ 10 天 1 次，连喷 2 ~ 3 次。

（四）菜蛾防治

（1）农业防治。在成虫期利用黑光灯诱杀成虫。

（2）生物药防治。0.5%阿维菌素 800 ~ 1 000 倍液或 1%甲维盐 1 000 ~ 2 000 倍液或用 BT 制剂每 667 平方米 200 ~ 250 克，加水常规喷雾，将药液喷洒在叶背面和心叶上。

（3）化学药剂防治，用菊酯类药 2 000 倍液喷雾。

（五）菜粉蝶防治

（1）生物药防治。在 3 龄前用苏云金杆菌、0.5%阿维菌素 800 ~ 1 000 倍液或 1%甲维盐 1 000 ~ 2 000 倍液或 BT 乳剂喷雾。

（2）化学药剂防治。在卵高峰后 7 ~ 10 天喷药，选用药剂有：敌百虫、敌敌畏、辛硫磷、灭幼脲 1 号、灭幼脲 3 号等。

（六）蚜虫防治

用 50%抗蚜威可湿性粉剂 2 000 倍液，如蚜量较大时，加 3 勺熬熟的米粥上边的汤（250 毫升米汤，勿有米粒以免堵塞喷雾器眼）可连喷 2 ~ 3 次。

十四、早熟大白菜病虫害综合防治

早熟大白菜主要的病害是软腐病和霜霉病。病害防治上以防为主。从出苗开始，每 7 ~ 10 天喷 1 次杀菌剂：辛菌胺又称 5%菌毒清水剂 800 倍液或 80 亿单位地衣芽苞杆菌 1 000 倍液或 25%络氨铜（酸式有机铜）800 倍液，严重时，加高能钙胶囊喷施，农业防治时，若发现软腐病株及时拔除，病穴用生石灰处理灭菌。虫害主要是以菜青虫、小菜蛾和蚜虫为主。防治上应抓一个"早"字，及时用药，0.5%阿维菌素 800～1 000倍液或1%甲维盐 1 000～2 000倍液喷施，把虫害消灭在 3 龄以前。收获前 10 天停止用药。

十五、花椰菜病虫害防治

花椰菜病虫害防治主要是育苗期病虫害防治。育苗期正值高温多雨季节，极易感染猝倒病、立枯病、病毒病、霜霉病、炭疽病、黑腐病等病害。为防止感病死苗，齐苗后要立即用2.85%硝钠·萘乙酸 1 000～1 500 倍液或 1.8%复硝酚钠（快丰收）水剂 1 000～1 500倍液或25%络氨铜（酸式有机铜）水剂 800 倍液喷洒苗床。定苗后用20%吗胍·硫酸铜水剂 800 倍液、80 亿地衣芽苞杆菌 1 000倍液或病毒 A、72%硫酸链霉素、驱疫、3%多抗霉素 800～1 200倍液进行叶片喷雾，每 7～10 天 1 次轮流使用。虫害主要是菜青虫、小菜蛾、蚜虫等。一般用 0.5%阿维菌素 800～1 000倍液或1%甲维盐 1 000～2 000倍液喷施，把虫害消灭在 3 龄以前。

十六、麦套番茄病害防治

（一）育苗播种期（3 月中上旬）

1. 主要防治对象

猝倒病、立枯病、早疫病、溃疡病、青枯病、病毒病；地下害虫。

2. 主要防治措施

（防治病害）

（1）选用抗病品种。

（2）药剂处理苗床。用根根富可湿性粉每平方米 9～10 克或40%拌种双粉剂每平方米 8 克加细土 4.5 千克拌匀制成药土，播前 1 次浇透水，待水渗下后，取 1/3 药土撒在苗床上，把种子播上后，再把余下的 2/3 药土覆盖在上面。

（3）种子消毒。一是温汤浸种：将种子在30℃清水中浸 15～20 分钟后，加热水至水温 50～55℃，再浸 15～20 分钟后，加凉水至 25～30℃，再浸 4～6 小时可杀死多种病菌。二是福尔马林浸种：将温汤浸过的种子晾去水分，放在 1% 的福尔马林溶液中浸

203

15～20 分钟，捞出用湿布包好闷 2～3 小时，再用清水洗净，可预防早疫病。三是高锰酸钾浸种：将种子放在 1% 高锰酸钾溶液中浸 15～20 分钟后，捞出用清水洗净，或直接用 80 亿单位地衣芽孢杆菌叶菜专用包衣剂包衣，既安全又省工省时。可预防溃疡病等细菌性病害及花叶病毒病。地下害虫防治：用 0.5 千克辛硫磷兑水 4 千克拌炒香麦麸 25 千克制成毒饵，均匀撒于苗床上。

（二）苗期（3 月下旬至 5 月下旬）

1. 主要防治对象

猝倒病、立枯病、早疫病、溃疡病；地老虎。

2. 主要防治措施

（1）猝倒病。用 25% 酸性络氨铜 1 000 倍液喷施叶面或 50% 敌磺钠可湿性粉剂 1 000 倍液喷施或 75% 百菌清可湿性粉剂 600 倍液叶面喷雾。立枯病，5% 立枯猝倒防死水剂 800 倍液喷施或用 80 亿单位地衣芽孢杆菌水剂 800 倍液喷匀为度。或用 28% 井冈·多菌灵悬浮剂 800～1 000 倍液均匀喷施。猝倒病、立枯病混合发生时，可用辛菌胺又名 5% 菌毒清水剂加 80 亿单位地衣芽孢杆菌水剂 800 倍液喷匀为度；严重时若红根红斑加高能钾；若黑根加高能钙，若黄叶加高能铁，若卷叶加高能锌，喷匀为度；或用 72.2% 普力克水剂 800 倍液防治。

（2）早疫病。发病前开始喷用 25% 络氨铜水剂（酸性有机铜）800 倍液，喷匀为度，或用 80 亿单位地衣芽孢杆菌水剂 800 倍液，喷匀为度，或用 80% 喷克可湿性粉剂 600 倍液，或用 50% 扑海因 1 000 倍液，或用 10% 百菌清 600 倍液防治。

（3）溃疡病。严格检疫，发现病株及时根除，全田喷洒用 1.8% 辛菌胺水剂 1 000 倍液，喷匀为度，或用 80 亿单位地衣芽孢杆菌水剂 800 倍液，喷匀为度，或用 72% 硫酸链霉素水剂 1 000～1 500 倍液，喷匀为度，或用 25% 络氨铜水剂（酸性有机铜）800 倍液，喷匀为度，或用 50% 琥胶肥酸铜可湿性粉剂 500 倍液防治。

（4）地老虎。用 90% 晶体敌百虫 250 克拌切碎菜叶 30 千克加炒香麦麸 1 千克拌匀制成毒饵撒于行间，诱杀幼虫。

（三）开花坐果期（6月上旬至7月上旬）

1. 主要防治对象

早疫病、晚疫病、茎基腐病、枯萎病、斑枯病、病毒病、棉铃虫、烟青虫。

2. 主要防治措施

（1）早疫病。同上。

（2）晚疫病。在发病初期喷洒用25%络氨铜水剂（酸性有机铜）800倍液，喷匀为度，或用辛菌胺（又名5%菌毒清）水剂1 000倍液，喷匀为度72.2%普力克水剂800倍液，或用72%克露可湿性粉剂500～600倍液，严重时，加高能钙胶囊1粒防治。

（3）茎基腐病。在发病初期喷洒50%敌磺钠可湿性粉剂1 000倍液喷施，或用基腐康800倍液喷匀为度，或用23%络氨铜水剂（酸性有机铜）800倍液，喷匀为度，或用20%甲基立枯磷乳油1 200倍液，也可在病部涂五氯硝基苯粉剂200倍液加50%福美双可湿性粉剂200倍液。

（4）枯萎病。发病初期喷用80亿单位地衣芽孢杆菌水剂1 000倍液灌根，或用1.8%辛菌胺水剂1 000倍液，喷匀为度，或用28%井冈灌根，每株灌100毫升。

（5）斑枯病。发病初期用25%络氨铜水剂（酸性有机铜）800倍液，喷匀为度，或用10%百菌清可湿性粉剂500倍液。

（6）病毒病。发病初期喷洒用20%吗胍·硫酸铜水剂1 000倍液，喷匀为度，或用香菇多糖水剂，或用31%氮苷·吗啉胍可溶性粉剂800～1 000倍液均匀喷施，或用20%病毒A可湿性粉剂500倍液，或用5%菌毒清水剂400倍液，严重时，加高能锌胶囊1粒。同时，注意早期防蚜，消灭传毒媒介，尤其在高温干旱年份更要注意用时喷药防治蚜虫，预防烟草花叶病毒浸染。

（7）棉铃虫。农业措施：结合整枝打顶和打杈，有效减少卵量，同时，及时摘除虫果；在番茄行间适量种植生育期与棉铃虫成虫产卵期吻合的玉米诱集带。生物防治：卵高峰后3～4天和6～8天连续两次喷洒Bt乳剂或棉铃虫核型多角体病毒。化学防治：卵孵化期至 2 龄幼虫盛期用 0.5% 阿维菌素乳油 800~1 000 倍液均匀喷洒，或用 1% 甲维盐乳油 1 000~1 500 倍液喷施，或 4.5 高效氯氰菊酯 1 000 倍液或 2.5% 功夫乳油 5 000 倍液或 10% 菊马乳油 1 500 倍液防治。

（8）烟青虫。化学防治，同棉铃虫。

（四）结果期到果收（7 月中旬至 10 月上旬）

1. 主要防治对象

灰霉病、叶霉病、煤霉病、斑枯病、芝麻斑病、斑点病、灰叶斑病、灰斑病、茎枯病、黑斑病、白粉病、炭疽病、绵腐病、绵疫病、软腐病、疮痂病、青枯病、黄萎病、病毒病、脐腐病、棉铃虫、甜菜夜蛾。

2. 主要防治措施

（1）灰霉病、叶霉病、煤霉病。于发病初期喷用 25% 络氨铜水剂（酸性有机铜）800 倍液喷匀为度，或用 72% 硫酸链霉素水剂 1 000~1 500 倍液喷匀为度，或用 3% 多抗霉素 500 倍液喷匀为度。80 亿单位地衣芽孢杆菌水剂 600 倍液喷匀为度，或用灰绝水剂或用 50% 速克灵可湿性粉剂 2 000 倍液，50% 扑海因可湿性粉剂 1 500 倍液，2% 武夷菌素水剂 150 倍液，用 30% 嘧霉·多菌灵悬浮剂 800~1 000 倍液均匀喷施。以上几种药剂交替施用，隔 7~10 天 1 次，共 3~4 次。

（2）斑枯病、芝麻斑病、斑点病、灰叶斑病、灰斑病、茎枯病、黑斑病。于发病初期喷用 25% 络氨铜水剂（酸性有机铜）800 倍液喷匀为度，或用 10% 百菌清可湿性粉剂 500 倍液，50% 扑海因可湿性粉剂 1 000~1 500 倍液。

（3）白粉病。用 12.5% 烯唑醇可湿性粉剂 20 克对水 15 千克，叶面正反喷施。用 10% 白粉斑清 30 克对水 15 千克叶面喷施，或用 2% 武夷菌素水剂或农抗"120"水剂 150 倍液正反叶面喷雾防治。

（4）炭疽病。用 1.8% 辛菌胺水剂 1 000 倍液喷匀为度，或用 80 亿单位地衣芽苞杆菌水剂 800 倍液喷匀为度，80% 炭疽福美可湿性粉剂 800 倍液，10% 百菌清可湿性粉剂 500 倍液喷雾防治。

（5）绵腐病。绵疫病于发病初期喷用25%络氨铜水剂（酸性有机铜）800倍液喷匀为度，或用1.8%辛菌胺水剂1 000倍液喷匀为度，或用72.2%普力克水剂500倍液进行防治。

（6）软腐病、疮痂病、溃疡病等细菌性病害。于发病初期喷硫酸链霉素或72%农用链霉素4 000倍液或25%络氨铜水剂（酸性有机铜）800倍液，50%DT可湿性粉剂400倍液进行防治，7～10天1次，防2～3次。

（7）青枯病。细菌性病害，可用以上药液灌根，每株灌兑好的药液0.3～0.5升，隔10天1次，连灌2～3次。

（8）黄萎病又叫根腐病。发病初期喷洒用80亿单位地衣芽孢杆菌水剂800倍液同时用把喷头去掉用喷杆淋根，或用5%菌毒清水剂1 000倍液喷匀为度，10%治萎灵水剂300倍，隔10天1次，连喷2～3次，或用50%DT可湿性粉剂350倍，每株药液0.5升灌根，隔7天1次，连灌2～3次。

（9）脐腐病。属缺钙引起的一种生理性病害。首先应选用抗病品种，其次要采用配方施肥，根外喷施钙肥，在定植后15天喷施用80亿单位地衣芽孢杆菌水剂800倍液加高能钙胶囊1粒喷匀为度，或用脐腐筋腐裂果灵或0.2%脐腐灵1号或脐腐宁；坐果后1月内喷洒1%的过磷酸钙澄清液或精制钙胶囊或专用补钙剂等。

（10）甜菜夜蛾。黑光灯诱杀成虫：春季3～4月清除杂草，消灭杂草上的初龄幼虫。药剂防治用0.5%阿维菌素乳油800～1 000倍液均匀喷施，或用1%甲维盐乳油1 000～1 500倍液喷施，10%氯氰菊酯乳油1 500倍液或灭幼尿一号及三号制剂500～1 000倍液，常规喷雾防治。

十七、三樱椒病虫害防治

（一）播种及发芽期（2月下旬至3月上旬）

1. 主要防治对象

炭疽病、斑点病、疮痂病、青枯病、病毒病、地下害虫。

2. 主要防治措施（防治病害）

（1）选种、晒种、浸种。将选好的优质种子暴晒2～3天，用

30~40℃温水浸种8~12小时。

（2）种子消毒。将浸过的种子晾去水分，再用300倍的福尔马林溶液处理15分钟，或用0.3%的高锰酸钾溶液处理10~20分钟，或用600倍的退菌特溶液处理15~20分钟，可有效预防炭疽病、斑点病、疮痂病；然后用辛菌胺又名5%菌毒清水剂1 000倍液喷10~20分钟，或用1%的硫酸铜溶液处理5分钟，或用10%磷酸三钠溶液处理15~20分钟，或直接用80亿单位地衣芽孢辣椒专用包衣剂倒在选好的种子上按1∶80药种比拌种包衣，可预防青枯病、病毒病。

（3）苗床消毒。按苗床用1.8辛菌胺（菌毒清）600倍液，或用地芽菌500倍液喷匀或泼洒或按面积每平方米分别用54.5%恶霉福5~10克和50%氯溴异氰尿酸5~10克，加细土1千克混匀，撒到床面上，然后再浇水、撒种、覆土。地下害虫防治，用0.5千克锌硫磷拌麦麸25千克撒于苗床上。

（二）苗期（3月上旬至5月中旬）

1. 主要防治对象

猝倒病、立枯病、卷叶病毒病、炭疽病；蚜虫、红蜘蛛、地老虎、地下害虫。

2. 主要防治措施

（1）农业防治。注意通风透光，增加土壤通透性，提高地温，也可在苗床上撒草木灰。

（2）化学防治。用25%络氨铜水剂（酸性有机铜）800倍液喷匀为度，或用80亿单位地衣芽孢杆菌水剂800倍液喷匀为度，或10%百菌清500倍液或50%敌磺钠可湿性粉剂1 000倍液喷施，防治猝倒病、立枯病、炭疽病。用28%吗胍·硫酸铜水剂800倍液均匀喷施，防治卷叶、小叶病毒病。防治蚜虫、红蜘蛛可用蚜螨净或敌蚜灵等。防治地老虎在定植后用90%晶体敌百虫250克对水2.5千克拌切碎菜叶30千克＋麸皮1千克拌匀制成毒饵苗床。防治地下害虫仍可用锌硫磷拌麦麸制成毒饵。

（三）开花坐果期（5 月下旬至 7 月底）

1. 主要防治对象

炭疽病、褐斑落叶症、青枯病、落花症；蚜虫、红蜘蛛、玉米螟。

2. 主要防治措施

（1）农业防治。增施有机肥和磷、钾肥，加强田间管理，培育抗病健株，增加抗逆性。

（2）化学防治。用 25% 络氨铜水剂（酸性有机铜）30 克加 1.4% 治三落 30 克对水 15 千克，或用 80 亿单位地衣芽孢杆菌加 1.4% 治三落水剂，预防治疗炭疽病、褐斑落叶症、青枯病、落花症。75% 百菌清 800 倍或 45% 代森铵 800 倍液防治炭疽病。抗枯宁 500 倍液喷施防治青枯病。用抗蚜威、虫螨克、蚜螨净等防治蚜虫、红蜘蛛。用 25% 辉丰菊酯 1 000～1 500 倍液防治玉米螟。

（四）结果期（8 月至收获）

1. 主要防治对象

病毒病、枯萎病、疮痂病、炭疽病、青枯病、绵疫病、软腐病；棉铃虫、玉米螟、甜菜夜蛾、烟青虫。

2. 主要防治措施

（1）防治病毒病。前期用 20% 吗胍•硫酸铜水剂 1 000 倍液喷匀为度，或用 0.5% 香菇多糖水剂 400 倍液喷匀为度，或用 20% 病毒 A 或 0.3% 的高锰酸钾或植病灵等药液喷洒；中后期用克毒纳丝、病毒灵等药剂，严重时加高能锌胶囊 1 粒或多元素复合肥常规喷雾。

（2）防治枯萎病。农业防治，增施有机肥和磷、钾肥，防治田间积水。化学防治，发病初期喷用 80 亿单位地衣芽孢杆菌水剂 800 倍液喷匀为度，或用 1.8% 辛菌胺水剂 1 000 倍液喷匀为度，25% 百克乳油 1 500 倍液，7～10 天 1 次，连喷 2～3 次；或用 25% 络氨铜水剂灌根，连灌 2～3 次；也可用 DT 杀菌剂 600 倍液或农抗"120" 300 倍液灌根。

（3）防治疮痂病。用 72% 硫酸链霉素水剂 1 000～1 500 倍液喷匀为度，或用农用链霉素 200 单位浓度或 45% 代森铵 500 倍液或 25% 络氨铜 800 倍液或 77% 可杀得、DT 杀菌剂 600 ~ 800 倍液喷洒；发病初期也可喷 1：0.5：200 的波尔多液。

（4）防治青枯病。用 72% 硫酸链霉素水剂 1 000 ~ 1 500 倍液喷匀为度，或用 72% 农用链霉 4 000 倍、25% 络氨铜 800 倍、77% 椒病清 500 倍液轮换喷雾，7 ~ 8 天 1 次，连喷 2 ~ 3 次；每穴 250 毫升、或农抗 "120" 300 倍液每穴 200 毫升灌根。

（5）防治绵疫病。用 25% 络氨铜水剂（酸性有机铜）800 倍液喷匀为度，或在降水或浇水前喷 1：2：200 倍的波尔多液；或用 45% 代森铵水剂 800 倍液或 77% 椒病清 600 倍液。

（6）防治软腐病。软腐病多因钙、硼元素流失而侵染，用 80 亿单位地衣芽苞杆菌水剂 800 倍液加高能钙喷匀为度，或用 72% 硫酸链霉素水剂 1 000 ~ 1 500 倍液加高能钙、高能硼各 1 粒喷匀为度，常规喷雾 5 天 1 次，连喷 2 ~ 3 次。

（7）防治棉铃虫、烟青虫。农业防治，用杨、柳树枝把、黑光灯、玉米诱集带、性诱剂等诱杀成虫。生物防治，在卵盛期每 667 平方米用 BT250 毫升或 NPV 病毒杀虫剂 80 ~ 100 克对水 30 ~ 40 千克喷雾。化学防治，用 50% 辛硫磷乳剂 2 000 倍或 25% 辉丰菊酯 1 500 倍或高效氯氰菊酯 1 200 被或快杀灵 1 000 倍或灭杀铃、杀铃王 1 000 ~ 1 500 倍液喷雾防治。

（8）甜菜夜蛾。农业防治，该虫对黑光趋性较强，可用黑光灯诱杀成虫。化学防治，用用 0.5% 阿维菌素乳油 800 ~ 1 000 倍液均匀喷施，或用 1% 甲维盐乳油 1 000 ~ 1 500 倍液喷施，或用米满 2 000 ~ 3 000 倍或东旺百杀 800 倍或 25% 辉丰快克 800 倍液，在 3 龄前喷药防治。

十八、大葱病虫害防治

大葱病虫害的防治，必须要求及时有效。大葱又是叶菜类蔬菜，多用于鲜食或炒食，因此，使用农药必须严格选用高效低毒低残留品种，严格控制使用药量，尤其是采收前两周多数杀虫杀菌剂应停止使用。由于该蔬菜生育期较长，地下害虫较难防治，目前，该蔬菜农药残留超标现象较严重，已成为优先解决的核心问题。

（一）病原物侵染引起的病害

大葱猝倒病、大葱立枯病、大葱紫斑病、大葱霜霉病、大葱灰霉病、大葱锈病、大葱黑斑病、大葱褐斑病、大葱小菌核病、大葱白腐病、大葱软腐病、大葱疫病、大葱白色疫病、大葱黄矮病、大葱叶枯病、大葱叶霉病、大葱叶腐病、大葱黑粉病、葱线虫病。

（二）非侵染性病害

沤根、大葱叶尖干枯症、大葱营养元素缺乏症。

（三）大葱虫害

蛴螬、蝼蛄、金针虫、葱蝇、葱蓟马、葱斑潜蝇、种蝇、蒜蝇、甜菜夜蛾、斜纹夜蛾。

（四）大葱病虫害综合防治

1. 农业防治

依据病虫、大葱、环境条件三者之间关系，结合整个农事操作过程中的土、肥、水、种、密、管、工等各方面一系列农业技术措施，有目的地改变某些环境条件，使之不利于病虫害发生，而有利于大葱的生长发育；或者直接或间接消灭或减少病原虫源，达到防害增产的目的。

合理轮作：采取与非葱属作物3—4年轮作，能够改善土壤中微生物区系组成；促进根际微生物群体变化，改善土壤理化性状，平衡恢复土壤养分，提高土壤供肥能力，促进大葱健壮生长而防病防虫。

清洁田园：拔除田间病株，消灭病虫发生中心，清除田间病残组织及卵片，施用腐熟洁净的有机肥，减少田间病虫源的数量。尤其降低越冬病虫量，从而能有效地防治或减缓病虫害的流行。

选用抗病品种。在品种方面，一般以辣味浓、蜡粉厚，组织充实类型品种较抗病或耐病，如抗病抗风性好的章丘气煞风，对霜霉病、紫斑病、灰霉病抗性较强的三叶齐、五叶齐、鸡腿葱等以及生长快、丰产性好的章丘大梧桐等品种。

培育选用无病壮苗。加强种子田病虫害的防治，控制种子带病。加强育苗田病虫防治工作，采取综合措施促发壮苗，移栽时认真剔除弱苗、病苗和残苗。

改进栽培技术。创造适合于葱生长发育的条件，协调植株个体发育，增强抗病抗虫抗逆能力，加深土壤耕层，活化土壤，综合运用现有的农业措施，采用先进化学手段实施壮株抗虫抗病栽培，从而达到栽培防病、防虫的目的。

加强田间管理：合理施肥，重施基肥，增施磷钾肥，避免偏施氮肥，适当密植，合理灌溉，加强中耕，提高葱抗逆能力。同时，采用叶面喷肥，补施微肥，应用激素等措施，促进大葱稳健生长，协调养分供应，从而达到延迟病虫发生，躲避病虫侵害，减轻病虫危害的目的。

2. 化学防治

播种期土壤处理，苗畦整好后，在畦内 667 平方米撒 3% 甲基异柳磷颗粒剂 4 千克，药土混匀后浇水播种。用 80 亿单位地芽菌葱类专用种子包衣剂包衣，按药种比 1∶100 包衣，或种子消毒用 50℃温水浸种 15 分钟，或用 50% 多菌灵可湿性粉剂 300 倍液拌种后用播种。

苗期。防治葱蓟马、潜叶蝇：用斑潜菌毒二合一既治虫又治病，用菊酯类杀虫剂或用 0.5% 阿维菌素乳油 800～1 000 倍液均匀喷施，或用 1% 甲维盐乳油 1 000～1 500 倍液喷施，与 80% 敌敌畏乳剂 800 倍混合液，或用 50% 辛硫磷 1 000 倍与菊酯类 2 000 倍混配，每 5～7 天喷 1 次，连喷 4～5 次，每 667 平方米每次喷药 40～50 千克。防治葱蛆用 0.5% 阿维菌素乳油 800～1 000 倍液灌根。若有猝倒、根腐、干尖等病害，则采用 25% 络氨铜水剂（酸性有机铜）800 倍液喷匀为度，或用大葱克菌王或用 80 亿单位地衣芽孢杆菌水剂 800 倍液喷匀为度，64% 杀毒矾可湿性粉剂 400 倍或 70% 大生可湿性粉剂 300 倍液喷洒。

成株期。定植前葱沟内底 667 平方米施 3% 辛硫磷颗粒剂 4 千克，栽植前选用 90% 敌百虫 500 倍蘸根，防治地下害虫及蓟马、葱蛆。防治成株期病害：选用 20% 吗胍·硫酸铜水剂 1 000 倍液喷匀为度，或用辛菌胺又名5%菌毒清水剂1 000倍液喷匀为度，或用25%络氨铜水剂（酸性有机铜）800倍液喷匀为度，或用70%代森锰锌或代森锌可湿性粉剂350倍液，轮换交替使用，每5～7天1次，连喷2～3次，每次用药液50～60千克。一旦灰霉病严重发生则采用30%嘧霉．多菌灵悬浮剂800～1 000倍液均匀喷施，或用50%扑海因可湿性粉剂400倍或50%速克灵400倍液轮用。霜霉病则采用3%多抗霉素可湿性粉剂800倍液喷施，58%瑞梅毒锰锌400倍或72%克露500倍防治，紫斑、黑斑等病严重则采用用25%络氨铜水剂（酸性有机铜）500倍液喷匀为度，50%扑海因配70%大生混合喷治。防治叶部害虫用药同苗期，以5～7天1次为宜。

十九、大蒜病虫害防治

（一）大蒜真菌性病害

大蒜叶枯病、大蒜锈病、大蒜大煤斑病、大蒜灰叶斑病、大蒜紫斑病、大蒜灰霉病、大蒜疫病、大蒜叶疫病、大蒜白腐病、大蒜菌核病、大蒜干腐病、大蒜黑头病、大蒜贮藏期灰霉病和青霉病、大蒜贮藏期红腐病。

（二）大蒜细菌病害

大蒜细菌性软腐病。用25%络氨铜水剂（酸性有机铜）800倍液喷匀为度，或用72%硫酸链霉素水剂1 000～1 500倍液喷匀为度，或用20%叶枯唑可湿性粉剂（叶枯唑只能用在大葱大蒜韭菜上不能用在黄瓜番茄辣椒上易过敏）1 000倍液喷施。

（三）大蒜病毒性病害

大蒜花叶病毒病、大蒜褪绿条斑病毒病。用20%叶枯唑可湿性粉剂1 000倍液喷施，或用1.8%辛菌胺醋酸盐水剂1 000倍液喷匀为度，或用31%氮苷·吗啉胍可溶性粉剂800～1 000倍液均匀喷施。

（四）大蒜生理性病害

大蒜黄叶和干尖。用大蒜王中王或大蒜叶枯宁或大蒜黄叶病毒灵防治。或根据大蒜表现症状：若红点紫斑紫锈红纹加高能钾胶囊，若白点白斑加高能铜胶囊，若黄点黄斑加高能锰胶囊，若芯叶发皱发黄加高能锌胶囊，若根部发烂加高能硼胶囊，若蒜头黑斑黄斑加高能钙胶囊。

（五）大蒜虫害

为害大蒜的地下害虫有蝼蛄、蛴螬、金针虫、葱蝇、种蝇、韭蛆等，尤其以葱蝇、种蝇、韭蛆为重；叶部害虫以蓟马、蚜虫为重。

（六）大蒜病虫害综合防治

1. 农业防治

选用优良品种和脱毒蒜种，选用瓣大、无虫无病斑的蒜瓣作种用，并在播种前一天用20%吗胍·硫酸铜水剂1 000倍液或用80亿单位地衣芽苞杆菌水剂800倍液喷匀为度，或用50%扑海因1 500倍或50%速克灵可湿性粉剂1 500倍液浸种5小时，晾干待播。

增施有机肥，667平方米施5 000千克以上优质腐熟有机肥，并配施普钙50千克，硫酸钾15千克，尿素10千克，精细整地，同时，667平方米施3%辛硫磷颗粒剂2千克或2.5%虱螨灵可湿性粉剂3~4千克。

科学追肥，适时灌水。大蒜烂母期及时追5%原生汁冲施肥667平方米用1千克加尿素15千克冲施或撒施并浇水，667平方米追施腐熟饼肥200千克左右。花茎抽出前10~15天，及时追肥浇水，以667平方米施硫铵20~25千克为宜，连追2次。鳞茎膨大期用2.85%萘乙·硝钠水剂800~1 000倍液均匀喷施，并适当追肥15~20千克。

适时喷施微肥，高能锌，高能铁，高能锰，高能硼，高能铜，或生物激素用0.004%芸薹素内脂水剂800~1 000倍液喷匀为度，提高植株抗性。据试验，在大蒜9叶和12叶期各喷1次用2.85%萘乙·硝钠水剂800~1 000倍液均匀喷施，可提高大蒜产量25%；各喷1次叶面肥：维生素B植物液可分别提高产量22.6%利19.6%，并可显著减轻病青病的发生，提高植株抗逆能力。

2. 虫害防治

主要以葱蝇、种蝇、韭蛆为主，另有叶部蓟马、蚜虫等。4月中旬左右幼虫为害期用 5% 菊酯杀虫剂 1 000 倍液或 5.5% 阿维·菌毒二合一 667 平方米用 1~2 套喷施或灌根，杀死蛀入基秆组织内幼虫；成虫孵化盛期每隔 10 天喷 30% 敌氧菊酯 1 000 倍液，喷洒植株叶面及地表。植株周围土隙中的地上蓟马，根据发生情况和发生量采用 40% 菊马乳油 800 倍或 37.5% 氯马乳油 1 000 倍液进行喷杀，每 5~7 天 1 次。

3. 病虫害防治

主要以大蒜叶枯病和病毒病、锈病为主，洞察病害发生初期，采用复配用药，进行主治和兼治预防等措施，把病害控制在初发阶段。选用农药用 20% 叶枯唑可湿性粉剂 1 000 倍液喷施，用 80 亿单位地衣芽孢杆菌水剂 800 倍液喷匀为度，用 20% 吗胍·硫酸铜水剂 1 000 倍液喷匀为度，或用 50% 扑海因 800 倍液、50% 速克灵 1 000 倍液、70% 乙磷锰 500 倍液、75% 百菌清 800 倍液等药剂轮换复配应用。

二十、韭菜病虫害防治

韭菜也是一种生期较长的蔬菜，且地下虫害较重，也很顽固，目前生产中也易出现农药残留超标现象，也应放在突出位置加以解决。

（一）韭菜真菌性病害

韭菜茎枯病、韭菜锈病、韭菜黑斑病、韭菜灰霉病、韭菜疫病、韭菜白绢病、韭菜菌核病。

（二）韭菜细菌病害

韭菜软腐病用 25% 络氨铜水剂（酸性有机铜）800 倍液喷匀为度，或用 80 亿单位地衣芽孢杆菌水剂 800 倍液喷匀为度，或用 3% 多抗霉素水剂 1 000 倍液喷匀为度。

（三）韭菜病毒性病害

韭菜病毒病用 20% 吗胍·硫酸铜水剂 1 000 倍液喷匀为度，或用 0.5% 香菇多糖水剂 600 倍液均匀喷施。

（四）韭菜生理性病害

韭菜低温冷害、韭菜黄叶和干尖，根据症状用 1.8% 辛菌胺

（又名菌毒清）水剂 1 000 倍液配合若红斑红纹加高能钾胶囊，若白点白斑加高能铜胶囊，若黄点黄斑加高能锰胶囊，若芯叶发皱发黄弯钩加高能锌胶囊。若根部发烂加高能硼胶囊，若韭根黑烂黄斑加高能钙胶囊。

（五）韭菜虫害

为害韭菜的主要害虫有韭菜蛾和韭菜迟眼蕈蚊（韭蛆俗称黑头蛆）等。用菊酯类杀虫乳油常量加 50% 敌百虫 800 ~ 1 000 倍液均匀喷施，或用 1% 甲维盐乳油 1 000 ~ 1 500 倍液淋根喷施，严重时用 0.5% 阿维 50 克加上 50% 敌百虫 50 克对水 15 千克淋根。或用 70% 吡杀单 50 克对水 15 千克，效果显著。

（六）韭菜病虫害综合防治

1. 韭菜生理性病害防治

韭菜虽属耐寒蔬菜，遇过低的温度时，也会遭受冷害。当温度在 -4 ~ -2℃时，叶尖先变白而后枯黄，整个叶片垂萎，温度在 -7 ~ -6℃时，全部叶片变黄枯死。保护地韭菜在 -2 ~ 0℃时即可受冷害。韭菜低温冷害多发生于保护地栽培，防治措施，一是提高棚室温度，保持 15 ~ 20℃，防止冷空气侵袭。二是控制浇水量，保持土壤湿润。三是施足腐熟的有机肥，促进健壮生长并提高地温，防止冷害。四是喷施植物或植物防冻剂，或营养剂 VB 植物液，增加韭菜的耐寒能力。

韭菜黄叶和干尖主要有以下几种原因：一是长期大量施用粪肥或生理酸性肥料，导致土壤酸化而致韭菜叶片生长缓慢、细弱或外叶枯黄。二是保护地盖膜前大量施入氮肥加上土壤酸化严重，往往造成氨气积累和亚硝酸积累，分别导致先叶尖枯萎，后叶尖逐渐变褐变白枯死。三是当棚温高于 35℃持续时间较长时，也能导致叶尖变黄变白。四是连阴天骤晴或高温后冷空气侵入则叶尖枯黄。五是硼素过剩可使叶尖干枯；锰过剩可致嫩叶轻微黄化，外部叶片黄化枯死；缺硼引起中心叶黄化发烂，生理受阻；缺钙时心叶黄化根发黑，部分叶尖枯死；缺镁引起外部叶黄化枯死；缺锌中心叶变黄黄化发皱。六是土壤中水分不足常引起干尖。其防治措施是首先选用抗逆性强、吸肥力强品种，增施腐熟的有机肥，采用配方施肥技术，叶面喷施光合液肥、复合微肥等营养剂。其次，加强棚室管理，遇高温要及时放风、浇水，防止烧叶发生，遇低温则采取保护措施，防止寒流扑苗。

2. 韭菜病害防治

韭菜真菌性病害以灰霉病为主，特别是保护地生产更为普遍。防治措施，首先，要控温、降湿、适时通风，掌握相对湿度在75%以下。其次，注意清除病残体。韭菜收割后，及时清除病残体，将病叶、病株深埋或烧毁。最后，应用药剂防治。喷雾：在韭菜每次收割后，及时选用80亿单位地衣芽孢杆菌兑水500倍液均喷地面。发病初期可选用3%多抗霉素或50%速克灵或50%扑海因可湿性粉剂800倍液喷施，重点喷施叶片及周围土壤。

烟雾：棚室可用10%速克灵烟剂或10%百菌清烟剂，每667平方米250克分放6~8个点，用暗火点燃，熏蒸3~4小时。

粉尘：于傍晚喷散10%杀霉灵或5%百菌清粉尘剂，每667平方米每次1千克，9~10天1次。有软腐病发生时可加入72%农用硫酸链霉素可溶性粉剂3 000倍液，或用新植霉素3 000~4 000倍液，视病情7~10天1次，连防2~3次。有病毒病发生时，在初发期喷施5%菌毒清400倍液，或用0.5%抗毒剂1号300倍液或20%病毒A500倍液，连喷3~4次。

3. 韭菜虫害防治

韭蛆防治，首先采取农业措施。进行冬灌或春灌菜地可消灭部分幼虫，加入适量农药5.5%阿维.菌毒二合一667平方米用1~2套喷施或灌根，效果更佳。铲出韭根周围表土，晒土并晒根，降低韭根及周围湿度，经5~6天可干死幼虫。其次是药剂防治。在成虫羽化盛期，用30%菊马乳油2 000倍或2.5%溴氰菊酯2 000倍液喷雾，以9：00~10：00施药为佳。在幼虫为害盛期，如发现叶尖变黄变软并逐渐向地面倒伏时，用20%氯马乳油1 500倍或50%辛硫磷乳油500倍液进行灌根防治。防治韭菜蛾常用药剂有：用0.5%阿维菌素乳油800~1 000倍液均匀喷施或用1%甲维盐乳油

1 000～1 500倍液喷施。或用20％杀灭菊酯乳油2 000倍，2.5％敌杀死乳油2 000倍或2.5％功夫乳油2 000倍，也可用20％甲氰菊酯乳油2 000倍液。

二十一、葱头（又叫圆葱）病虫害防治

葱头病虫害与大葱病虫害种类相似，其防治措施参照大葱。这里只把葱头生理性病害防治简述如下。

（一）氮素缺乏与过剩

氮素不足，生长受到抑制，先从老叶开始黄化，严重时枯死，但根系活力正常。鳞茎膨大不良，造成鳞茎小而瘦，不能充分发挥其丰产潜力。氮素吸收过剩，叶色深绿，发育进程迟缓，叶部贪青晚熟，且极易染病。氮素过多则导致钙的吸收受阻，容易发生心腐和肌腐。5％原生汁冲施肥667平方米用1千克加尿素10千克冲施或加尿素15千克拌匀后撒施并叶喷高能钙胶囊。

（二）磷缺乏与过剩

磷素缺乏，导致株高降低，叶片减少，根系发育受阻，植株生长不良。磷素吸收过剩，则鳞茎外部鳞片会发生缺锌，内部鳞片发生缺钾，鳞茎盘会表现缺镁，则易发生肌腐、心腐和根腐。用高能钾，高能钙，高能镁胶囊各1粒加水15千克叶喷.

（三）缺乏钾

苗期缺钾，不表现出明显症状，但对鳞茎膨大会有影响，鳞茎肥大期缺钾，则已感染霜霉病，且降低葱头耐贮性。缺钾中后期，往往老叶的叶脉间发生白色到褐色的枯死斑点，很似霜霉病斑。用80亿单位地衣芽苞杆菌加水剂800倍液高能钾胶囊1粒，喷匀为度。

（四）缺钙与过剩症

钙吸收不足，则根部和生长点发育会受到影响，组织内部碳水化合物降低，新叶顶或中间产生较宽的不规则形黑斑或白枯斑，球茎发生心腐和肌腐发黑用高能钙。若钙吸收过量则会导致对其他微量元素的吸收减少，而引起其他元素缺乏。

（五）硼缺乏与过剩

缺硼则叶片扭曲，生长不良，畸形，失绿，嫩叶发生黄色和绿色镶嵌，质地变脆，叶鞘部发生梯形裂纹。鳞茎疏松，严重时发生心腐，根尖生育受阻，影响对其他元素正常吸收，硼过剩则自叶尖开始变白枯尖。用高能硼胶囊。

（六）缺铁缺镁症

缺铁则新叶叶脉间发黄，严重时则整个叶片变黄。缺镁则嫩叶尖端变黄，继而向基部扩展，以至枯死，中间叶叶脉间淡绿至黄色，用高能铁高能镁。

防治方法如下。

（1）增施腐肥有机肥。

（2）采用全面配方施肥，满足葱头对各种元素的需求。

（3）不能偏施重施某种大量或微量肥料，采用综合配施，平衡土壤养分。

（4）及时对症喷施微量元素肥料。

二十二、山药病虫害综合防治

山药是食用的佳蔬，又是常用的药材，是被人们公认的无公害蔬菜。栽培过程中常见的病害及防治技术如下。

（一）红斑病

（1）与小麦、玉米、甘薯、马铃薯、棉花、烟草、辣椒、胡萝卜、西瓜等不易被侵染的作物实行 3 年以上的轮作。

（2）用 0.1% ~ 0.3% TMK 浸带病栽子 24 小时，防病效果达 95% 以上；在重茬种植的情况下，播前每 667 平方米沟施 TMK 颗粒剂 2kg，防治效果达到 75% 以上。

（3）选无病田繁殖栽子，并配合轮作和施用无害肥料等综合措施。

（二）炭疽病

1. 农业防治

发病地块实行 2 年以上的轮作；收获后将留在田间的病残体集中烧毁，并深翻土壤，减少越冬菌源；采用高支架管理，改善田间小气候；加强田间管理，适时中耕除草，松土排渍；合理密植，改善通风透光，降低田间湿度；合理施肥，以腐熟的有机肥为主，适当增施磷钾肥，少施氮肥，培育壮苗，增强植株抗病性，氮肥过多会造成植株柔嫩，而易感病。

2. 栽子消毒

播种前用 50% 多菌灵可湿性粉剂 500～600 倍液浸种或把山药栽子蘸生石灰。

3. 药剂防治

出苗后，喷洒 1：1：50 的波尔多液预防，每 10 天 1 次，连喷 2～3 次。发病后用 58% 甲霜灵－锰锌可湿性粉剂 500 倍液，25% 雷多米尔可湿性粉剂 800～1 000 倍液喷洒，用 80% 炭疽福美可湿性粉剂 800 倍液，用 70% 甲基托布津可湿性粉剂 1 500 倍液，50% 扑海因 1 000～1 500 倍液，77% 可杀得 500～600 倍液，或用翠贝杀菌剂（具有预防、治疗和铲除作用）7 天 1 次，连喷 2～3 次，喷后遇雨及时补喷。

（三）褐斑病（又称灰斑病或褐斑落叶病）

（1）秋收后及时清洁田园，把病残体集中深埋或烧毁。

（2）雨季到来时喷洒 75% 百菌清可湿性粉剂 600 倍液或 50% 多菌灵可湿性粉剂 600 倍液或 50% 甲基硫菌灵·硫黄悬浮剂 800 倍液。

（四）叶斑病

1. 农业防治

合理密植，适当加大行距，改善田间的通风透光条件；保护地栽培要采用高畦定植，地膜覆盖，适时通风降温排湿，防止田间湿度过大；多施腐熟的有机肥，增施磷、钾肥，提高植株的抗病性；保持田间清洁，发病初期及时摘除病叶，拉秧时彻底清除病残体，集中烧毁，减少病原。

2. 药剂防治

突出"早"字，发病初期可用 1：1：200 波尔多液，或用 50% 的多菌灵可湿性粉剂 500 倍液，或用 50% 的甲基托布津可湿性粉剂 500 倍液，或用 75% 百菌清可湿性粉剂 600 倍液，或用 58% 的甲霜灵 – 猛锌可湿性粉剂 600 倍液交替喷雾，每隔 5 ~ 6 天喷 1 次，连喷 3 次。

（五）枯萎病（俗称死藤）

（1）选择无病的山药栽子作种。必要时，在栽种前用 70% 代森锰锌可湿性粉剂 1 000 倍液浸泡山药嘴子 10 ~ 20 毫米后下种。

（2）入窖前在山药嘴子的切口处涂 1∶50 石灰浆预防腐烂。

（3）施用酵素菌沤制的堆肥。

（4）药剂防治。6 月中旬开始用 70% 代森猛锌可湿性粉剂 600 倍液或 50% 杀菌王水溶性粉剂 1 000 倍液喷淋茎基部，隔 10 天喷 1 次，共防治 5 ~ 6 次。

（六）根茎腐症

（1）收获时彻底收集病残物及早烧毁。

（2）实行轮作，避免连作。

（3）药剂防治。发病初期用 75% 百菌清可湿性粉剂 600 倍液、53.8% 可杀得 2 000 干悬浮剂 1 000 倍液或 50% 福美双粉剂 500 ~ 600 倍液喷雾防治。隔 7 ~ 20 天喷 1 次，连续防治 2 ~ 3 次。

（七）褐腐病（腐败病）

（1）收获时彻底清除病残物，集中烧毁，并深翻晒土和薄膜密封进行土壤高温消毒，或实行轮作，可减轻病害发生。

（2）选用无病栽子做种，必要时把栽子切面阴干 20 ~ 25 天。

（3）药剂防治。发病初期喷洒 70% 甲基硫菌灵可湿性粉剂 1 000 倍液加 75% 百菌清可湿性粉剂 1 000 倍液，或用 50% 甲基硫菌灵·硫黄悬浮剂 800 倍液，隔 10 天喷 1 次，连续防治 2 ~ 3 次。

（八）黑斑病

防治方法：选用抗病品种和无病栽，建立远病繁殖田；与禾本科作物实行 3 年以上的轮作；及时清除田间病残株；播种前，栽子在阳光下晾晒后用 1∶1∶150 波尔多液浸种 10 分钟消毒；结合整地或挖土回填，在离地表 20 ~ 30 厘米处，每 667 平方米用 50% 辛硫磷乳油 500 克进行土壤消毒。

（九）斑枯病

防治方法：发病后用 58% 甲霜灵－锰锌可湿性粉剂 500 倍液或 25% 雷多米尔可湿性粉剂 800～1 000 倍液进行喷雾防治，或用 80% 炭疽福美可湿性粉剂 800 倍液、70% 甲基托布津可湿性粉剂 1 500 倍液、50% 扑海因可湿性粉剂 1 000～1 500 倍液、77% 可杀得微粒剂 500～600 倍液，7 天 1 次，连喷 2～3 次，喷后遇雨及时补喷。

（十）斑纹病（柱盘褐斑病、白涩病）

（1）实行轮作，避免连作。

（2）收获后及时清除病残体，集中深埋或烧毁，减少初次侵染。

（3）提倡施用酵素菌沤制的堆肥。

（4）从 6 月初开始喷洒 53.8% 可杀得 2 000 干悬浮剂 1 000 倍液，50% 福美双粉剂 500～600 倍液，或用 1∶1∶（200～300）倍的波尔多液，隔 7～10 天喷 1 次，连续防治 2～3 次。

（十一）根结线虫病

近年来，随着山药栽培面积的扩大，山药根结线虫病的发生蔓延逐渐加重，轻者减产 20%～30%，重者减产 70% 以上，并且商品品质明显下降。防治措施如下。

1. 植物检疫

在调运山药种时，要严格进行检疫，农户间在借用或购买山药种时应引起重视，不从病区引种，不用带病的山药种，选择健壮无病的山药作为繁殖材料，杜绝人为传播。

2. 合理轮作

有水源的地方实行水旱轮作，改种水稻 3～4 年后再种蔬菜。或与玉米、棉花进行轮作，能显著地减少土壤中线虫量，是一项简便易行的防治措施。

3. 诱杀防治，降低虫口密度

种植一些易感根结线虫的绿叶速生蔬菜，如小白菜、香菜、生菜、菠菜等，生长期 1 个月左右即可收获，此时根部布满根结，但对产量影响不大。收获时连根拔起，地上部可食用，将根部带出田外集中销毁，可减少土壤内的线虫量，是一种可行的防治方法。

4. 消除病残体，增施有机肥

将病残体植株带出田外，集中晒干、烧毁或深埋，并铲除田中的杂草如苋菜等，以减少下茬线虫数量。施用充分腐熟的有机肥作底肥，保证山药生长过程中良好的水肥供应，使其生长健壮。

5. 种子处理

对作为留种用的山药栽子或山药段，伤口处（即截面）要立即用石灰粉沾一下，从而起到消毒灭菌的作用。接着将预留的山药种在太阳光下晾晒，每天翻动 2 ~ 3 次，以促进伤口愈合，形成愈伤组织，增强种子的抗病性和发芽势。

6. 化学防治

在山药下种之前，每 667 平方米用 3% 的米乐尔颗粒剂 3 ~ 5 千克，或用 10% 克线磷颗粒剂 1.5 千克掺细土 30 千克撒施于种植沟内，用抓钩搂一下，深度 10 厘米左右，与土壤掺匀，然后进行开沟、下种。

7. 生物防治

用生物农药北农爱福丁乳油防治根结线虫病。其用法是：定植前每 667 平方米用 1.8% 北农爱福丁乳油 450 ~ 500 毫升拌 20 ~ 25 千克细沙土，均匀撒施地表，然后深耕 10 厘米，防治可达 90% 以上，持效期 60 天左右，或用阿维菌素防治。

第四节　当前农作物病虫草害防治中存在的问题及对策

当前，农业生产已逐步步入现代农业时代，农作物生产由单纯追求产量、效益型逐步转向"高产、优质、高效、生态、安全"并重发展的新阶段。农作物病虫草害防治作为一项重要的保障措施，其内容、任务也发生了新变化。因此，要树立"公共植保，绿色植保"的理念，既要有效地控制病虫草害的发生为害，保证农产品的产量安全，又要有效控制化学农药对生态环境及农产品的污染，保证农产品的质量和环境安全。病虫草害的发生往往不是单一的，常常是多种病虫草害同时发生，在一定时间地点内，有时次要病虫草害会成为主要为害因素，而主要病虫草害则成为次要为害因素，目前，在农作物病虫草害防治工作中还存在一些问题，需要坚持一些原则和采取一些措施。

一、农作物病虫草害防治工作中存在的主要问题

（一）病虫草害发生为害不断加重

农作物病虫草害因生产水平的提高、作物种植结构调整、耕作制度的变化、品种抗性的差异、气候条件异常等综合因素影响，病虫草害发生危害越来越重，病虫草害发生总体趋势表现为发生种类增多、频率加快、区域扩大、时间延长、程度趋重；同时，新的病虫草害不断侵入和一些次要病虫草害逐渐演变为主要病虫草害，增加了防治难度和防治成本。例如，随着日光温室蔬菜面积的不断扩大，连年重茬种植，辣椒根腐病、蔬菜根结线虫病、斑潜蝇、白粉虱等次要病虫害上升为主要病虫害，而且周年发生，给防治带来了困难。

（二）病虫草害综防意识不强

目前，大部分地区小户经营，生产规模较小，在农作物病虫草害防治上存在"应急防治为重、化学防治为主"的问题，不能充分从整个生态系统去考虑，而是单一进行某虫、某病的防治，不能统筹考虑各种病虫草害防治及栽培管理的作用，防治方法也主要依赖化学防治，农业、物理、生物、生态等综合防治措施还没有被农民完全采纳，甚至有的农民对先进的防治技术更是一无所知。即使在化学防治过程中，也存在着药剂选择不当、用药剂量不准、用药不及时、用药方法不正确、见病、见虫就用药、甚至有人认为用药浓度越大越好等问题。造成了费工、费药、污染重、有害生物抗药性强，对作物为害严重的后果。

（三）忽视病虫草害的预防工作，重治轻防

生产中常常忽略栽培措施及经常性管理中的防治措施，如合理密植、配方施肥、合理灌溉、清洁田园等常规性防治措施，而是在

病虫大发生时才去进行防治，往往造成事倍功半的效果，且大量的用药会使病虫产生抗药性。同时，也造成了环境污染。

（四）重视化学防治，忽视其他防治措施

当前的病虫草害防治，以化学农药控制病虫及挽回经济损失能力最大而广受群众称赞，但长期依靠某一有效农药防治某些病虫或草，只简单地重复用药，会使病虫产生抗性，防治效果也就降低。这样，一个优秀的杀虫剂或杀菌剂或除草剂，投入到生产中去不到几年效果就锐减。故此，化学防治必须结合其他防治进行，化学防治应在其他防治措施的基础上，作为第二性的防治措施。

（五）乱用农药和施用剧毒农药

一方面，在病虫防治上盲目加大用药量，一些农户为快速控制病虫发生，将用药量扩大 1～2 倍，甚至更大，这样造成了农药在产品上的大量积累，也促进了病虫抗性的产生。另一方面，当病虫害发生时，乱用乱配农药，有时错过了病虫防治适期，造成了不应有的损失，更有违反农药安全施用规定，大剂量将一些剧毒农药在大葱、花生等作物上施用，既污染蔬菜和环境，又极易造成人畜中毒，更不符合无公害蔬菜生产要求。

（六）忽视了次要病虫害的防治

长期单一用药，虽控制了某一病虫草害的发生，同时，使一些次要病虫草害上升为主要病虫草害，例如，目前一些地方在大葱上发生的灯蛾类幼虫、甜菜夜蛾、甘蓝夜蛾、棉铃虫等虫害及大葱疫病、灰霉病、黑斑病等病害均使部分地块造成巨大损失。又如，目前联合机收后有大量的麦秸麦糠留在田间，种植夏玉米后，容易造成玉米苗期二点委夜蛾大发生，对玉米为害较大。

（七）农药市场不规范

农药是控制农作物重大病虫草为害，保障农业丰收的重要生产资料，农药又是一种有毒物质，如果管理不严、使用不当，就可能对农作物产生药害，甚至污染环境，为害人畜健康和生命安全。目前，农药经营市场主要存在以下问题：一是无证经营农药。个别农药经营户法制意识淡薄，对农药执法认识不足，办证意识不强，经营规模较小，采取无证"游击"经营。尤其近几年不少外地经营者打着"农科院、农业大学、高科技、农药经营厂家"的幌子直接向农药经营门市推销农药或把农药送到田间地头。二是农药产品质量不容乐观。农药产品普遍存在着"一药多名、老药新名"及假、冒、伪、劣、过期农药、标签不规范农药的问题，甚至有些农药经营户乱混乱配、误导用药，导致防治效果不佳，直接损害农民的经济利益。三是销售和使用国家禁用和限用农药品种的现象还时有发生。

（八）施药防治技术落后

一是农药经营人员素质偏低，对农药使用、病虫害发生不清楚，不能从病虫害发生的每一关键环节入手，指导防治问题，习惯于头痛治头，脚痛医脚的简单方法防治，致使防治质量不高，防治效果不理想。二是农民的施药器械落后。农民为了省钱，在生产中大多使用落后的施药器械，其结构型号、技术性能、制造工艺都很落后，"跑、冒、滴、漏"严重，导致雾滴大，雾化质量差，很难达到理想的防治效果。

二、病虫草害综合防治的基本原则

病虫草害防治的出路在于综合防治，防治的指导思想核心应是压缩病虫草害所造成的经济损失，并不是完全消灭病虫草害原，所以，采取的措施应对生产、社会和环境乃至整个生态系统都是有益的。

（一）坚持病虫草害防治与栽培管理有机结合的原则

作物的种植是为了追求高产、优质、低成本，从而达到高效益。首先应考虑选用高产优质品种和优良的耕作制度栽培管理措施来实现；再结合具体实际的病虫草害综合防治措施，摆正高产优质、低成本与病虫草害防治的关系。若病虫草害严重影响作物优质高产，则栽培措施要服从病虫草害防治措施。同样，病虫草害防治的目的也是优质高产，只有两者有机结合，即把病虫草害防治措施寓于优质高产栽培措施之中，病虫草害防治要照顾优质高产，才能使优质高产下的栽培措施，得到积极的执行。

（二）坚持各种措施协调进行和综合应用的原则

利用生产中各项高产栽培管理措施来控制病虫草害的发生，是最基本的防治措施，也是最经济最有效的防治措施，如轮作、配方施肥、肥水管理、田间清洁等。合理选用抗病品种是病虫害防治的关键，在优质高产的基础上，选用如优良品种，并配以合理的栽培措施，就能控制或减轻某种病虫害的危害。生物防治即直接或间接地利用自然控制因素，是病虫草害防治的中心。在具体实践中，要协调好化学用药与有益生物间的矛盾，保护有效生物在生态系统中的平衡作用，以便在尽量少地杀伤有益生物的情况下去控制病虫草害，并提供良好的有益生态环境，以控制害虫和保护侵染点，抑制病菌侵入。在病虫草害防治中，化学防治只是一种补救措施，也就是运用了其他防治方法之后，病虫草害的为害程度仍在防治水平标准以上，利用其他措施也功效甚微时，就应及时采用化学药剂控制病虫草害的流行，以发挥化学药剂的高效、快速、简便又可大面积使用的特点，特别是在病虫草害即将要大流行时，也只有化学药剂才能担当起控制病虫害的重任。

（三）坚持预防为主，综合防治的原则

要把预防病虫草害的发生措施放在综合防治的首位，控制病虫草害在发生之前或发生初期，而不是待病虫草害发生之后才去防治。必须把预防工作放在首位，否则，病虫草害防治就处于被动地位。

（四）坚持综合效益第一的原则

病虫草害的防治目的是保质、保产，而不是绝灭病虫生物，实际上也无法灭绝。故此，需化学防治的一定要进行防治，一定要从经济效益即防治后能否提高产量增加收入，是否危及生态环境、人畜安全等综合效益出发，去进行综合防治。

（五）坚持病虫草害系统防治原则

病虫草害存在于田间生态系统内，有一定的组成条件和因素。在防治上就应通过某一种病虫或某几种病虫的发生发展进行系统性的防治，而不是孤立地考虑某一阶段或某一两种病虫去进行防治。

其防治措施也要贯穿到整个田间生产管理的全过程，绝不能在病虫害发生后，才考虑进行病虫草害的防治。

三、病虫草害防治工作中需要采取的对策

（一）抓好重大病虫草害的监测，提高预警水平

要以农业部建设有害生物预警与控制区域站项目为契机，配备先进仪器设备，提高监测水平，增强对主要病虫害的预警能力，确保预报准确。并加强与广电、通信等部门的联系与合作，开展电视、信息网络预报工作，使病虫草害预报工作逐步可视化、网络化，提高病虫草害发生信息的传递速度和病虫草害测报的覆盖面，以增强病虫草害的有效控制能力。

（二）提高病虫草害综合防治能力

一是要增强国家公益性植保技术服务手段，以科技直通车、农技110、12316等技术服务热线电话、科技特派员、电视技术讲座等形式加强对农民技术指导和服务。二是建立和完善县、乡、村和各种社会力量（如龙头企业、中介组织等）参与的植保技术服务网络，扩大对农民的服务范围。三是加快病虫害综合防治技术的推广和普及，提高农民对农作物病虫草害防治能力，确保防治效果。

（三）加强技术培训，提高农技人员和农民的科技素质

一是加强农业技术人员的培训，以提高他们的病虫综合防治的技术指导能力。二是加强职业农民的培训。以办培训班、现场会、田间学校及"新型农民培训工程"项目的实施这个平台等多种形式广泛开展技术培训，指导农民科学防治，提高他们的病虫害综合防治素质，并指导农民按照《农药安全使用规定》和《农药合理使用准则》等有关规定合理使用农药，从根本上改变农民传统的施药理念，全面提高农民的施药水平。三是要特别加强对植保服务组织的培训，使之先进的防治技术能及时应用到生产中去，以较低的成本，发挥最大的效益。

（四）加强农药市场管理，确保农民用上放心药

一是加强岗前培训，规范经营行为。为了切实规范农药经营市场，凡从事农药经营的单位必须经农药管理部门进行经营资格审

查，对审查合格的要进行岗前培训，经培训合格后方能持证上岗经营农药。通过岗前培训学习农药法律、法规，普及农药、植保知识，大力推广新农药、新技术，对农作物病虫草害进行正确诊断，对症开方卖药，以科学的方法指导农民进行用药防治。二是加大农药监管力度。农药市场假冒伪劣农药、国家禁用、限用农药屡禁不止的重要原因是没有堵死"源头"，因此，加强农药市场监督管理，严把农药流通的各个关口，确保广大农民用上放心药。

（五）大力推广无公害农产品生产技术

近几年全国各地在无公害农产品的管理及技术推广上取得了显著成效。在此基础上，要进一步加大无公害农产品生产技术的推广力度，重点推广农业防治、物理防治、生物防治、生态控制等综合措施，合理使用化学农药，提倡生物、植物源农药确保创建无公害农产品生产基地示范县成果，保证向市场提供安全放心的农产品。

（六）加大病虫草害综合防治技术的引进、试验、示范力度

按照引进、试验、示范、推广的原则，加大植保新技术、新药剂的引进、试验、示范力度，及时向广大农民提供看得见、摸得着的技术成果，使病虫综合防治新技术推广成为农民的自觉行动；同时，建立各种技术综合应用的试验示范基地，使其成为各种综合技术的组装车间，农民学习新技术的田间学校，优质、高产、高效、安全、生态农业的示范园区。

四、农作物病虫草害绿色防控技术

农作物病虫草害绿色防控技术其内涵就是按照"绿色植保"理念，采用农业防治、物理防治、生物防治、生态调控以及科学、合理、安全使用农药的技术，达到有效控制农作物病虫害，确保农作物生产安全、农产品质量安全和农业生态环境安全。

控制有害生物发生为害的途径有以下3个：一是消灭或抑制其发生与蔓延；二是提高寄主植物的抵抗能力；三是控制或改造环境条件，使之有利于寄主植物而不利于有害生物。具体防控技术如下。

（一）严格检疫防止检疫性病害传入

（二）种植抗病品种

选择适合当地生产的高产、抗病虫害、抗逆性强的优良品种，这是防病虫增产，提高经济效益的最有效方法。

（三）采用农业措施，实施健身栽培技术

通过非化学药剂种子处理，培育壮苗，加强栽培管理，中耕除草，秋季深翻晒土，清洁田园，轮作倒茬、间作套种等一系列农业措施，创造不利于病虫发生发展的环境条件，从根本上控制病虫的发生和发展，起到防治病虫害的作用。具体措施如下。

（1）实行轮作倒茬。

（2）合理间作。如辣椒与玉米间作。

（3）田间清洁。病虫组织残体从田间清除。

（4）适时播种。

（5）起垄栽培。

（6）合理密植。

（7）平衡施肥。增施腐熟好的有机肥，配合施用磷钾肥，控制氮肥的施用量。

（8）合理灌水。

（9）带药定植。

（10）嫁接防病。

（11）保护地栽培合理放风，通风口设置细纱网。

（12）合理修剪、做好支架、吊蔓和整枝打杈。

（13）果树主干涂白，用水 10 份、生石灰 3 份、食盐 0.5 份、硫黄粉 0.5 份。

（14）地面覆草。

（四）物理措施

应尽量利用灯光诱杀、色彩诱杀、性诱剂诱杀、机械捕捉害虫等物理措施。

（1）色板诱杀。黄板诱杀蚜虫和粉虱；蓝板诱杀蓟马。

（2）防虫网阻隔保护技术。在通风口设置或育苗床覆盖防虫网。

（3）果实套袋保护。

（五）适时利用生态防控技术

在保护地栽培中及时调节棚室内温湿度、光照、空气等，创造有利于作物生长，不利于病虫害发生的条件。一是"五改一增加"，即改有滴膜为无滴膜；改棚内露地为地膜全覆盖种植；改平畦栽培为高垄栽培；改明水灌溉为膜下暗灌；改大棚中部通风为棚脊高处通风；增加棚前沿防水沟。二是冬季灌水，掌握"三不浇三浇三控"技术，即阴天不浇晴天浇；下午不浇上午浇；明水不浇暗水浇；苗期控制浇水；连续阴天控制浇水；低温控制浇水。

（六）充分利用微生物防控技术

天敌释放与保护利用技术：保护利用瓢虫、食蚜蝇：控制蚜虫；捕食螨：控制叶螨，防效 75% 以上；丽蚜小蜂：控制蚜虫、粉虱；花绒坚甲、啮小蜂：控制天牛；赤眼蜂：控制玉米螟，防效70% 等。

（七）微生物制剂利用技术

尽可能选微生物农药制剂。微生物农药既能防病治虫，又不污染环境和毒害人畜，且对于天敌安全，对害虫不产生抗药性。如枯草芽孢杆菌防治枯萎病、纹枯病；哈茨木真菌防治白粉、霜霉、枯萎病等；寡雄腐霉防治白粉、灰霉、霜霉、疫病等；核多角体病毒防治夜蛾、菜青虫、棉铃虫等；苏云金杆菌防治棉铃虫、水稻螟虫、玉米螟等；绿僵菌防治金龟子、蝗虫等；白僵菌防治玉米螟等；淡紫拟青霉防治线虫等；厚垣轮枝菌防治线虫等。还有中等毒性以下的植物源杀虫剂、拒避剂和增效剂。特异性昆虫生长调节剂也是一种很好的选择，它的杀虫机理是抑制昆虫生长发育，使之不能脱皮繁殖，对人畜毒性度极低。以上这几类化学农药，对病虫害均有很好的防治效果。

（八）抗生素利用技术

（1）宁南霉素。防治病毒病。

（2）申嗪霉素。防治枯萎病。

（3）多抗霉素。防治枯萎病、白粉病、稻纹枯、灰霉病、斑点落叶病。

（4）甲氨基阿维菌素苯甲酸盐。防治叶螨、线虫。

（5）链霉素。防治细菌病害。

（6）宁南霉素、嘧肽霉素。防治病毒病。

（7）春雷霉素。防治稻瘟病。

（8）井冈霉素。防治水稻纹枯。

（九）植物源农药、生物农药应用技术

（1）印楝素。防治线虫。

（2）辛菌胺。防治稻瘟病、病毒病、棉花枯萎病，拌种喷施均可并安全高效。

（3）地衣芽孢杆菌拌种包衣。防治小麦全蚀病、玉米粗缩病、水稻黑条矮缩病等，安全持效。

（4）香菇多糖，防治烟草、番茄、辣椒病毒病，安全高效。

（5）晒种、温汤浸种、播种前将种子晒 2~3 天。

（6）太阳能土壤消毒技术。采用翻耕土壤，撒施石灰氮、秸秆，覆膜进行土壤消毒，防控枯萎病、根腐病、根结线虫病

（十）植物免疫诱抗技术

如寡聚糖、超敏蛋白等诱抗剂。

（十一）科学使用化学农药技术

在其他措施无法控制病虫害发生发展的时候，就要考虑使用有效的化学农药来防治病虫害。使用的时候要遵循以下原则：一是科学使用化学农药。选择无公害蔬菜生产允许限量使用的，高效、低毒、低残留的化学农药。二是对症下药。在充分了解农药性能和使用方法的基础上，确定并掌握最佳防治时期，做到适时用药。同时，要注意不同物种类、品种和生育阶段的耐药性差异，应根据农药毒性及病虫草害的发生情况，结合气候、苗情，选择农药的种类和剂型，严格掌握用药量和配制浓度，只要把病虫害控制在经济损害水平以下即可，防止出现药害或伤害天敌。提倡不同类型、种类的农药合理交替和轮换使用，可提高药剂利用率，减少用药次数，防止病虫产生抗药性，从而降低用药量，减轻环境污染。三是合理

混配药剂。采用混合用药方法，能达到一次施药控制多种病虫危害的目的，但农药混配时要以保持原药有效成分或有增效作用，不产生剧毒并具有良好的物理性状为前提。

1. 农药科学使用技术

（1）选择适宜农药、种类与剂型。

（2）适时施用农药。

（3）适量用药。

（4）选择合适的施药方法，提倡种苗处理、苗床用药。

（5）轮换使用农药。

（6）合理混配农药。

（7）安全使用农药。严禁使用高毒、高残留农药品种。国家2015 年 4 月 25 日已经出台了新规定，严重使用高毒剧毒农药将被行政拘留。

（8）确保农药使用安全间隔期。

2. 目前防治农作物主要病害高效低毒药剂

（1）锈病、白粉病。稀唑醇、戊唑醇、丙环唑、腈菌唑。

（2）黑粉病。锈病药剂用多抗霉素 B 或地衣芽孢杆菌拌种或包衣兼治根腐、茎基腐。

（3）小麦赤霉病。扬花期喷咪鲜胺、酸式络氨铜、氰烯菌酯、多菌灵。

（4）小麦全蚀病。全蚀净、地衣芽孢杆菌、适乐时、立克锈。

（5）小麦纹枯病。烯唑醇、腈菌唑、氯啶菌酯、丙环唑。

（6）稻瘟病。辛菌胺醋酸盐、井冈·多菌灵、三环唑、枯草芽孢杆菌。水稻属喜硼喜锌作物，全国 90% 的土地都缺锌缺硼。以上药物加上高能锌高能硼既增强免疫力又增产改善品质。

（7）水稻纹枯病。络氨铜、噻呋酰胺、己唑醇。

（8）稻曲病。井·蜡质芽孢杆菌、氟环唑、酸式络氨铜。

（9）甘薯、马铃薯、麻山药、铁棍山药、白术等，黑斑、糊头黑烂、疫病。用马铃薯病菌绝或吗胍·硫酸铜加高能钙。既治病治本，又增产提高品质。

（10）苗期病害及根部病害。嘧菌酯、恶霉·甲霜灵、烂根死苗用农抗 120 或吗胍·铜加高能锌。既治病治本，又增产提高品质。

（11）炭疽病、褐斑黄斑病。咪鲜胺、腈苯唑、苯甲·醚菌酯、辛菌胺、络氨铜。以上药物加上高能锰高能钼，既能打通维管束又能高产彻治病治本，提高品质。

（12）灰霉病、叶霉病。嘧霉胺、嘧菌环胺、烟酰胺、啶菌恶唑、啶酰菌胺、多抗霉素、农用链霉素、百菌清。

（13）叶斑病、白绢病、白疫病。辛菌胺醋酸盐、络氨铜、苯醚甲环唑、嘧菌·百菌清、喷克、烯酰吗啉、肟菌酯。以上药物加上高能铜高能锌，因以上病多伴随缺铜离子锌离子。既能治病治本，又能增产提高品质。

（14）枯黄萎病、萎枯病、蔓枯病。咪鲜胺、地衣芽孢杆菌、多·霉威、多菌灵、适乐时、辛菌胺醋酸盐。以上药物加上高能钾高能钼，既能打通维管束，又能增产和预防该病，且改善品质。因以上病多伴随缺钾缺钼离子。

（15）菌核病。啶酰菌胺、氯啶菌酯、咪鲜胺、菌核净、络氨铜、硫酸链霉素。

（16）霜霉病、疫霉病。烯酰吗啉、氟菌·霜霉威、吡唑醚菌酯、氰霜唑、烯酰·吡唑酯、多抗霉素 B、碳酸氢钠水溶液。

（17）广谱病毒病、水稻黑条矮缩病毒、玉米粗缩病毒病、瓜菜银叶病毒病。吗胍·硫酸铜、香菇多糖、菇类多糖·钼、辛菌胺。

（18）果树腐烂病。酸式络氨铜、多抗霉素、施纳宁、3% 抑霉唑、甲硫·萘乙酸、辛菌胺。凡细菌病害大多易腐烂，水渍，软腐，易造成缺硼缺钙症，以上药物加上钙和硼，既能彻底治病又能增产。

（19）苹果烂果病。多抗霉素 B 加高能钙、酸式络氨铜加高能硼。

（20）果树根腐病。噻呋酰胺、吗胍·硫酸铜、井冈·多菌灵。以上药物加上高能钼，既能打通维管束又能高产，彻底治疗和预防根腐、秆枯、枝枯。

（21）草莓根腐病。地衣芽孢杆菌、辛菌胺、苯醚甲环唑。以上药物加上高能钼，既能打通维管束又能高产，彻底治疗和预防根腐、蔓枯、茎枯。

（22）细菌病害。辛菌胺、喹啉铜、噻菌铜、可杀得（氢氧化铜）、氧化亚铜（靠山）、链霉素、新植霉素、中生菌素、春雷霉素。凡细菌病害大多易腐烂，水渍，软腐，易造成缺硼缺钙症，以上药物加上钙和硼，既能彻底治病又能增产。

（23）线虫病害。甲基碘（碘甲烷）、氧硫化碳、硫酰氟（土壤熏蒸）、福气多、毒死蜱、米乐尔、甲氨基阿维菌素苯甲酸盐、敌百虫、吡虫·辛硫磷、辛硫磷微胶囊、三唑磷微胶囊剂、丁硫克百威、苦皮藤乳油、印楝素乳油、苦参碱。以上药物加上高能铜，铜离子对对微生物类害虫有抑制着床作用，且能补充微量铜元素，并有增产效果。

（24）病毒病害。嘧肽霉素、宁南霉素、三氮唑核苷、葡聚烯糖、菇类蛋白多糖、吗胍·硫酸铜、吗啉胍·乙酸铜、氨基寡糖素。以上药物加上高能锌，既治病快又能高产，因为，作物缺乏锌元素也易得病毒病。

第六章 耕地轮作休耕制度与实用技术

中国传统农业注意节约资源，并最大限度地保护环境，通过精耕细作提高单位面积产量；通过种植绿肥植物还田、粪便和废弃有机物还田保护土壤肥力；利用选择法培育和保存优良品种；利用河流、池塘和井进行灌溉；利用人力和蓄力耕作；利用栽培措施、生物、物理的方法和天然物质防治病虫害。因此，中国早期的传统农业既是生态农业，又是有机农业。但是，经过长期发展，我国耕地开发利用强度过大，一些地方地力严重透支，水土流失、地下水严重超采、土壤退化、面源污染加重已成为制约农业可持续发展的突出矛盾。当前，国内粮食库存增加较多，仓储补贴负担较重。同时，国际市场粮食价格走低，国内外市场粮价倒挂明显。利用现阶段国内外市场粮食供给宽裕的时机，在部分地区实行耕地轮作休耕，既有利于耕地休养生息和农业可持续发展，又有利于平衡粮食供求矛盾、稳定农民收入、减轻财政压力。在《中共中央关于制定国民经济和社会发展第十三个五年规划的建议》的说明中提出"关于探索实行耕地轮作休耕制度试点"的建议。下面对耕地轮作休耕制度，进行分析研究。

第一节 实行轮作休耕制度的意义

实行耕地轮作休耕制度，对保障国家粮食安全，实现"藏粮于地""藏粮于技"，保证农业可持续发展具有重要意义。近年来，我国粮食产量"十一连增"，农民收入增长"十一连快"。然而在粮食连年增产的同时，我国也面临着资源环境的多重挑战，我国用全球8%的耕地生产了全球21%的粮食，但同时化肥消耗量占全球

35%，粮食生产带来的水土流失、地下水严重超采、土壤退化、面源污染加重已成为制约农业可持续发展的突出矛盾。

中国农业科学院农经所教授秦富指出，科学推进耕地休耕顺应自然规律，可以实现藏粮于地，也是践行绿色、可持续发展理念的重要举措，对推进农业结构调整具有重要意义。与此同时，国际粮价持续走低，国内粮价居高不下，粮价倒挂使得国内粮食仓储日益吃紧，粮食收储财政压力增大。"这种情况也表明，适时提出耕地轮作休耕制度时机已经成熟"。

中国社科院农村发展研究所研究员李国祥分析指出，耕地休耕不仅可以保护耕地资源，确保潜在农产品生产能力，同时利用现阶段国内外市场粮食供给宽裕的时机，在部分地区实行耕地轮作休耕，也有利于平衡粮食供求矛盾、稳定农民收入、减轻财政压力。轮作休耕将对农业可持续发展，对于促进传统农业向现代农业转变，建设资源节约型、环境友好型社会都具有重要意义。

农业部小麦专家指导组副组长、河南农业大学教授郭天财分析指出，目前我国大部分地区粮食生产一年两熟，南方多地一年三熟，土地长期高负荷运转，土壤得不到休养生息，影响了粮食持续稳产高产。

所以，在国际市场粮食价格走低，国内外市场粮价倒挂明显，国内外市场粮食供给宽裕的有利时机，在部分地区实行耕地轮作休耕，既有利于耕地休养生息和农业可持续发展，又有利于平衡粮食供求矛盾、稳定农民收入、减轻财政压力。

第二节　实行轮作休耕应注意的问题

一、轮作休耕要试点先行，科学统筹审批和监督

耕地轮作休耕是一项系统工程、长期工程，需要制定出一系列严格的配套措施，应创新好模式，试点先行，科学统筹推进，实行审批和监督制度，才能保证其顺利实施。

（一）把好审批关

对哪些耕地实行轮作，哪些耕地实行休耕，要制订科学的轮作

休耕计划，明确休耕面积与规模。决定对哪些耕地实行轮作休耕时，要坚持产能为本、保育优先、保障安全的原则。对那些连年种植同一品种粮食的耕地，进行全面统计，用科学的测量方法和评估方法进行分类，需要进行轮作的，则实行轮作。应将长期种植水田作物（或旱田作物）的耕地改种其他作物，尽量实行水旱轮作。而对于那些处于地下水漏斗区、重金属污染区、生态严重退化地区的耕地，则要执行休耕制度，让这些耕地休养生息，实现农业可持续发展。

（二）把好监督关

休耕的目的是让耕地得到滋养，提高耕地的肥力，这就要求对休耕的土地进行有效的管理和监督，在休耕的土地上种植绿肥植物，培肥地力；在地力较差的地区采用秸秆还田办法，让土地形成有机肥，促进土壤有机质的改善，坚决杜绝将休耕的耕地大面积抛荒的现象。同时，在适合轮作的耕地上实行科学的轮作方式，保证在耕地轮作休耕期间能达到应有的目的。

（三）搞好耕地轮作休耕补偿

对确定轮作休耕的土地，要与农民签订好休耕协议，对休耕农民给予必要的粮食或现金补助，让休耕农民吃上定心丸。一方面，要利用科学手段，对确定休耕的耕地实行动态性管理，防止出现不问地力如何，将一些不具备休耕条件的耕地列入休耕范围，造成耕地的大面积抛荒；另一方面，也要防止一些农民处于个人利益，不让自己承包的土地实行休耕。总之，要保证那些确定为休耕的耕地在急用之时能够产得出、用得上。

二、轮作休耕要避免"非农化"倾向

当前，耕地轮作休耕应如何试点推进，休耕是否意味着土地可以"非农化"？对于这一问题，在《关于〈中共中央关于制定国民经济和社会发展第十三个五年规划的建议〉的说明》中明确指出，"开展这项试点，要以保障国家粮食安全和不影响农民收入为前提，休耕不能减少耕地、搞非农化、削弱农业综合生产能力，确保急用之时粮食能够产得出、供得上"。同时，要加快推动农业走出去，增加国内农产品供给。耕地轮作休耕情况复杂，要先探索进行试点。

"休耕一定要避免非农化倾向，这是由我国基本国情和国内国际环境决定的"。我国人多地少的国情决定了我国粮食供需将长期处于"紧平衡"状态。我国也是一个资源禀赋相对不足的国家，随着人口增加、人民生活水平提高、城镇化加快推进，粮食需求将继续刚性增长，"紧平衡"将是我国粮食安全的长期态势；而从国际上看，受油价上涨、气候变暖、粮食能源化等因素影响，全球粮食供给在较长时间内仍将处于偏紧状态。

"休耕不是非农化，更不能让土地荒芜，可以在休耕土地上种植绿色植物，培肥土地，而在东北地区则可以采用秸秆还田办法，利用粉碎、深埋等技术形成有机肥，促进土壤有机质的改善提高"。同时，轮作休耕离不开科技支撑。从科技角度讲，采取耕地轮作制度可以减轻单一物种种植带来的土壤污染和资源消耗等问题，对于解决南方部分土壤重金属污染具有重要作用，可以在未来试点中逐步推进。

三、轮作休耕应科学统筹推进

在大力发展现代农业的同时，实施轮作休耕制度，在我国仍是一个新生事物，未来如何科学推进成为值得关注的问题。这一制度可以在哪些区域先行推进？对此，在《关于〈中共中央关于制定国民经济和社会发展第十三个五年规划的建议〉的说明》中明确指出，"实行耕地轮作休耕制度，国家可以根据财力和粮食供求状况，重点在地下水漏斗区、重金属污染区、生态严重退化地区开展试点，安排一定面积的耕地用于休耕，对休耕农民给予必要的粮食或现金补助"。

"轮作休耕制度要与提高农民收入挂钩，这离不开政策支持和补贴制度。科学制定休耕补贴政策，不仅有利于增加农民收入，还可促进我国农业补贴政策从'黄箱'转为'绿箱'，从而更好地符合 WTO 规定"。现阶段实施轮作休耕制度必须考虑中国国情，大面积盲目休耕不可取，而是要选择生态条件较差、地力严重受损的地块和区域先行，统筹规划，有步骤推进，把轮作休耕与农业长远发展布局相结合。也可制订科学休耕计划，明确各地休耕面积和规模，与农民签订休耕协议或形成约定，还可探索把休耕政策与粮食收储政策挂钩，统筹考虑，从而推进休耕制度试点顺利推进。

第三节　轮作休耕实用技术

在我国人均耕地资源相对短缺的现实情况下，实行轮作休耕制度，不可能像我国过去原始农业时期那样大面积闲置休耕轮作，也不可能像现在一些发达国家那样大面积闲置休耕轮作，当前我国实行轮作休耕制度，应积极科学地种植绿肥植物，既能达到休耕的目的，又可有效地减少化肥的施用量、提高地力、保持生态农业环境，一举多得。

种植绿肥植物是重要的养地措施，能够通过自然生长形成大量有机体，达到用比较少的投入获取大量有机肥的目的。绿肥生长期间可以有效覆盖地表，生态效益、景观效益明显。同时，绿肥与主栽作物轮作，在许多地方是缓解连作障碍、减少土传病害的重要措施。

目前，全国各地季节性耕地闲置十分普遍，适合绿肥种植发展的空间很大。如南方稻区有大量稻田处于冬季休闲状态；西南地区在大春作物收获后，也有相当一部分处于冬闲状态；西北地区的小麦等作物收获后，有2个多月时间适合作物生长，多为休闲状态，习惯上称这些耕地为"秋闲田"；华北地区近年来由于水资源限制，冬小麦种植面积在减少，也出现了一些冬闲田。此外，还有许多果园等经济林园，其行间大多也为清耕裸露状态。这些冬闲田、秋闲田、果树行间等都是发展绿肥的良好场所，可以在不与主栽作物争地的前提下种植绿肥，达到地表覆盖、改善生态并为耕地积聚有机肥源的目的。

一、种植绿肥的作用与价值

利用栽培或野生的植物体直接或间接作为肥料，这种植物体称为绿肥。长期的实践证明，栽培利用绿肥对维持农业土壤肥力和促进种植业的发展，起到了积极作用。

（一）绿肥在建立低碳环境中的作用

当今世界现代农业生产最显著的特点，就是大量使用化学肥料和化肥农药，这种依靠化学产品作为基础技术的农业，虽然大幅度地提高了农作物产量，但对产品质量和自然生态环境及整体经济上的影响，并不都是有益的。大量文献报道中显示，一些地区由于多年实施这种措施，结果导致了土壤退化、水质污染、病虫害增多、产量质量下降、种田成本不断提高、施肥报酬递减等一系列问题，这些现象引起了世人的关注。实践证明，种植绿肥作物的措施虽不能解决农业提出来的全部问题，但作为化学肥料的一项代替措施，保护土壤、提高土壤肥力，防止农业生态环境污染、生产优质农产品等方面是行之有效的。绿肥作为一种减碳、固氮的环境友好型作物品种，特别是在当今世界提倡节能减排、低碳经济的情况下，加强绿肥培肥效果研究具有重要意义。研究发现：①施用绿肥可以提高土壤中多种酶的活性。翻压绿肥第一年和第二年与休田相比，均提高了土壤蔗糖酶、脲酶、磷酸酶、芳基硫酸酯酶及脱氢酶活性，此外，随着施氮量的增加，土壤酶活性有降低的趋势，这种趋势在第二年的结果中体现得更为明显。②翻压绿肥可以显著提高微生物三大类群的数量，能显著提高土壤中的细菌、真菌、放线菌的数量。③翻压绿肥能显著提高土壤微生物碳、氮的含量。

（二）绿肥在农业生态系统中的作用

1. 豆科绿肥作物是农业生态系统中氮素循环中的重要环节

氮素循环是农业生态系统中物质循环的一个重要组成部分。生物氮是农业生产的主要氮源，在人工合成氮肥工业技术发明之前的漫长岁月中，农业生产所需的氮素，绝大部分直接或间接来自生物固氮。因此，从整个农业生产的发展历史来看，可以说没有生物固氮就没有农业生产。要提高一个地区的农业生产力，就必须建立起一个合理的、高功效的、相对稳定的固氮生态系统，充分开拓和利用生物固氮资源，把豆科作物特别是豆科绿肥饲料作物纳入作物构成和农田基本建设中，以保证氮素持续、均衡地供应农业生产之需要。

2. 绿肥作物对磷、钾等矿物质养分的富集作用

豆科绿肥作物的根系发达，入土深，钙、磷比及氮、磷比都较高，因此，吸收磷的能力很强，有些绿肥作物对钾及某些微量元素具有较强的富集能力。

3. 绿肥在作物种植结构中是一个养地的积极因素

绿肥作物由于其共生固氮菌作用及其本身对矿质养分的富集作用，能够给土壤增加大量的新鲜有机物质和多种有效的矿质养分，又能改善土壤的物理性状，因而绿肥在作物种植结构中是一个养地的积极因素。

根据各种作物在农业生态系统中物质循环的特点，大体可分为"耗地作物""自养作物"和"养地作物"三大类型。

第一类"耗地作物"：指非豆科作物，如水稻、小麦、玉米、高粱、向日葵等。这些作物从土壤中带走的养分除了根系外，几乎全部被人类所消耗，只有很少一部分能通过秸秆还田及副产品养畜积肥等方式归还于农田。

第二类"自养作物"：指以收获籽粒为目的的各种作物，如大豆、花生、绿豆等，这类作物虽然能通过共生根瘤菌从空气中固定一部分氮素，但是，绝大部分通过籽粒带走，留下的不多，在氮素循环上大体做到收支平衡，自给自足。

第三类"养地作物"：指各种绿肥作物，特别是豆科绿肥作物，固氮力强，对养分的富集除满足其本身生长需要之外，还能大量留在土壤，而绿肥的本身最终也全部直接或间接归还土壤，所以，能起到养地的作用。

4. 绿肥是农牧结合的纽带

畜牧业是农业生产的第二个基本环节，也称第二"车间"，是整个农业生产的第二次生产，是养分循环从植物向土壤转移的一个更为经济有效的中间环节。农牧之间相互依存，存在着供求关系、连锁关系和限制关系。绿肥正好是解决这些关系的一个中间纽带。

5. 绿肥具有净化环境的作用

由于绿肥作物具有生长快、富集植物营养成分的能力强等特点，它在吸收土壤与水中养分的同时，也吸收有害物质，从而起到净化环境的作用。绿肥作物同其他草坪、树木等绿色植物一样，具有绿化环境、调节空气的作用。此外，种植绿肥对于保持水土，防止侵蚀具有很大的作用。

绿肥作为一种重要的有机肥料，能使土壤获得大量新鲜的碳源，促进土壤微生物的活动，从而改善土壤的理化性质。为了使肥料结构保持有机肥和无机肥的相对平衡，就必须考虑增加绿肥的施用。总之，绿肥在农业生态系统中具有不可替代的多种功能和综合作用，在建设农业现代化中仍将占有相当重要的地位。特别是绿肥农业是以保护人的健康并保护环境为主旨的农业，随着人们对农产品质量的要求愈来愈高，绿肥农业将会有一定的市场和较高的产值。

（三）绿肥对提高农作物产量和质量的作用

绿肥能改善土壤结构，提高土壤肥力，为农作物提供多种有效养分，并能避免化肥过量施用造成的多种副作用，因此，绿肥在促进农作物增产和提质上有着极其重要的作用。种植和利用绿肥，无论在北方或南方，旱田或水田，间作套种或复种轮作，直接翻压或根茬利用，对各种作物都普遍表现出增产效果。其增产的幅度因气候、土壤、作物种类、绿肥种类、栽培方式、翻压、数量以及耕作管理措施等因素而异。总的看来，低产土壤的增产效果更高，需氮较多的作物增产幅度更大，而且有较长后效。

（四）绿肥的饲用价值

绿肥不仅可以肥田增产，而且是营养价值很高的饲料。豆科绿肥干物质中粗蛋白质的含量占15%～20%，并含有各种必需氨基酸以及钙、磷、胡萝卜素和各种维生素如维生素 B_1、维生素 B_2、维生素 C、维生素 E、维生素 K 等。按单位面积生产的营养物质产量计算，豆科绿肥是比较高的。适时收割的绿肥，蛋白质含量高，粗纤维含量低，柔嫩多汁，适口性强，易消化，可青饲、打浆饲，制成糖化饲料或青贮，也可调制干草、草粉、压制草砖、制成颗粒饲料、提取叶蛋白，还可用草籽代替粮食作为牲畜的精料，用来饲喂牛、马、羊、猪、兔等家畜及家禽和鱼类，都可取得良好的饲养效果。

（五）绿肥对发展农村副业的作用

许多绿肥作物都是很好的蜜源植物，尤其是紫云英、草木樨，苕子等，流蜜期长、蜜质优良。扩大绿肥种植面积，能够促进农村养蜂业的发展，增加农民经济收入。紫穗槐、胡枝子枝条是编织产品的好原料，生长快，质量好，易于发展。槿麻等的茎秆可用于剥麻、造纸和其他纤维制品的原料。草木樨收籽后的秸秆也可以剥麻制绳。田菁成熟的秸秆富含粗纤维．也可剥麻，种子还可以提取胚乳胶，用于石油工业上压裂剂。也可作为食品加工工业中制作酱油的原料。箭筈豌豆种子则是制食用粉的原料。

综上所述，种植绿肥，不仅能给植物提供多种营养成分，而且能给土壤增加许多有机胶体，扩大土壤吸附表面，并使土粒胶结起来成稳定性的团粒结构，从而增强保水、保肥能力，减少地面径流，防止水土流失，改善农田和生态环境。

二、主要绿肥作物的种植技术

（一）紫云英

紫云英属豆科黄芪属，紫云英主要用作绿肥，也是一种优质的豆科牧草和蜜源作物、观赏植物，种子及全草又可药用。它的作用在于增加生物有机肥源，改良、增肥土壤，净化环境，保持生态平衡，提高化肥利用率和促进农区牧副业的发展。特别是在低产田改良，改变"石化农业"带来的不良后果，在绿色农业中的功用，是其他绿肥作物不可代替的。

1. 紫云英生物学特征特性

（1）根和根瘤。紫云英主根较肥大，一般入土 40～50 厘米，在疏松的土壤中可达 100 厘米以上。在主根上长出发达的侧根和次生侧根。常可达 5 级以上，主要分布在耕作层，以 0～10 厘米土层内居多，可占整个根系重量的 70%～80%。由于多数根系入土较浅，就形成了紫云英抗旱力较弱，耐湿性较强的特性。紫云英的主根、侧根和地表的细根上都能生根瘤，以侧根上居多数。根瘤的形状分球状、短棒状、指状、又状、掌状和块状等。

（2）茎。呈圆柱形或扁圆柱形，中空，柔嫩多汁，有疏茸毛，色淡绿。株高 50～80 厘米，直立或半匍匐，无毛，苗期簇生，分枝从主茎基部叶腋间抽出，一般 5～6 个，茎粗 0.2～0.9 厘米。一般大的茎枝有 8～12 节。每节通常长一片羽状复叶，少数可长两片或两片以上。

（3）叶。有长叶柄，多数是奇数羽状复叶，具有 7～13 枚小叶，小叶全缘，倒卵形或椭圆形；顶部有浅缺刻，基部楔形，长 10～20 毫米，宽 6～15 毫米。叶面有光泽，绿色，黄绿色；背面呈灰白色，疏生茸毛，托叶楔形，缘有深缺刻，尖端圆或凹入或先端稍尖，色淡绿、微紫或淡绿带紫。

（4）花。为伞形花序，一般都是腋生，也有顶生的，有小花 3～14 朵，通常为 8～10 朵，顶生的花序最多可达 30 朵，簇生在花梗上，排列成轮状。雄蕊 10 个，9 个下部联合成管状，另一个单独分开。雌蕊在雄蕊中央；柱头球形，表面有毛，子房两室。在子房基部有蜜腺。

（5）果荚和种子。荚果两列，联合成三角形，稍弯，无毛，顶端有喙。每荚含种子 4～5 粒，多者 7～10 粒，种子肾形，种皮有光泽，黄绿色，千粒重 3～3.5 克。无光泽的黑籽，其发芽力很弱。

2. 紫云英生活习性

（1）温度。紫云英性喜温暖的气候。在一定范围内，它的生长发育进程有随着温度增高而加速的趋势。幼苗期，日平均温度在 8℃以下，生长缓慢，日平均温度在 3℃以下，地上部基本停止生长，但根系仍能缓慢生长，因此，在信阳市有明显的越冬期，在绝对温度低于 -10～-5℃时，叶片便开始出现冻害，但壮苗（越冬前株高 8 厘米以上，叶片数 10 片以上，每株有分枝 2 个以上，根长 15 厘米以上，每株有根瘤 10 个以上）却能忍受 -19～-17℃的短期低温，即使叶片受冻枯死，叶簇间的茎端和分枝芽也不致受冻，但是刚割稻后的苗，特别是高脚苗，耐寒能力却很弱，如遇到浓霜，往往叶片受冻发白，土壤微冻，便死苗累累。因此，培育壮苗和及早割稻，使割稻到霜前有一段时间（7 天以上）进行炼苗，是紫云英获得高产的前提。开春以后，平均气温达到 6 ~ 8℃ 以上时，生长便明显加快，如气温上升缓慢，雨水多，则现蕾和开花期会推迟。

紫云英开花结荚的最适温度一般为 13 ~ 20℃，日平均气温在 10℃ 以下，开花很少，结实率很低，但日平均气温在 22℃ 以上，最高温度在 26℃ 以上，结荚也差，千粒重也低。

（2）水分。紫云英性喜湿润而排水良好的土壤，怕旱又怕渍。绿肥生长最适宜的土壤含水量为 24% ~ 28%，当土壤含水量低于 9% ~ 10% 时，幼苗就出现凋萎死亡，当土壤含水量最高至 32% ~ 36% 时，生长也不良。但是，在不同生育时期，所需的土壤水分也有很大的差异，而且与当地的气温、蒸发量等有关。在幼苗期根系尚不发达，要求土壤保持较高的水分，紫云英幼苗生长最适合的土壤水分为 30% ~ 35%，当土壤水分低于 10% 左右，大气相对湿度低于 70% 时，就发生凋萎，苗期渍水 4 天以上，植株的烂根率超过半数，严重影响生长。越冬期间，由于地上部生长缓慢，植株需水较少，此时，根系发育远比地上部快，如土壤水分较高，不仅对根系生长和根瘤发育不利，而且在遇到寒流侵袭，土壤冰冻时，还会发生抬根死苗现象，故此时土壤以稍干一些好。开春以后，紫云英进入旺发阶段，蒸腾作用转旺，对土壤水分的要求也日益增加，因此，春发期的土壤含水量一般以保持在 20% ~ 22% 较为有利。盛花期后，植株生长逐渐减慢，对水分的需要逐渐减少，一般土壤水分以保持在 20% ~ 25% 为适宜。

（3）光照。紫云英幼苗期耐阴的能力较强，但有一定限度。当水稻茎部（离地面 20 厘米处）光照少于 6 000 ~ 7 000 勒克斯时，幼苗便出现茎（上胚轴）拉长现象；光照强度少于 3 000 勒克斯时，幼苗生长很瘦弱，出现较多的高脚苗，割稻后如遇较强冷空气便会大量死亡；光照强度少于1 000勒克斯时，种子萌发后生长受到严重抑制，不仅幼茎拉长（一般达3厘米以上），而且第一片真叶出现要比自然光下生长的推迟10多天，往往不出现第二、第三片真叶，因此，割稻前就产生大量死苗，以后逐步成为"光板田"。紫云英的开花结荚也要求充足的光照，缩短光照时间，会延迟紫云英的开花，同时，结荚率较低。

（4）土壤。紫云英对土壤要求不严，但以轻松、肥沃的沙质壤土到黏质壤土生长最良好。耐瘠性较弱，在黏重易板结的红壤性水稻土或淀浆的白土上种植，最好在前作水稻最后一次耕田时施些有机肥，在黏重和排水不良的烂泥田种植，应做好开深沟和烤田，以增加土壤的通透性。紫云英适宜的土壤pH值是5.5～7.5，pH值在4.5以下或8.0以上时，一般都生长不良。

3. 紫云英的利用

（1）作绿肥利用。紫云英作绿肥，适应性广、耐性强，它与根瘤菌共生，能把空气中的氮素转为土壤中的氮肥，又能活化土壤中的磷素，使其从不可供状态转化为植物能吸收利用的状态。紫云英根系可疏松土壤、积累有机质，对于发展绿色食品、无污染食品和以有机肥为主的持续农业，发展紫云英当为最佳。

（2）作饲料利用。紫云英鲜草柔嫩多汁，含水量90%左右，其营养成分在盛花期以前，草的粗蛋白含量达20%以上，高于紫花苜蓿、草木樨、箭筈豌豆和苕子等豆科牧草，比黑麦草、雀麦草、苏丹草等禾本科牧草和玉米、稻谷、大麦、小麦等谷类籽实高1倍左右。它是一种蛋白质含量丰富的青饲料，可满足家畜任何生理状态下对蛋白质营养的需求。

（3）作蜜源利用。紫云英是主要蜜源植物之一，不仅栽培面积广生产量巨大，而且其蜜和花粉的质量也高。紫云英蜜销售价比一般蜜高25%。其花粉含有丰富的氨基酸和维生素，必需氨基酸含量约占总量的10%；其黄酮类物质含量也较普通花粉高（152.53毫克/千克），对降低胆固醇，抗动脉硬化和抗辐射均有良好作用。

（4）作观赏利用。紫云英碧绿的叶，紫红的花，能美化环境，有一定的观赏价值。昔日的中国江南春天，田野里以麦绿、菜黄、草红为标志。在城市紫云英可以种在保护性的草地，红花绿叶可保持数月之久。在日本，紫云英已作为一种旅游资源或景观来开发利用。

（5）作药材利用。紫云英作为一种中草药。在明代李时珍所著《本草纲目》中载有"翘摇拾遗……辛、平、无毒，（主治）破血、止血生肌，利五脏，明耳目，去热风，令人轻健，长食不厌，甚益人；止热疟，活血平胃。"在《食疗本草》中也有紫云英药用的记载，说明人们当时对紫云英的认识，是既可食用，又有一定医药疗效。

4. 紫云英栽培

中国关于紫云英的记载最早，野生紫云英的分布也最宽广，是世界上紫云英的起源地。日本学者认为，紫云英系日本遣隋、遣唐使者从中国引入，到20世纪40年代，分布几乎遍及日本全国。朝鲜栽培的紫云英系自日本引入。苏联的紫云英分布于黑海沿岸。东南亚国家如越南和缅甸的北部山区，曾在20世纪50—60年代从中国引种。此外，近年来试种成功的有美国西海岸和尼泊尔等。一般认为，热带海拔在1 700米以上，昼夜温差在15℃以上的地区也可以种植，故在南美、印度、菲律宾等已有地方试种成功。

南方稻田地区冬绿肥一般以紫云英为主，其次是肥田萝卜、油菜以及毛叶苕子和箭筈豌豆，也可以种植蚕豆、豌豆、金花菜等经济型绿肥。种植方式可以是紫云英单播，也可以与肥田萝卜、油菜或黑麦草多花混合种植。

（1）绿肥田准备。包括晒田、水稻收割、开沟等环节。开沟可以在水稻收割前后进行。晒田在水稻收割前7天进行，尽量保证水稻收割时田间土壤干爽，防止水稻收割机械对紫云英幼苗的损伤。水稻收割时采用留高茬为好，即将稻茬高度留在30~40厘米，稻草切碎全量还田后，能与绿肥形成良好的相互补充和促进作用。早期，稻秆可以为绿肥提供庇护场所。后期，绿肥可以覆盖稻秆而加速稻秆腐解。稻秆也能为生物固氮提供碳源。同时，稻秆为高碳有机物，绿肥为高氮有机物，两者搭配后的碳氮比更加协调，有助于养分供应和土壤培肥。

紫云英田要开沟排水。烂泥田、质地黏重的田块，在紫云英播种前要开沟。土壤排水条件良好的田块可以在水稻收割以及绿肥播种后开沟。小田块，四周开沟或居中开沟即可。土质黏重或大田块，除四周开沟外，还应每隔 5 ~ 10 米距离开中沟，沟沟相通。四周沟深 20 ~ 25 厘米，中沟深 15 ~ 20 厘米。

（2）种子准备。对于市售已经进行过种子处理以及包衣的种子，可以直接播种。自留种一般要进行晒种、擦种、盐水选种等过程。晒种是在播种前 1 ~ 2 天将紫云英种子在阳光下暴晒半天到一天，有利于种子发芽。擦种是因为紫云英种皮上有层蜡质，不容易吸水膨胀和发芽，播种前需要擦破种皮。简单方式是将种子和细砂按照 2∶1 的比例拌匀，装在编织袋中搓揉 5 ~ 10 分钟。盐水选种是将紫云英种子倒入比重为 1.05 ~ 1.09 的盐水（100 千克水加食盐 10 ~ 13 千克）中搅拌，捞出浮在水面上的菌核、杂草和杂质，然后用清水洗净盐分。具体操作技术如下。

①晒种：选晴好天气，晒种 1 ~ 2 天。胶泥水、盐水等选种：紫云英的种子常混有菌核病病源的菌核，根据菌核与种子的比重不同，采用比重 1.09 的盐水过磷酸钙溶液或泥水等选种可把菌核基本淘除，同时，除去了杂草籽、秕籽和杂质。用盐水选过的种子要用清水洗净盐分，以免影响发芽。

②浸种：种子在播种前用钼酸铵、硼酸、磷酸二氢钾等溶液或腐熟的人尿清液等浸种 12 ~ 24 小时。

③拌种：用紫云英根瘤菌、钙镁磷肥或草木灰等拌种，用量少，见效早，肥效高。

（3）接种根瘤菌。多年未种植紫云英的稻田需要接种根瘤菌。选择有正规登记证的市场销售液体或固体根瘤菌剂，根据使用说明进行拌种。注意拌菌种应在室内阴凉处进行，接种后的种子要在 12 小时以内播种。

（4）播种。每 667 平方米用种 2 千克左右。播种方式有稻底套播和水稻收割后播种两种。一般来说，紫云英的适宜播种期由北向南从 8 月底至 11 月初逐渐过渡，同时，要综合考虑单、双季稻的收割及来年栽秧季节。

稻底套播紫云英，在晚稻灌浆或稻穗勾头时为宜，一般在水稻收割前 10~25 天。水稻留高茬后的绿肥播种期较为灵活，水稻收割后及时开沟、播种紫云英即可，开沟也可以在紫云英播种后进行，但要充分考虑播种期不能过晚，并尽量结合水稻留高茬。

播种可以采用人工便携式播种器、机动喷粉器等方式进行，做到均匀即可。

（5）中间管理。播种前已开沟的田块，要及时清沟。对于播种前没有开沟的田块要及时补开。没有开沟的田块，要在水稻收割后趁土壤比较湿润时开沟，冬季如遇到干旱，出现土表发白，紫云英边叶发红发黄时应灌水抗旱，以地表湿润不积水为宜。雨量较多时，要观察渍水情况，及时清沟排渍。

①水分管理：播后 2~3 天，种子已萌动发芽，自此至幼苗扎根成苗期间，切忌田面积水，否则，将导致浮根烂芽，但太干也会影响扎根。对晒田过硬的黄泥田，在播种前 5~6 天就要灌水，促使土壤变软，以利幼苗扎根。群众经验是"既有发芽水，不让水浸芽""湿田发芽，软田扎根，润田成苗"。子叶开展后，要求通气良好而水分又较充足的土壤条件，以土面湿润又能出现"鸡爪坼"为好。这时水稻仍在需水期间，可间歇地灌"跑马水"，切忌淹水时间超过一天以上，否则，将会造成大量死苗和影响幼苗生长。水稻收获前 10 天左右，应停止灌水，使土壤干燥，防止烂田割稻，踏坏幼苗。此后至开春前，要求土壤水分保持润而不湿，使水气协调，根系发育良好，幼苗生长健壮，增强抗逆性。

②肥料管理：磷肥　磷肥的增产效果：紫云英施用磷肥，一般效果都较显著。在酸性土壤上，施用钙镁磷肥等碱性肥料，还可降低土壤总酸度和活性铝含量，而施用酸性的过磷酸钙，则相反。"以磷增氮"的效果：把磷肥重点施在紫云英上，可以更好地发挥磷肥的增产作用。施用期和施用方法：早施磷肥可早促进幼苗根系

发育、根瘤菌的繁殖和固氮作用、早发分枝。

播种时施用磷肥的方法　钙镁磷肥因碱性较强，对根瘤菌的发育有一定的抑制作用，故拌种前应在种子上先拌少量泥浆，避免肥和种直接接触，或在钙镁磷肥中混入等量肥土再拌种子。过磷酸钙因含有游离酸，不仅伤害根瘤菌，而且对浸种后的紫云英发芽也有很大影响，故一般不宜作直接拌种肥，可在播种前或播种后施入作基肥。

磷肥的用量　以每公顷施钙镁磷肥或过磷酸钙 20 千克为宜，特别缺磷的土壤可增加到 30 千克。

钾肥　在第一真叶出现时或割稻时施钾（K_2O）45 千克/公顷。

氮肥　2 月中旬到 3 月上旬紫云英开始旺长时，施尿素 75 千克/公顷。

微肥　叶面喷施硼砂 0.1% ~ 0.15% 溶液，钼酸铵 0.05% 溶液。

（6）病虫害防治。由于紫云英前期生长病虫害发生轻，一般作为绿肥翻压的田块不需要防治病虫害。老种植区或种子田常见的病害有菌核病、白粉病等。菌核病的物理防治方法是用盐水选种去除种子中的菌核，合理轮作换茬。田间发现病害时用 0.1% 多菌灵或托布津喷雾防治。白粉病的物理防治方法是开好排水沟，防止田间积水。化学防治用 1 000 倍液托布津进行喷雾，或每 667 平方米用 20% 粉锈宁乳油 50 ~ 100 克加水 50 千克喷雾。

常见的虫害有蚜虫和潜叶蝇。防治蚜虫时，每 667 平方米可用 25% 的辟蚜雾（抗蚜威）20 克对水 50 千克喷雾。防治潜叶蝇时，用 20% 氰戊菊酯 1 500 倍液 + 5.7% 甲维盐 2 000 倍混合液防治，每隔 7 ~ 10 天防治 2 ~ 3 次。防治蚜虫和潜叶蝇应避开花期，以减少对蜜蜂的杀伤和蜜蜂的污染。

（二）毛叶苕子

毛叶苕子也称毛叶紫花苕子，茸毛苕子、毛巢菜、假扁豆等，简称毛苕。20 世纪 40 年代从美国引进，60 年代又引种苏联毛叶苕子、罗马尼亚毛叶苕子、土库曼毛叶苕子等。毛叶苕子主要分布在黄河、淮河、海河流域一带，近年来，辽宁、内蒙古、新疆等地也有引种。

1. 毛叶苕子植物学特征及生物学特性

毛叶苕子是一年生或越年生豆科草本植物，播种后萌发时子叶留在土中，胚芽出土后长成茎枝与羽状复叶，先端有卷须。根很发达，主根粗壮，入土深 1~2 米，侧根支根较多，根部多须状，扇状根瘤。茎上茸毛明显，生长点茸毛密集呈灰色，茎方形中空，粗壮。小叶有茸毛，背面多于正面，叶色深绿，托叶戟形，卷须，5 枚。花色蓝紫色，萼斜钟状，有茸毛。荚横断面扁圆。种籽粒大，每荚 2~5 粒，千粒重 25~30 克。分枝力强，地表 10 厘米左右的一次分枝 15~25 个，二次分枝 10~100 个。

毛叶苕子栽培以秋播为主，我国华北、西北严寒地区也可以春播。草、种产量一般均以秋播高于春播。毛叶苕子一生分出苗、分枝、现蕾、开花、结荚、成熟等个体发育阶段。从出苗至成熟生育期为 250~260 天。发芽适宜的气温为 20℃左右。出苗后有 4~5 片复叶时，茎部即产生分枝节，每个分枝节可产生 15~25 个分枝，统称为第一分枝，在一次分枝的上部产生的分枝，统称为二次或三次分枝，单株的二次、三次分枝数可达 100 多个。秋播毛苕在早春气温 2~3℃时返青，气温达 15℃左右时现蕾。开花适宜气温 15~20℃。结荚盛期为 5 月下旬，适宜气温为 18~25℃。

影响毛苕正常生长发育的主要环境条件有温度、水分、养分、土壤等。毛叶苕子一般品种，能耐短时间 -20℃ 的低温，故适于我国黄河、淮河、海河流域一带种植，在秋播条件下长江南北毛叶苕子幼苗的越冬率都很高。苕子为冬性作物，在春播条件下，种子如经低温春化处理，则生育期可以提早。毛苕耐旱不耐渍，花期水渍，根系受抑制，地上部生长受严重影响，表现植株矮化，枝叶落黄，鲜草产量很低。土壤水分保持在最大持水量的 60%~70% 时对毛苕生长最为适宜。如达到 80%~90% 则根系发黑而植株枯黄。毛苕对磷肥反应敏感，不论何种土壤施用磷肥都有明显的增产效果。毛苕对土壤要求不严格，沙土、壤土、黏土都可以种植。适宜的土壤酸碱度在 pH 值为 5~8.5，但可以在 pH 值为 4.5~9.0 的范围内种植，在土壤全盐含量 0.15% 时生长良好，氯盐含量超过 0.2% 时难以立苗，耐瘠性也很强，一般在较贫瘠的土壤上种植，也能收到较高的鲜草产量，故适应性较广。

2. 毛叶苕子生产利用情况

毛苕作为越冬绿肥，需适时早播，以利安全越冬。华北、西北地区秋播的播期，宜在 8 月，苏北、皖北、鲁南、豫东一带播期宜在 8—9 月，江南、西南地区的播期，宜在 9—10 月。毛苕春播宜顶凌早播，早播则生育期延长，有利于鲜草增长。鲜草高产的苕子田，一般 105 万~150 万苗/公顷基本苗。适宜播量为 52.5~60 千克/公顷，稻田撒播的由于出苗率低，西北地区棉田由于利用期早需增加播种量，播种量宜在 75 千克/公顷左右。间作套种苕子占地面积少，播种量宜减少，一般在 30~37.5 千克/公顷。另外，肥活田宜少，瘠薄田宜多。毛苕利用价值较高。毛苕改土培肥，压青比不压青的土壤有机质，全 N、P_5O_2 等含量都有明显增加，与禾本科黑麦草混播，改良土壤理化性状的效果更好。毛苕压青或割去鲜草的苕子茬，均可显著提高农作物产量。毛苕鲜草有很高的饲料价值。1 公顷毛苕收鲜草 37 500 千克，可供 240 头牲畜喂养 21 天，每头每天可节约精饲料 0.5 千克，1 公顷毛叶苕子的鲜草可节省精饲料 2 520 千克。

毛苕的花期长达 30~40 天，是优良的蜜源作物。1667 平方米毛筈留种田约有 6 000 株，以每株开子花 5 000 朵计，每 667 平方米有子花约 2 000 万朵，可提供酿 25 千克蜂蜜的蜜源。1667 平方米毛苕种田可放 4 箱蜂，1 季可产蜜 40~50 千克。

3. 华北、西北地区毛叶苕子种植技术

毛叶苕子是华北、西北地区主要冬绿肥，常以冬绿肥—春玉米（棉花）方式种植。

（1）种植技术。毛叶苕子播种量在每 667 平方米 4~5 千克。在华北偏南地区玉米田可以用毛叶苕子作绿肥，可在墒情较好时将绿肥种子撒入玉米行间，也可在 9 月中、下旬收获玉米后，采用撒播方式播种绿肥，撒播后用旋耕机浅旋，等雨后出苗即可。采用小麦播种机播种毛叶苕子也是非常好的播种方式。棉田播种绿肥时，毛叶苕子在9月至10月20日，将种子撒入棉田即可，此时，可以借助后期采摘棉花时人工踩踏将种子与土壤严密接触，保证种子出苗。

毛叶苕子为豆科绿肥，如果地块肥力不差，一般不用使基肥，如果地力较差，也可每667平方米施用3～5千克尿素，以提高绿肥产量。

在西北地区也可采用毛叶苕子与箭舌豌豆混播，混播种子比例1：4左右，即毛叶苕子约1.5千克/667平方米，箭舌豌豆约6千克/667平方米。毛叶苕子匍匐性强，箭舌豌豆直立性强，两者混播可以提高产草量和饲草品质。毛叶苕子和箭舌豌豆在冬（春）小麦、啤酒大麦抽穗至腊熟期均可套播，最适宜套播期为冬（春）小麦啤酒大麦扬花至灌浆阶段，即6月20日至7月5日。7月底前收获的麦田，可以采用麦后播种方式。在麦类作物收割前灌麦黄水或麦收后立即灌水，适墒期浅耕灭茬，7月25日前抢时播种，免耕板茬播种亦可。全苗后灌第一苗水，整个生长季节灌水3次。

（2）利用技术。毛叶苕子和箭舌豌豆有刈青养畜、根茬还田和翻压还田两种形式。其中，刈青养畜、根茬还田是目前最常见的利用方式。毛叶苕子和箭舌豌豆在10月中旬为适宜收获期，收后备作饲草。绿肥刈青养畜、根茬还田的地块，可减施化肥氮10%。作绿肥时，毛叶苕子在玉米及棉花播种前进行翻压、整地。先用灭茬机进行灭茬，棉秆、玉米秆等一般可以同时加以打碎，所以收获季节来不及移出的棉秆，玉米可以留待第二年加以粉碎还田，然后用大型翻耕机深翻入土。毛叶苕子翻压还田后，玉米、棉花的施氮量应减少20%。

华北地区绿肥更重要的功用是生态环境和景观等的综合效应。

4. 西南地区毛叶苕子种植技术

西南地区绿肥以光叶紫花苕子和肥田萝卜为主，主栽作物包括玉米、烟草和马铃薯等，主要的绿肥种植方式是玉米、烟草等与绿肥套作或轮作。本地区的光热资源丰富，气候相对温和但冬季部分时间以温冷为主，适宜绿肥生长。

（1）种植技术。玉米、烟草接茬绿肥的播种期宜选择在收获前后进行。如9月底前，玉米、烟草能收获结束，则采用轮作方式播种绿肥，即可在玉米、烟草收获后进行播种，否则建议8—9月采用套播方式播种绿肥。马铃薯田种植绿肥，可在收获后进行。

光叶紫花苕子的播种量每667平方米4~5千克，一般采用撒播方式。轮作方式种植绿肥时，撒播后尽量用旋耕机浅旋（深度5厘米左右）一遍。有条件的地区，采用机械或人工条播、穴播最好，能保证播种质量，提高出苗率与成活率。

如果没有极端气象条件影响，杂草及病虫害管理较为简单。但在潮湿高热条件下，可能会有蚜虫、白粉病发生。建议以预防为主，在苗期长到10厘米左右时，喷施25%多菌灵以防止病害发生。喷施除虫菊酯对蚜虫进行防治。

（2）利用技术。

①翻压作绿肥：一般来说，在玉米播种、烟草、马铃薯定植前25~35天，翻压光叶紫花苕子作绿肥较为合适。翻压量一般为1 000~1 500千克/667平方米。如鲜草量过高，可部分刈割作饲草或用作其他田块翻压作绿肥。翻压1 000~1 500千克/667平方米光叶紫花苕子，玉米、烟草可以少使基肥20%~30%。

②刈割喂畜：一般可以刈割2次，12月至翌年1月1次，第二年4月1次。在光叶紫花苕子长势旺盛，茎长约60厘米，全部覆盖地面时，刈割作饲草喂畜。刈割时留茬高度3~5厘米，为再生创造条件。第二次刈割后的根茬翻压作绿肥。

③晒制或烘烤生产甘草粉：在光叶紫花苕子生长的旺盛时期，即初蕾期（一般在4月初），选择天气晴朗的早上刈割，留茬高度3~5厘米。将割下的光叶紫花苕子捆把，每把0.5~1.5千克，晾晒4~5小时至叶片凋萎，此时，光叶紫花苕子水分为50%左右。在置于晒场上晾晒，直至叶片及细小的茎秆易用手搓碎、主茎用手较易折断为止，此时，光叶紫花苕子水分为17%左右。采用烘烤方式时，可利用当地的烤烟房进行，将晾晒后的光叶紫花苕子放进烤烟房，打开天窗、地洞，高温60~80℃烘烤24小时，再将天

窗、地洞关闭继续烘烤 15 ~ 18 小时，使水分含量低于 17% 以下。然后熄火并打开天窗、地洞，自然回潮 5 ~ 10 小时后，将干草下炕。干草可制作草粉储存利用。

（三）田菁

田菁又名咸青、唠豆，为豆科田菁属植物。原产热带和亚热带地区，为一年生或多年生，多为草本、灌本，少为小乔木。全世界山菁属植物约有 50 种，其中，主要的种类有 20 多种，广泛分布在东半球热带和亚热带地区的印度北部、巴基斯坦、中国、斯里兰卡和热带非洲。

1. 田菁品种类型

现有栽培品种中，根据其栽培的地区、生育期和形态特征等，常用栽培田菁大致可以分为 3 个类型。

（1）早熟型。多为主茎结荚，植株较为矮小，株高 1 ~ 1.5 米。分枝少或无，株型紧凑，茎叶量较少，主茎上结荚，表现出早熟的抗性。全生育期一般在 100 天左右，产草量较低，多在中国北方种植。

（2）晚熟型。主要为分枝结荚，植株高大，枝叶繁茂，株高达 2 米以上。分枝多，主要在分枝上开花结荚，全生育期在 150 天以上，是南方主要栽培种类。

（3）中熟型。多为混合结荚。植株中等大小，枝叶繁茂，株高为 1.5 ~ 2 米。分枝多，主茎和分枝均开花结荚，全生育期120 ~ 140 天，主要在华东、华北等地栽培利用。

2. 田菁生物学特性

（1）温度。种子发芽适宜气温为 15 ~ 25℃，最低发芽温度为12℃。当气温低于12℃时，种子发芽缓慢，甚至因低温造成烂种。当气温在12℃时播种，种子需 15 天左右才出苗；当气温在 15 ~ 20℃时播种，需 7 ~ 10 天出苗；当气温在 25℃以上，一般播种后3 ~ 5 天即可出苗。田菁最适生长温度为 20 ~ 30℃，当气温在 25℃以上，生长最迅速；气温下降到 20℃以下时，生长缓慢；遇霜冻则叶片凋萎而逐渐死亡。

（2）水分。田菁种子发芽需要较多的水分。种子吸水量约为其本身重量的 1.2 ~ 1.5 倍。田菁的抗旱能力较差，特别是幼苗期。在干旱情况下，生长缓慢，如不及时浇水，遇久旱对其生长十分不利。当苗龄超过 40 天时，株高 30 ~ 40 厘米，植株开始旺盛生长，根系深扎，可以吸取下层土壤水分，在这种情况下，其抗旱能力逐步增强。

（3）光照。田菁为短日照植物，对光照反应敏感。

（4）土壤。田菁的适应性很强，对土壤要求不严格。其适宜生长的土壤应土质肥沃、通透性能好的沙壤土和黏壤土。其适宜生长的土壤酸碱度为 pH 值 5.8 ~ 7.5，但 pH 值在 5.5 ~ 9 时，也能正常生长。

（5）养分。田菁根系发达，结瘤多，固氮能力强，在生长 40 天以后，即可开始大量固氮，因此，除在幼苗期需消耗土壤中部分养分外，对氮素的要求不很严格。但对磷素养分的多少却十分敏感。在缺磷的地区，施用磷肥，其产草量可成倍甚至几倍增长。田菁夏播多作压青用，应以"早"为主。田菁播种覆土不宜过深，以不超过 2 厘米为好，播种可采取条播、撒播或点播。以条播较好，深浅一致，出苗整齐，易于管理，播种量因利用方式而异。作绿肥用时，一般每 667 平方米播量 4 ~ 5 千克，盐碱地可适当加大播量。

3. 田菁的利用

田菁是一种优质的绿肥和饲料，含有丰富的养分，而且根系发达，能富集一部分深层土壤中的养分和活化难溶性的物质，因而其饲用价值和改土培肥作用是十分明显的。田菁含有丰富的氮、磷、钾养分和微量元素。翻压田菁可以使土壤团粒明显增加，结构改善，使土壤容重变小，孔隙度加大，田间持水量和排水能力也有明显变化。翻压利用田菁，不仅为后作提供充足的营养，而且为土壤提供较多的有机质和肥分，提高了土壤的肥力。

盐碱地里种植利用田菁，可以明显地降低耕层土壤盐分含量，起到改良土壤的作用。田菁不同种植利用方式都有明显的增产效果。田菁种子还可提取石化工业所需的田菁胶。

4. 田菁采种技术

（1）种子处理。田菁种子皮厚，表面有蜡层，吸水比较困难，其硬籽率达30%，高的可达50%以上。其硬籽率高低与种子收获早晚有很大关系，收获越晚，硬籽率越高。研究表明，当田菁荚果开始变成褐色，种子呈绿褐色时，其发芽率最高，而当植株枯黄，种子呈褐色时，其硬籽率，随之提高，使发芽率降低。田菁种子发芽时温度不同，与破除硬籽的关系十分密切。温度越高，破除硬籽率的效果越好，使发芽率提高。因此，一般春播田菁播种前都应进行种子处理，以提高其出苗率和提早出苗。

在南方和北方夏播时，由于夏季高温高湿条件，对破除硬籽的作用较好，一般情况下，不必进行种子处理。

（2）播种。田菁留种一般宜春播，春播应掌握平均地温在15℃左右进行。田菁播种覆土不宜过深，以不超过2厘米为好。播得过深，子叶顶土困难，影响全苗。播种可采取条播、撒播或点播。以条播较好，深浅一致，出苗整齐，易于管理。播种量每667平方米1～1.5千克，在中等肥力地块留苗45 000～60 000株，瘠薄地75 000～90 000株。

（3）施肥。田菁种子田，施用过磷酸钙每公顷15千克左右，能够增加成熟荚，提高产种量。

（4）打顶和摘边心。田菁属无限花序植物，花序自上而下，自里及外开放，种子成熟时间不一致，往往早成熟荚已经炸裂，而新荚刚刚形成。因此，田菁留种田的适期收割十分重要，否则，即使丰产也不能丰收。一般在中、下部荚黄熟时，应及时采收，以免造成种子大量脱落损失，而且还可减少硬籽的数量。采用打顶和打边心的措施，可以控制植物养分分布，防止植株无限制地生长，保证花期相对集中，使种子成熟比较一致，有利于种子产量的提高。

（5）病虫害防治。蚜虫对田菁的为害较大，一年可发生数代，一般在田菁生长初期危害最重，多发生在干旱的气候条件下，轻到抑制其生长，严重时可使整株萎缩甚至凋萎而死亡。可用杀虫剂进行喷洒防治。

卷叶虫也是田菁一种主要害虫。多在田菁苗后期或花期为害。受害时叶片蜷缩成管状，取食叶片组织，严重时有半数以上叶片卷缩，抑制田菁正常生长，防治用杀虫剂进行喷洒。田菁易受菟丝子寄生为害。严重时，整株被缠绕而影响生长，发现时应及时将被害株连同菟丝子一起除掉，以防止扩大。田菁病虫害主要有疮痂病。病菌以孢子传播，由寄生伤口或表皮侵入，此病对田菁茎、叶、花、荚均能危害，使其扭曲不振，复叶畸形卷缩，花荚萎缩脱落，可用波尔多液进行叶面喷洒防治。

（四）柽麻

柽麻又称太阳麻、印度麻、菽麻，为一年生草本，豆科猪屎豆属植物，原产印度。在马来西亚、菲律宾、缅甸、巴基斯坦、越南以及大洋洲、非洲等地都有种植。我国台湾省引种最早，1940 年，福建省同安县从中国台湾省引种以后，广东、广西壮族自治区与江苏 3 省（区）相继引种。

1. 柽麻植物学特征与生物学特性

柽麻为直根型植物，主根上部粗大，侧根较多。柽麻根瘤的互接种族属于豇豆族，在自然界分布较广，根瘤有圆形单瘤和黄瓣状复瘤两种。生长前期单瘤多，中、后期多为复瘤。柽麻茎秆为直立形，有分枝。柽麻具有多分枝习性，每级分枝由上向下逐个发生。柽麻是带子叶出土植物，子叶呈椭圆形。柽麻为总状花序，着生在主茎和各级分枝的顶端，花冠黄色。柽麻为异花授粉植物，自花授粉率一般仅达 2%～3%。柽麻的荚果为棒圆形，柄甚短。种子肾脏形，深褐色。

（1）温度。柽麻发芽的适宜温度为 25～30℃。柽麻从播种到出苗的适宜温度为 20～30℃，出苗后 6～7 天出现第一片真叶，在日平均 25℃左右时，播种后 2～3 天出苗，出苗后第二天就出第一片真叶。柽麻现蕾、开花、结荚的适宜温度为 25～35℃，低于 15℃开花缓慢。

（2）水分。柽麻种子萌动需水量为风干种子重量的 2.01 倍，种子发芽需水量为风干种子重量的 2.07 倍，在轻壤质土壤含水量

5%时，能吸水萌动和开始发芽，土壤含水量6%～7%时发芽出土良好，发芽率达90%以上。柽麻需水量比较低，具有较强的耐旱能力。

（3）土壤。柽麻对土壤的选择不严格，在瘠薄土壤上，只要播期适宜，增施磷肥，种植管理得当，均可获得一定数量的鲜草。柽麻在pH值4.5～9范围内的土壤均可种植，表层土壤含盐量不超过0.3%时能正常生长，但在低洼重黏土上种植生长较差。

2. 柽麻利用栽培技术

在我国南方4月中旬到8月下旬，华北地区于4月下旬到7月中旬都能播种，一般每667平方米播量为3～5千克。

柽麻作为绿肥，与几种夏绿肥相比，腐解比较缓慢，压青后，腐解最快的是含氮量较高的叶和茎秆上端的嫩枝。柽麻也是一种比较好的饲草。很多地方都以柽麻茎叶作猪、羊与大牲畜的饲草，在华北、华中与华东等地，5月中旬播种，在正常年份可刈割2次，产量为鲜草3 000千克/667平方米左右。柽麻的茎秆可以剥麻，青秆出麻率为3.5%～5%。

3. 柽麻采种技术

由于柽麻是喜温作物，且属豆科，易受虫害，所以，柽麻留种技术严格，地域性强。既要保证它能在充足的阳光下生长，同时，又要避开虫害盛期，这样给栽培上带来很大困难。一般来讲从北到南，柽麻易生长，但是自然产量很低，产量极不稳定。为了稳定柽麻单产，不断地提高产量，满足国家出口任务，我国在1988年以后便开始这方面的研究，通过各种试验，研究出了柽麻的留种高产技术，使每667平方米产量由原来的25千克提高到现在75千克。柽麻留种高产栽培技术归纳起采有以下几点。

（1）种子处理。柽麻的枯萎病一般地来讲发生严重，有的田块发病率达到50%，所以，在播种前必须对种子做温水浸种或药剂（甲醛或0.3多菌灵胶悬剂）处理。用58℃的水浸种30分钟，还可以使种发芽率提高20%左右。

（2）播种期。播种期是影响柽麻单产的主要因素。播种过早，气温低，出苗慢，前期营养生长时间长，开花结荚早，染虫率高，产量不高。播种过迟，生长期缩短，分枝少，蕾花少，开花结荚晚，青荚率高，影响种子产量和质量。因此，最佳的播期应是保证桎麻充分成熟，同时，也要错过虫害的发生盛期。一般桎麻留种应在 5 月上中旬播完，最迟不能超过 6 月 5 日。一般来讲，春地 4 月底播完，油菜地在 5 月 20 日左右播完，麦地 6 月 5 日以前播完。

如果超过这段时间，则种子成熟较晚，易受西伯利亚寒潮影响，种子净度差、色泽暗淡、品质差。每 667 平方米用种 1 千克，产量 75 千克/667 平方米。

（3）增施磷肥。桎麻在生长过程中，出现了营养生长与生殖生长竞争营养的问题，如果后期营养不足，会导致落花落果。为了确保桎麻在生殖生长过程中营养需要，在播种前必须施足磷肥，每 667 平方米施过磷酸钙 50 千克，碳酸氢铵 25 千克，作为基肥。

（4）密度。播种过密，通风性不好，导致落花落果，最适合的密度 1 万株/667 平方米，条播，行距 0.5 ~ 0.67 米，株距 0.067 ~ 0.1 米，每隔 3 ~ 4 米留 1 米宽的排水沟兼走道，便于打药治虫，通风透光。

（5）打顶。打顶是为了促使分枝，控制桎麻的营养生长，保证养分、水分有效地向花枝上运送。据观察，主茎花序结荚率最低，而 1 级、2 级、3 级分枝最高，因此，打顶非常必要，打顶的具体方法是：主茎现蕾以后将其花序摘去，0.73 ~ 0.83 米便可以打顶，如果播种过迟，则不必打顶。

（6）防虫。桎麻的主要虫害是豆荚螟，为鳞翅目，螟蛾科，以幼虫为害为主，驻食桎麻幼嫩果荚，使果荚大量脱落，严重时可减产 80%。防治豆荚螟可使用杀虫脒，使用 500 倍液，当桎麻一级分枝处于开花盛期或豆荚螟产卵高峰前 3 ~ 6 天时，开始喷药，以后每隔 10 天喷 1 次，共喷药 2 ~ 3 次即可。

（7）收获。桎麻为无限花序，当下面种子成熟时上部还在开花，成熟的桎麻种子为深褐色，有光泽，一般当全株果荚 60% ~ 80% 成熟时，即能摇响时便可收种。因桎麻吸水能力强，发芽快，要抢晴天脱粒，晒干入库。脱粒时青黑分开，不含石块，水分在15%以下。

（五）箭筈豌豆

箭筈豌豆又名大巢菜、春巢菜、普通巢菜、野豌豆、救荒野豌豆等，为一年生或越年生豆科草本植物，是巢菜属中主要的栽培种。箭筈豌豆原产地中海沿岸和中东地区，在南北纬30°～40°分布较多。由于广泛引种，目前，在世界各地种植比较普遍。

1. 箭筈豌豆特征特性

箭筈豌豆主根明显，长20～40厘米，根幅20～25厘米，有根瘤。茎柔嫩有条棱，半攀缘性，羽状复叶，矩形或倒卵形，子叶前端中央有突尖，叶形似箭筈，因此得名。叶顶端有卷须，易缠于它物上。托叶半箭形。生花1～2朵；腋生，紫红、粉红或白色，花梗短或无。子房被黄色柔毛，短柄，花杭背面顶端有茸毛。果荚扁长，成熟为黄色或褐色，扁圆或钝圆形，种皮色泽有粉红、灰、青、褐、暗红或有斑纹等，千粒重40～70克。箭筈豌豆适应性广，能在pH值为6.5～8.5的沙土、黏土上种植。但在冷浸烂泥田与盐碱地上生长不良。在我国北方的山旱薄地或肥力较高的川水地以至南方水稻土，丘陵地区茶、桑、果园间都可种植。箭筈豌豆耐寒喜凉生长的起点温度较低，春发较早，生长快，成熟期早。箭筈豌豆经过2～5℃的低温历期15天以上，即可通过春化阶段，秋播时翌年4月中旬至5月底成熟，生育天数180～240天，春播为105天。日平均温度25℃以上时生长受抑制。幼苗期能忍受短暂的霜冻，在－6℃的低温下不受冻害。箭筈豌豆耐旱性较强，遇干旱时虽生长缓慢，但能保持生机。箭筈豌豆也较耐瘠，在新平整的土地上种植也能获得较好的收成。箭筈豌豆耐卤能力较差，在以氯盐为主的盐土上全盐达0.1%即受害死亡；在以硫酸盐为主的盐土上，耐卤极限为0.3%。箭筈豌豆不耐渍，由于渍水使土壤通气不良，影响根系活动，抑制根瘤生长。苗期渍水后苗弱发黄，生长停滞；苗花期渍水造成茎叶发黄枯萎，严重时出现根腐，造成减产或死亡。

箭筈豌豆无论秋播或春播，出苗后生长均较快。在正常情况下，秋播的一次分枝 4~7 个，二次分枝有 3~5 个，春播营养生长期短，分枝比秋播的少，鲜草产量也相对较低。箭筈豌豆为无限花序，初花至终花 50 多天。每朵小花一般都开两次。有一定的落花落荚抗性，但不同品种花荚脱落率不同，一般为 33.3%~51.4%。箭筈豌豆结瘤多而早，苗期根瘤就有一定的固氮能力，随着营养生长加速，固氮活性不断提高。

2. 箭筈豌豆栽培利用技术

箭筈豌豆秋播一般情况长江中、下游适宜播期在 9 月底至 10 月上旬，浙南与闽、赣、湘等地也延至 10 月中下旬甚至到 11 月上旬。在南方春播的适期，江淮至沿江地区以 2 月下旬至 3 月初为宜。长江以南春季气温回升较快，待立春即可播种。在我国北方春麦区，春、夏均可播种，但箭筈豌豆留种栽培必须春播。春播时限较长，通常从 3 月初至 4 月上旬都是适宜的。箭筈豌豆分枝早，分枝性强。在湖北省江汉平原与沿江两岸地区，箭筈豌豆作绿肥用，适宜的播量为每 667 平方米 3~4 千克。而留种的播量通常是收草播量的一半。苏北滨海地区，留种的适宜播量为每 667 平方米 1.5 千克，而作绿肥用以 3~3.5 千克为宜。西北黄土高原水温条件差，播种量宜增加，如陕西渭北高原，留种的每 667 平方米播种量为 3~4 千克；随着地理部位的西移，地热增高，生长季节较短的地区，箭筈豌豆播种量相应增加，留种用的每 667 平方米播种量宜 4~5 千克，作绿肥用每 667 平方米播种量应达 7.5 千克左右。

箭筈豌豆既可作绿肥、饲料，种子还可做粮食和精料，是很有价值的兼用绿肥作物。在我国南方主要用作冬绿肥，在北方除作绿肥外，刈青作饲草或收种子，以根茬肥地，对培肥地力增加后作产量，均有良好效果。箭筈豌豆压青后，对土壤理化性状的改善也有较明显的效果，土壤含氮量，有机质含量有所增加，pH 值和土壤容重有所降低。我国北方一些灌区，由于热量不足，夏收后可种植一茬箭筈豌豆，可收刈大量青饲料。箭筈豌豆每千克干草粉的饲料单位 0.43 个，基本上接近苜蓿干草，比豌豆秆高 36.9%，特别是可消化蛋白质含量丰富，箭筈豌豆青干草粉或收获种子后的糠衣均是喂猪良好饲料。箭筈豌豆出粉率达 30%，比豌豆高出 6%～7%。甘肃省、青海省以及山西省雁北、河北省承德等地常用箭筈豌豆种子制成粉条、粉丝。此外在陕北农村用箭筈豌豆粉与少量面粉混合制成的面条、馒头、烙饼等食用，风味比其他杂面好，为当地群众所喜爱。

3. 箭筈豌豆采种技术

箭筈豌豆种子产量变幅很大，要使种子高产必须控制徒长，协调营养生长与生殖生长的矛盾。控制营养体徒长主要措施有以下几种。

（1）降低播种量。主要是扩大箭筈豌豆个体的营养面积，保持田间通风透光，促使单株健壮生长，增强结实率，从而获得高产。一般播种量为作绿肥的 50%，较肥沃的土地播种量还要酌减，即每 667 平方米播种量宜 1.5～2 千克。

（2）适宜晚播。在南方秋季晚播，冬前和返青后植株生长健壮，个体不旺长，推迟田间郁闭，开花结荚多。

（3）旱地留种。在南方高温多雨地区，箭筈豌豆留种应选肥力中等的岗梁、坡地，能有效地控制营养生长，改善通风透光，花荚脱落少，结实率高。

（4）设立支架。箭筈豌豆攀缘在支架上，有利于改善下部通风透光，保护功能叶片，提高种子产量。设立支架，要因地制宜，可以与小麦、油菜隔行间作或利用棉秆作支架。

（5）适时采收种子。箭筈豌豆有一定裂荚习性，当有 80%～85% 种荚已变黄或黄褐色时，虽顶部有着荚或残花，都应及时收割，以免裂荚损失。箭筈豌豆种皮较薄，后熟期短，遇阴雨温热会发芽，霉损变质，收后要立即摊晒脱粒，扫净入仓。

（六）草木樨

草木樨是豆科草木樨属，一年或两年生草本植物。草木樨生活力很强，甚至在极瘠薄的土地上都能存在。

1. 植物学特征与生物学特性

（1）形态特征。一年或两年生草本植物。茎直立，全株含香豆素，类似香子兰气味。叶为三出羽状复叶，顶生小叶有短柄，小叶披针形至长椭圆形，边缘具锯齿；托叶贴生子叶柄基部。总状花序，腋生。

（2）种间主要形态差异。草木樨属植物由野生群落变成人工栽培后，在株高、叶片大小及花序长短上均有些变化。在托叶形状、花冠颜色、荚果形态及其网纹类型等方面均有差异。

（3）生长和发育。一年生和两年生草木樨在苗期生长习性非常相似，但一年生草木樨是一年内完成生长发育周期，故地上部生长旺盛而根系不发达。两年生草木樨第一年是营养生长期，以根部贮存营养物质，以根茎上形成的越冬芽呈休眠状态越冬。第二年主要是生殖生长时期，由越冬芽萌发许多分枝，并开花结实。

（4）对环境条件的适应性。草木樨是生活力和适应性都很强的牧草绿肥作物，不仅在海拔 2 400 米的高寒山地能生长，同样也能适应夏季酷热的地区。它具有较好的耐旱、耐寒、耐瘠薄和耐盐碱等特性。

①耐旱：草木樨根系发达，入土深，根幅大，抗旱性特别强。在轻壤质土壤上，当含水量为 3% 时草木樨种子只吸水不萌动。含水量为 4% ~5% 时能吸水萌动，含水量为 9% 时即可发芽，含水量达 11.8% 时发芽率为 85%；在质地黏重的红土上，含水量为 13.9% 时，草木樨种子能吸水萌动，含水量达到 15.8% 时进人发芽阶段，含水量达到 19% 时发芽率为 92% 以上。

草木樨在幼苗期耗水量极少，平均每株每日耗水 1.037 ~1.148 克。草木樨临界凋萎湿度因土壤质地和生育阶段不同而异。在轻壤质土上第一片真叶期临界凋萎湿度为 8.59%；第二片复叶期为 6.9%。3 ~5 片三出复叶期为 5.0% ~5.7%，分枝期（株高 10 ~34 厘米）为 4.65%。

在沙土上，草木樨分枝期（株高 20 厘米）耕层土壤含水量降到 5.8% 时仍可正常生长，土壤含水量降到 2.1% 时才凋萎。草木樨在土壤含水量处于凋萎系数范围内仍可生活，在长久干旱时全株叶片脱落，生长点呈休眠状态，停止生长，可维持30天左右。在有足够水分后可恢复生长，重生新叶。草木樨耐旱主要是因主根入土深和具有庞大的须根，能吸收土壤深层水分。如白花草木樨第一年生长结束时，0～30厘米土层含水量比休闲地只减少1.8%，30～50厘米土层减少2.1%，50～75厘米减少11.6%，75～100厘米减少12.6%。

草木樨耐旱是指它对缺水环境有相当的忍耐力，并非它不需要适当的水分条件。尤其在草木樨旺盛生长期耗水量较多，因此，要获产草量高，在沙壤质土上含水量应达田间持水量的70%～80%。

草木樨蒸腾系数为570～770，比紫花苜蓿（615～844）低。尽管如此，在年降水量350毫米地区，生育期遇到干旱就会影响鲜草和籽实产量。在年降水量不足300毫米的干旱地区，草木樨的生长就比较困难。

②耐寒：草木樨种子在平均地温3～4℃就能萌动发芽。第一片真叶期能忍耐－4℃的短期低温，甚至地表温短期降至－6.7℃时也无冻害表现。第一年发育健壮的植株，在冬季－30℃的严寒下能完全越冬。

草木樨越冬前，一方面根中贮藏了大量的营养物质，特别是大量的糖分；另一方面冬季埋藏在土里的越冬芽处于休眠状态，代谢活动低，这些都是草木樨具有较强的抗寒性的主要原因。但是，草木樨越冬芽在早春萌动后抗寒力相对降低。据观察表明，在辽宁西部地区当3月初0～5厘米土温突然降到－8℃时，受冻死亡率约达30%。

生产实践中通常采用冬前培土来防止越冬芽因受冻而死亡。一般是覆土厚者死亡率低，不覆土或覆土浅者死亡率高，阳坡气温变化剧烈受冻则死亡率高，阴坡气温变动较小受冻则死亡率低。

③耐瘠薄：草木樨对土壤的适应性很广，黏性土、沙土、沙砾土以及一般绿肥作物生长不良的瘠薄土，它都能较好地生长。

草木樨由于根系发达，吸收营养面积大，且根瘤能固定空气中氮素，因此，非常耐瘠薄，从自然分布来看，它能首先占领被荒弃的坡耕地、荒山、沟壑、路旁、河滩及沙丘地带。在含氮量为0.034%的沙土上种植草木樨，当年株高为55厘米，单株鲜重达30克。

④耐盐碱：草木樨耐盐碱能力较强，高于紫花苜蓿。0～20厘米土层内含盐量为0.144%～0.30%时，草木樨生育良好；含盐量为0.488%～0.521%时，生长受到严重抑制，甚至不能出苗。草木樨在含氯盐为0.2%～0.3%的土壤上以及在苏打盐土上（0～30厘米土层全盐量为0.2016%，pH值9.7，碱化度35.7%），都能生长良好。

2. 草木樨的栽培利用

随着养殖业的发展以及对草木樨的研究利用进一步深化，草木樨种植方式，由起初在轮荒地和瘠薄地上无计划地种植，已发展到与粮食、油料作物（油菜和向日葵）和经济作物有计划地轮作套种、复种等多种形式。

（1）轮作。在地多人少、土质瘠薄地区，普遍采用轮作方式（利用一年生和两年生草木樨占地一年或两年），利用压青或根茬培肥地力。这种利用方式在辽宁西部地区一般都是早春顶凌播种，犁播行距50厘米，机播行距30厘米或密植栽培（行距7.5厘米或15厘米）。作为压青用的于当年8月末或9月初翻压，第二年种粮食作物或利用收籽后的茬地轮作。

各地试验表明，粮肥轮作区比大田作物轮作区平均每年增产18%～29%。

（2）间作套种。

①一年一熟制间作套种方式：麦田间、套（复）种：黑龙江省一些产麦区采用小麦间种草木樨已收到良好的增产效果。小麦当年不减产，每667平方米产鲜草500～1 000千克，压青后作可增产20%左右。

种植形式主要有两种　即小麦与草木樨同时播种，15厘米行距，一行麦一行草或两行麦两行草间种。小麦播量与不间种的相同，草木樨播量 1~1.5 千克/667 平方米。小麦收后草木樨继续生长到 9 月下旬翻压。麦田间种应防止收麦时草木樨"超高"（即用机械收麦时草木樨高度超过 40 厘米以上）。防止草木樨超高，小麦可采用早熟或中早熟的品种。另外，草木樨株高一旦达到 30~40 厘米，可采用 0.5%~1.0% 浓度的 2,4-D 丁酯喷洒，每 667 平方米用药液 600 毫升，以抑制草木樨生长。

在有灌溉条件的春麦区，还可实行麦田套种草木樨。套种方法和时间：土壤肥力较高的沙土或壤土地，小麦生长好，荫蔽较重，应在浇第一遍水前（5 月中旬）套种草木樨；瘦地和黏土地，应在浇第二遍水前（5 月末至 6 月初）套种，这样草木樨不会出现超高问题。第一遍水前套种草木樨每 667 平方米播量 2 千克左右，用畜力播种机条播；第二遍水前套种的用手撒种（两遍），播量 2.5~3 千克/667 平方米。

玉米与草木樨间套作，机械播种压青　这种方式在辽宁义县大面积应用。一般在 3 月下旬先播草木樨，4 月末或 5 月初播种玉米，草木樨长到 6 月下旬玉米拔节前翻压。间套作的播种和绿肥翻压都用机械作业。

棉田套种草木樨　棉田套种草木樨是作为追肥。江苏泗阳县棉田套种草木樨于 3 月初在预留的宽行内提前套种草木樨，4 月中旬播种棉花，6 月初割第一茬草开沟追入棉花窄行内。7 月初割第二茬草翻压追入宽行内，比每 667 平方米追施 5 千克氯化铵增产 35%。也可以在 7 月末 8 月初将草木樨套种在棉花宽行内，每 667 平方米播量 2 千克左右，作越冬绿肥，第二年 4 月中旬翻压播种春玉米。

②多熟制间作套种方式：

油菜田套种草木樨　此种栽培方式在江苏省如东县应用较广。套种时间一般是结合头年秋播的油菜在第二年早春中耕时（2 月中下旬）进行。油菜收后草木樨继续生长到 6 月中旬压青栽植水稻。

冬麦田春套（复）种草木樨　在长江淮河之间可于 3 月上旬将草木樨套种在麦田里，5 月末小麦收后于 7 月上旬翻压草木樨，栽植晚稻。麦田套（复）种草木樨比麦稻连作一般增产 15%~

200%。

（3）做多熟制冬闲地绿肥。

①稻肥（套）复种（稻底绿肥）：在广西地区草木樨作稻底绿肥效果很好。通常在 10 月中下旬水稻收后及时开沟，趁墒施磷肥播种，播量 0.75 ~ 1 千克/667 平方米。种子发芽扎根后，忌有水层。第二年 3 月上中旬及时耕翻沤田，作早稻基肥。那时草木樨株高平均 1.5 米左右，每 667 平方米产鲜草可达 2 000 千克以上。

②中稻田（套）复种草木樨作冬季绿肥：草木樨在淮南低产稻田作绿肥主要是利用冬闲地，效果也很好。通常是在 8 月下旬在稻田（套）复种草木樨作冬绿肥，第二年压青种中稻。

草木樨枝叶繁茂，根系发达，具有较强的蓄水保土作用。据科研单位的观测，草木樨地与农耕地或同等坡度的撂荒地相比，径流量减少 14.4% ~ 80.7%，冲刷量减少 63.7% ~ 90.8%。在 28° 陡坡地上，草木樨地比一般农地减少径流量 74%，冲刷量减少 60%。

草木樨分枝多，覆盖度大。据测定，草木樨比谷子地每小时渗透量（毫米）增加 51%，0 ~ 60 厘米土层渗透率（毫米/分钟）也增加 51%。

目前，坡地种植草木樨有以下几种方式。

荒地种植：在不宜耕种的荒地上广种草木樨作为割草地或放牧地。这不仅可以提高覆盖度，保持水土，还可以增加饲草和绿肥的来源。

草田带状间种：在坡地上沿等高线草木樨与农作物呈带状间种。带间状种可以截短坡长，减缓坡向的冲蚀。因草木樨幼苗期生长慢起不到保持水土的作用，因此，在同一坡面上同时有当年播种的和第二年的草木樨带，以利保持水土。据陕西省绥德、甘肃省定西和山西省吕梁地区等试验站试验，采用草木樨和玉米、谷子、高粱等作物实行带状间作，比作物单作减少径流 31% ~ 80%，减少冲刷量 67% ~ 94%，并提高了作物产量。

③作夏闲地保土作物：在渭河上游的甘肃天水山地上，夏收后休闲期正值雨季，水土流失严重。天水水保站采用在小麦地冬播或

春播时混入草木樨。麦收后的夏闲期草木樨就作为覆盖保土作物，可收到保持水土和恢复地力的效果。

3. 草木樨采种技术

（1）播种保苗。

①种子处理：草木樨含有大量硬籽，播前种子需要处理。初冬播种不必处理种子，因种子在土中越冬，经冬冻春消作用能促进硬籽发芽。

②播期：草木樨播期较长，早春、夏季和初冬均可播种。播期依利用方式而定，粮肥轮作中的草木樨是占一个生长季，应早播。与粮、棉和油料作物间作套种，要依栽培目的和要求而定。在早春风沙较大的北方地区，草木樨通常是夏播。夏播不晚于 7 月中旬，以利越冬。在长江北岸扬州地区，草木樨秋播以 9 月中旬为宜，迟于 9 月下旬产草量明显下降。北方地区冬播一般在土壤早晚微冻，中午化冻，地温低于 2℃时播种。冬播是寄籽于水中，第二年早春出苗，播期宁晚勿早。在广西壮族自治区南部地区晚稻收后播种草木樨，以 10 月为宜。初花期正值 3 月中下旬，鲜草产量高，翻压后作早稻基肥。不同地区如果作短期绿肥用，可因用途决定播期。

两年生草木樨冬播比春播出苗率高，能提早 10 天左右出苗，产草量可提高 20% 左右。尤其是春旱地区，冬播是保证草木樨出苗的重要措施。

③整地、覆土和播后镇压：草木樨种子小，拱土能力弱，播前要做好整地保墒。如利用撂荒地种草木樨，播前要耕翻耙压；在干旱地区播前镇压紧实极为重要。播种时必须注意浅覆土，一般覆土 2 厘米左右，轻质土墒情差可稍厚一些（3～4 厘米）。播后镇压使种子与土壤接触紧密，出苗快而整齐，是保苗关键措施。

④播量：播量通常决定于播种方法、机具、墒情、整地质量及利用方式等诸因素。以处理好的一级种子计算，水地播种每 667 平方米 1 千克，旱地 2～2.5 千克；水地条播 0.5～1 千克，旱地 1～1.5 千克。南方因雨量多，温度高，生长快，播量相应地少一些。如在广西壮族自治区为 0.75～1 千克，在江苏春播为 1～1.5 千克。

土壤墒情差、土质黏重、整地质量差及冬播等，则需加大播量。

（2）施肥。草木樨与其他豆科作物一样需磷肥较多。施磷肥能促进草木樨根系发育，提高耐旱能力，增加根瘤量及提高固氮能力，使产草量明显增加。草木樨生长第一年施1千克过磷酸钙，仅地上部分增加的鲜草其含氮量就相当于1千克氮肥。如果再计算根系所增加的氮量以及由于施磷肥增强根瘤固氮活性，则"以磷增氮"的作用就更大了。

草木樨施磷应作种肥或基肥。每667平方米施用量：过磷酸钙15～25千克，磷矿粉25～50千克。由于草木樨生育期长，吸磷能力强，因此，迟效性磷肥施给草木樨比较经济。

（3）田间管理。

①除草：草木樨幼苗生长缓慢，易受杂草危害。在苗高5～6厘米时需要进行中耕，可提高鲜草产量20%左右。如果在苗期每667平方米用"毒草安"0.15千克，可杀死90%以上的禾本科杂草，鲜草产量可提高64%～67%，效果显著。

②适期收籽：草木樨种子成熟期很不一致，而且荚果脱落严重，因此，必须适期收籽。收籽期不同，产籽量差异很大。如过早收获（全株1/3荚果变成褐色），虽然产籽量高，但其中不能发芽的青籽约占1/3。过晚收获（全株荚果完全变成褐色），产籽量最低，因早期成熟的种子全部脱落。适期收获（全株荚果有2/3变成褐色），产籽量和种子质量都较好。适期收籽是丰产丰收的关键。

（七）紫花苜蓿

紫花苜蓿原产于中亚细亚高原原干燥地区。栽培最早的国家是古代的波斯，我国紫花苜蓿是在汉武帝时引入。紫花苜蓿是一种古老的栽培牧草绿肥作物。它的草质优良，营养丰富，产草量高，被誉为"牧草之王"，又因其培肥改土效果好，也是重要的倒茬作物。

1. 植物学特征与生物学特性

紫花苜蓿为多年生草本豆科植物。它根系发达，主根长达3～

16 米，根上着生根瘤较多；茎直立或有时斜生，高 60～100 厘米；叶为羽状三出复叶，小叶倒卵形，上部 1/3 叶缘具细齿；花为短总状花序腋生，花冠蝶形；荚果螺旋形，种子肾形，黄褐色，千粒重 1.5～2 克。该牧草对土壤要求不严，在土壤 pH 值 6.5～8.0 时均能良好生长，在富含钙质而且腐殖质多的疏松土壤中，根系发育强大，产草量高。一般经济产草年限为 2～6 年，以后产量逐年下降。种子发芽要求最低温度为 5～6℃，最适温度为 20～25℃，超过 37℃将停止发芽。茎叶在春季 7～9℃时开始生长，但苗期能耐 -7.5℃的低温。该牧草喜水但怕涝，水淹 24 小时即死亡，适宜年降水量 660～990 毫米的地区种植。

2. 栽培技术

（1）精细整地，足墒足肥播种。紫花苜蓿种子小，整地质量的好坏对出苗影响很大，生产上要求种紫花苜蓿的地块平整，无大小土块，表层细碎，上虚下实。在整地时要求施足底肥，以腐熟沼渣或有机肥为主，可 667 平方米施 3 000 千克以上，同时，还可施少量化肥，以氮肥不超过 10 千克、复合肥不超过 5 千克为宜。播种时适宜的土壤水分要求是：粘土含水量在 18%～20%，沙壤土含水量在 20%～30%，生产上一定要做到足墒足肥播种。

（2）播种。紫花苜蓿一年四季均可播种，一般以春播为宜。以收鲜草为目的的地块行距 30 厘米为宜，采用条播方式，667 平方米用种量在 0.5～0.75 千克。播种深度 2～3 厘米，冬播时可增加到 3～4 厘米。

（3）田间管理。在苗期注意清除杂草，尤其在播种的第一年，苜蓿幼苗生长缓慢，易滋生杂草，杂草不仅影响生长发育和产量，严重时可抑制苜蓿幼苗生长造成死亡。在每年春季土壤解冻后，苜蓿尚未萌芽以前进行耙地，使土壤疏松，既可保墒，又可提高地温，消灭杂草，促进返青。在每次收割鲜草后，地面裸露，土壤蒸发量大，应采取浇水和保墒措施，并可结合浇水进行追肥，667 平方米追沼液 1 000 千克以上，化肥每 667 平方米 15 千克左右。紫花苜蓿常见的病虫害有蛴螬、地老虎、凋萎病、霜霉病、褐斑病等，应根据情况适时防治。

（4）收草。紫花苜蓿的收草时间要从两个方面综合考虑，一方面要求获得较高的产量；另一方面还要获得优质的青干草。一般春播的在当年最多收一茬草，第二年以后每年可收草 2～3 茬。一般以初花期收割为宜。收割时要注意留茬高度，当年留茬以 7～10 厘米为宜；第二年以后可留茬稍低，一般为 3～5 厘米。

3. 利用方法

青喂时，要做到随割随喂，不能堆放太久，防止发酵变质。每头每天喂量可掌握在：成年猪 5～7.5 千克；体重在 55 千克的绵羊一般不超过 6.5 千克；马、牛 35～50 千克。喂猪、禽时应粉碎或打浆。喂马时应切碎，喂牛羊时可整株喂给。为了增加苜蓿贮料中糖类物质含量，可加入 25% 左右的禾本科草料制成混合草料饲喂或青贮。调制干草要选好天气，在晨露干后随割随晒、勤翻，晚上堆好防露连续晒 4～5 个晴天待水分降至 15%～18% 时，即可运回堆垛备用，储藏时应防止发霉腐烂。

4. 紫花苜蓿栽培和采种技术

苜蓿的适应性强，粗放栽培也能获得一定的产量。但如能充分满足其生长发育所需条件，则单位面积产量可成倍或成数倍的增长。苜蓿的栽培管理要注意以下环节。

（1）选地和整地。苜蓿对土壤的适应性较强，从沙土到黏壤土都能生长，不过在不良土壤条件下生长较差。就苜蓿本身的要求而言，以土层深厚，含钙较多的沙质壤土为最佳。一般酸碱度过大，低洼易涝的地方未经改良前不宜种植苜蓿。苜蓿种子小，整地质量的好坏，对出苗影响很大。因此，播种地要深耕，地面细碎平整为佳。

（2）播种。

①种子处理：苜蓿种子中一般有硬籽率 10% 左右，但最多的可达 30%～60%，播种后不能及时吸水发芽，需进行碾磨刻伤处理。可在碾台上碾磨 200～300 转，其发芽率可由 30% 左右提高到 80%～95%。用碾米机碾一次也可将种子发芽率从 27% 提高

到 95.8%。

②播种期：苜蓿的播种期，因各地的气候条件不同而差异很大，在陕西省关中和山西省南部从 3 月到 10 月都可播种，甘肃省的河西及宁夏、新疆等自治区内陆干旱灌区的播期多在 5 月上旬春小麦灌第一次水时播种。河北省南部在 3—4 月播种，最晚在 9 月中旬，北部应在 8 月以前，否则幼苗越冬困难。内蒙古苜蓿春播在 4 月下旬至 5 月中旬，夏播在 6 月中旬至 7 月上旬，最晚不得到 7 月中旬后。东北在沈阳以北 4 月中旬到 6 月下旬播种，沈阳以南在 4 月上旬到 7 月中旬，最迟不得晚于 8 月上旬。在淮河流域可秋播，播期以 9 月上旬为宜。在土壤比较瘠薄、干旱、无霜期较短的地区，如陕西省北部、山西省雁北、辽宁省西部，苜蓿多冬播寄籽和早春顶凌播种，借墒出苗。苜蓿的播种期各地虽有较大差异，但其要领是，春播要注意防止干旱出苗不齐；夏播要防止杂草；秋播应掌握苜蓿在越冬前植株能长到可以安全越冬的高度（一般株高 10~15 厘米即可）。

③播种方法和播种量：苜蓿幼苗生长缓慢，易受杂草侵害，干旱地区大气湿度过低，苜蓿易枯萎，保苗困难，因此，除东北部分地方采用单播外，一般多与大田作物混播，幼苗在作物荫蔽下度过。苜蓿的播种方法有撒播、条播、点播 3 种。撒播一般是在大田作物播前将苜蓿种子撒在地面，然后播种大田作物，再耱地覆土。在灌区也有在作物灌水前撒在地表，然后再灌水，隔 5~6 天再灌 1 次水就可以出苗。条播是在大田作物播种后与其行向垂直交叉条播苜蓿。也有与大田作物种子混播的。点播只在个别地区采用，多用于地形比较复杂的地方，用人工开穴点种。

以上 3 种方法以撒播最简单，采用较多，但其缺点是不便中耕除草，点播比较费工，采用者少，条播种子分布均匀，出苗整齐，便于管理。条播以 15 厘米的窄行距为优。据陕西省农业科学院土壤肥料研究所试验，苜蓿播种行距分别采用 45 厘米、30 厘米和 15 厘米进行比较，其全年鲜草每 667 平方米产量分别为 1 475 千克、1 967 千克、2 281 千克，以窄行距最好。

苜蓿播种深度以 2 厘米左右为宜，超过 3 厘米出苗困难。苜蓿播种后应进行镇压，使土壤与种子密结，便于吸水发芽，据华北农科所试验，即使在整地质量较好的情况下，镇压处理每 667 平方米出苗 41 573 株，比未镇压的每公顷出苗 12 627 株高出了 2 倍多。苜蓿种子 1 千克约有 50 万粒，如有一半能成苗，则每 667 平方米播 0.5 千克种子即可，但因各种因素的影响，苜蓿成株大都只有播种量的 10% ~20%。如种子的发芽率在 80% 以上，撒播每 667 平方米播 1 ~1.25 千克（作绿肥用为 1.25 ~1.5 千克），条播 0.75 ~1 千克，点播 0.25 千克以下。

（3）采种。苜蓿留种主要经验是控制苜蓿植株徒长。其方法有：选地势较高、盐碱轻、排水好的沙质壤土作留种地；适当稀植，每 667 平方米播种 0.5 千克，行距 40 ~50 厘米；控制灌水次数，在苜蓿返青后和结荚后各灌一次水即可，如返青时长势好，第一水延晚半月，在大部分结荚后如不显旱可酌量少灌或不灌，将苜蓿植株高度控制在 70 ~80 厘米。叶色暗绿、苍老，但开花多种子产量高，一般每 667 平方米产量 40 ~60 千克，最高可达 85 千克。在年雨量 500 ~700 毫米以上地区，苜蓿留种地应选在旱地，因水地灌水后如遇下雨，植株会徒长，影响种子产量。

苜蓿春季单播，当年可以收籽，但种子产量低且收种期又晚，二茬草生长很差，在经济上是不合算的。所以，苜蓿留种应在盛产年而且是在第一茬草留种为宜。

苜蓿花的龙骨瓣包握较紧，多不能自然放蕊，往往需要外力或昆虫采蜜才会弹开。苜蓿早熟种在北京 5 月初开花几乎 100% 的花都能放蕊结实，但 5 月中下旬开花不论哪种苜蓿都不能自然放蕊，平均落花 50% 以上。因此，采用人工辅助授粉是提高苜蓿产种量的有效措施之一。采用人工辅助授粉可提高种子产量 25% ~30%，人工授粉的方法是在苜蓿盛花期，每日上午 9：00 后进行，两人将网或绳拉紧在苜蓿植株上部来回拉动数次或用细长竹竿、树梢在花部来回拉动几次即可。放蜂也是增加苜蓿授粉率，提高种子产量的有力措施。苜蓿种子收获期因品种和气候不同而有变化，苜蓿收获期一般以下部种子有 70% ~80% 种荚由青变褐或黑色就要收割，择晴天收获，就地晒干，再经一夜至晨露未干前捆束运往场上脱粒，碾出的种子常有一些在荚皮里裹着，先扬出杂质，再放在碾米机上碾磨 1 次，分开荚皮与种子，扬净后贮存于阴凉干燥通风处。

（八）沙打旺

沙打旺是豆科黄芪属多年生草本植物，因抵御风沙能力强而得名。尚有地丁、麻豆秧、薄地郓、沙大王等俗名。

1. 植物学特征与生物学特性

（1）植物学特征。

①根：属深根系，主根长而弯曲，侧根发达，细根较少。根系呈锥状分布。入土深度因生长年限和立地条件而异，生长年限越多，立地条件越干旱，根系扎得越深，一般可达 1 ~2 米，深者达 6 米。

沙打旺根瘤呈椭圆形、圆柱形，集合体呈珊瑚状或鸡冠状，一般个体较小，多着生于二级分枝根上。在条件适宜时单株根系结瘤数可达 500 多个。

②茎：圆形，中空。稀疏时基部稍匍匐，呈弧形曲线斜向上；密植时直立。一年生植株主茎明显，且有数个至十几个分枝，间有二级分枝出现；两年生以上植株主茎不明显，一级分枝由基部分出，丛生，每丛数个至数十个，多者近百个，其上可生出二级、三级分枝。分枝腋生。茎上稍布白毛。株高因土壤气候条件、生长年限、管理水平而不同，播种当年可达 30 ~150 厘米，两年以上者达 60 ~170 厘米，高者达 230 厘米以上。

③叶：子叶出土，长椭圆形或卵圆形。第 1、第 2 片真叶为单叶，第 3、第 4 片或单或复，从第 5 片起为奇数羽状复叶，小叶数 3 ~25 枚。复叶长 5 ~17 厘米。小叶互生，柄极短，椭圆形或卵状椭圆形，长 20 ~35 毫米，宽 5 ~15 毫米，全缘，先端钝或圆，有时稍尖，基部圆形或近圆形，上面无毛或近无毛，下面被白毛。托叶膜质，宽卵形，渐尖，基部分离或稍连合。

④花：总状花序，总花梗长 4 ~17.5 厘米，花序长圆柱形或穗

形，长 2~15 厘米。小花密集，每序有小花数十朵，多者达 135 朵。花冠蓝紫色、紫红色，具短梗。萼为筒状钟形，萼齿 5 个。旗瓣菱状匙形，长 13~18 毫米，中上部宽，顶端微凹，基部渐狭，无爪。翼瓣长 11~15 毫米。龙骨瓣形似翼瓣，长 9~11 毫米，先端微弯。雄蕊 9+1。子房密被白毛，基部有极短梗。

⑤果实：荚果长圆筒形或长椭圆形，长 7~18 毫米，宽 2.4~6 毫米，具三菱，稍侧扁，背部凹入成沟，先端具下弯的短喙，基部有极短柄。荚皮近膜质，被黑、褐、白或彼此混生的毛。背缝线凹入将荚果分为两室，内含褐色肾形种子数粒至数十粒。种子千粒重 1.4~1.8 克。

（2）生物学特性。沙打旺抗逆性强，适应性广，具有抗寒、抗旱、抗风沙、耐瘠薄等特性，且较耐盐碱，但不耐涝。

①抗寒：在冬季严寒的黑龙江省北部、内蒙古自治区大部地区，紫花苜蓿、白花草木樨等抗寒力较强的绿肥植物常常发生严重冻害，而沙打旺在那些地区不加任何防护措施都能安全越冬。据观测，沙打旺的越冬芽至少可以忍耐 -30℃ 的地表低温。连续 7 天日均气温达 4.9℃ 时越冬芽即行萌动。种子发芽的下限温度为 10℃ 左右。茎叶可抵御的最低温度为 -10.6~6.1℃，花蕾为 5.6~6.6℃，花和幼果为 1.1~2.5℃。在 -6℃ 以上时，半成熟的果实可继续发育至完熟。

②抗旱：沙打旺根系深，叶片小，全株被毛，具有明显的旱生结构。在年降水量 350 毫米以上的地方一般均能正常生长，其抗旱能力同耐旱的沙生植物油蒿、籽蒿相当。

③抗风沙：据试验，6 月 6 日播种的沙打旺，7 月 25 日和 8 月 7 日 2 次人工埋沙 6 厘米厚，到 10 月 26 日调查，埋沙的较不埋的株高增长 16.6%。据观察已萌发的沙打旺苗被风沙埋没 3~5 厘米，风停后茎叶仍能正常生长。

④耐瘠薄：沙打旺的耐瘠薄能力是较强的。在土层很薄的山地粗骨土上，在肥力最低的沙丘、滩地上，在干硬瘠瘦的退耕地上，紫花苜蓿和草木樨往往生长不良，产草量极低，而种植沙打旺却经

常获得成功。沙打旺对土壤要求不严，最适宜的是富含钙质、中性至微碱性（pH 值 = 6 ~ 8）、渗透性良好的壤质或沙壤质土。

⑤耐盐碱：据调查，在土壤 pH 值为 9.5 ~ 10.0、全盐量 0.3% ~ 0.4% 的盐碱地上，沙打旺可正常生长。当 0 ~ 5 厘米、5 ~ 15 厘米土层全盐量分别达到 0.68% 和 0.55% 时，沙打旺的出苗率可达 85%；当两个土层的全盐量上升到 1.18% 和 0.7% 时，沙打旺的死苗率仅为 10%。

⑥忌湿嫌涝：在低洼易涝地上沙打旺易烂根死亡。在沙质土壤上，苗期积水 3 天尚不致死苗，但在黏重土壤上则会出现死苗现象。

2. 沙打旺栽培利用及采种技术

（1）压青和沤肥。

①异地压青作追肥：在高温多湿季节，将沙打旺鲜草割下，作旱田、果园、水田的追肥，施后 10 多天即可发挥肥效。对旱田作物压青追肥要把沙打旺鲜草切碎（3 ~ 5 厘米），条状或穴状施于作物根旁，用土盖严，每 667 平方米施肥 1 000 ~ 1 500 千克；对水田可以整株顺稻苗行间踩入泥里，每 667 平方米施肥 500 ~ 1 000 千克。果树每株施肥 1.7 ~ 3.3 千克。

②就地压青作基肥：长势明显衰退的沙打旺，可在夏末秋初用拖拉机就地翻压，作下茬作物的基肥。压前不必将鲜草割倒，也不必耙碎，翻压深度 20 厘米左右。压后要适时耙耢保墒。由于翻压当年和第二年植株和根系不能充分腐烂，如果起垄播种可能被刮出地面，影响播种质量和中耕管理，所以就地压青后，第一茬作物最好采用平播。如必须起垄也应于中耕时进行。为充分发挥压青的增产作用，第一和第二茬庄稼宜安排需肥较多的密植粮谷作物。

③堆沤肥：沙打旺的鲜草和秸秆都可用来制作堆肥。堆制的方法与其他堆肥同。

（2）茬地利用。种过沙打旺的地，在改种其他作物前，必须翻耕，切断根系，使其不再萌生。同时，多年生沙打旺的地块一般都比较易板结，含水量较低，翻耕时易起大土块。为给下茬作物增产创造条件，应该力争早翻耕，多耙耱，以便多蓄水。此外，由于沙打旺生长期间消耗土壤中磷素较多，茬地种其他作物时必须增施磷肥，以平衡氮、磷比例。

（3）饲草利用。

①青饲：

放牧　在沙打旺不占优势的天然草场和人工改良草场上，可以直接放牧。但人工种植的沙打旺草地不宜直接放牧，而应作为割草基地。放牧时应实行分区轮牧制，有计划地繁衍草籽，定期补播，以保护草地长期繁茂高产。

割青喂饲　沙打旺再生力较弱，不适于多次轮割。对两年生以上的草地，一年内可刈割两次，第一次割时要留茬 15~20 厘米，以利再生。第二次刈割留茬 10 厘米左右。青草应先置阴处晾蔫后铡碎，拌入其他粗、精饲料喂养。

打浆发酵　沙打旺青草是猪的好饲料，可以打浆生喂、自然发酵喂，也可以生熟对半发酵或煮熟喂。喂时要粗、青、精三料搭配。为扩大冬、春季青绿饲料来源，可将沙打旺青草打浆后窖贮，实行旺季贮存，淡季喂养。打浆窖贮的沙打旺不仅基本保持青草中的营养成分，同时，还改进了风味，增强适口性。

制青干饲料砖　夏末秋初将沙打旺青草与其他野菜、野草、树叶、藤蔓等混合，切碎（长3厘米左右），置碾子上碾压，越细碎越好，当碾成糊状时，取下置砖模内成形，晾晒干透，贮于通风、干燥、隔潮的室内。

②青贮：沙打旺青草的粗蛋白含量高，不宜单一青贮，而宜与禾本科牧草饲料混合青贮，一般比例为 1：（2~3）。青贮宜在夏末秋初或稍晚时候进行，以大部分现蕾、个别开花，但种子不能成熟的植株青贮为好。

沙打旺青贮饲料可以喂各种牲畜，但用量不能过多，开始喂时则更应少些，最大的喂量以不超过日粮干物质的一半。

③青干草：作饲料基地种植的沙打旺，除部分用作青饲料、青贮料外，大部分可晒制成干草。大面积单一的沙打旺草地，最好使

用割草机刈割，晒干后磨成草粉。沙打旺青干草是各种牧畜冬季良好的粗饲料，还可部分代替精料。

④秸秆饲料：采收种子后的茎秆稍经调制仍为较好的粗饲料。将秸秆铡碎后用2%～3%的食盐水或井水（北方冬季需用温水）浸湿或浸泡数小时，如将切碎的秸秆经3—5天的自然发酵，不仅质地进一步软化，并可形成一定量的有机酸，改进风味，适口性提高。

（4）采种方法。沙打旺花期较长，花序成熟期很不一致，而且成熟荚果自然开裂等特点，在原种圃和良种繁殖圃，可采用分期采摘。这种方法可以提高种子纯度，减少脱落损失。大面积繁种基地，可在2/3的荚果变成黄褐色时，一次全面收割，留茬高10厘米左右（收割中如发现菟丝子寄生株要单独剔除烧掉）。割后捆成直径10～15厘米的小捆，集中摆在田间晾晒至干脱粒。

（九）紫穗槐

紫穗槐又称绵槐、鼬获、紫花槐、紫翠槐、穗花槐等。是多年生豆科木本植物。为紫穗槐属，该属多为落叶灌木或亚灌木，少有草本。约有15种，其中，有绿肥经济价值的只有紫穗槐1种。

紫穗槐原产北美，主要用于铁路、公路护坡，收割编织及观赏用。我国20世纪50年代，提出用紫穗槐作绿肥，一般是春割一茬绿肥，秋收一茬编织条的利用方式。

1. 植物学特征及生物学特性

（1）植物学特征。

①根：紫穗槐根系发达，播种当年幼苗主根可深入70厘米土层，水平根幅可达1米，侧根10～20条，细根多而密。3～5年生紫穗槐，根深可达1米以上，水平根幅3～4米，直径2毫米以上的侧根可达100多条。有70%～80%的根系分布在60厘米土层内，根系纵横穿插，密集成网，故较耐旱，护坡固沙效能好。

紫穗槐的根瘤多分布在0～30厘米土层内的新根上。1株2～3年生紫穗槐根瘤数可达300～400个。

②茎：紫穗槐为落叶灌木，茎直立或斜上，初生茎密被柔毛，

后渐脱落，一般长 1.5~2.5 米，高的可达 4 米。萌发力强，平茬后一般每一老条可萌发出 2~4 个新条，连续平茬 3~4 次的紫穗槐，每墩可萌发出 20~30 个茎条，成簇生长。木质化后的老条柔软光滑有弹性。

③叶：为奇数羽状复叶，互生，复叶由 9~39 片小叶组成，多数为 25~33 片，小叶矩形或椭圆形，长 1.5~5 厘米，宽 0.6~1.5 厘米，全缘，微被柔毛或无毛。叶面浓绿，叶背淡绿，叶量约占鲜体总量的 50%~60%。

④花：为穗形总状花序，着生在茎顶端。花小，长不到 7 毫米，深紫色，旗瓣为倒卵形，长 3~6 毫米，筒状。无翼瓣和龙骨瓣。有雄蕊 5+5 个，花药黄色，雌蕊 1 个，紫色，柱头上有短绒毛，胚珠两颗。萼为钟状。紫穗槐顶生花穗，每穗 3~6 个分枝，穗长 7~25 厘米。主花穗到盛花期时，分枝花穗达始花期。开花时雌蕊先伸出花冠，雄蕊后伸出，一个总状花穗由初花至末花，需 7~12 天。

⑤果实：紫穗槐每个总果穗着生荚果 1 000~2 000 个，荚果长 0.6~1.1 厘米，略呈弯曲状。每荚种子 1 粒，成熟后淡褐色。荚皮表面排列有不规则的腺包 30~50 个，内藏挥发性芳香油，有浓香。种子富含脂肪和维生素 E，千粒重约 12 克，每千克种子有 8 万~9 万粒。

（2）生物学特性。

①耐盐性：紫穗槐耐盐性较强，各地试验表明，紫穗槐苗期根际土壤含盐量在 0.3% 左右能正常生长，达 0.5% 时则明显受害，一年生以上苗木耐盐可超过 0.5%。其耐盐程度稍次于柽柳、沙枣，而强于胡杨、榆、洋槐、杨、柳等树种。

②耐旱耐涝：具有较强耐旱性，其根系发达，能充分利用土壤水分。据河北省沧州地区农科所测定，在轻质壤土上的紫穗槐，0~50 厘米土层水分在 8.3%~9.5% 的情况下，100 天无雨仍不受旱；在半干旱风沙地区，沙层水分含量 2.5%~3% 的情况下，仍能正常生长。

③耐寒、耐阴、抗沙压：紫穗槐适应性强，分布范围广，自然垂直分布上已达海拔 1 800 米以上。在湖南、江西、浙江的酸性红壤，黄河沙碱地，以及东北、西北沙荒盐滩均能生长。其耐寒、耐沙压、耐阴抗虫的能力也很强。

紫穗槐有较强的耐寒性，当紫穗槐初引进时，在北纬 43°以北地区产生冻害，经多年种植后，耐寒力有所增强。在 −30℃，短期冻土达 1 米深的情况下，枝梢虽冻死，但次春植株下部仍可萌发新茎条。

紫穗槐茎条萌发力强，耐沙压。沙压不超过 1/3 时仍能正常生长，如超过 2/3，则生长不良。

紫穗槐也较耐阴，适宜与各种乔木栽植混交林，且抗病虫能力强。

④生长快：紫穗槐是一种速生植物，在一般土壤条件下，春季播种的一年生苗，高 1 米以上，两年生的茎条达 1.5～2.5 米，4 年生的茎条甚至可达 4 米以上。在华北生长较快的 4 月下旬茎条日增长量达 4～4.5 厘米，5 月上旬日增长量仍有 3.1～3.7 厘米。因此，成林快，绿肥鲜体产量高。

⑤生长利用年限长：紫穗槐生长势强，一年种植多年受益，14～15 年生紫穗槐茎条仍能正常生长。但是，由于多年不断刈割，茎条萌发基点随割条次数增多而逐渐升高，丛墩过高不利新枝条生长，影响茎条产量，应进行更新。一般 10 年左右进行更新 1 次，即把地面老墩去掉，让地表下再生新茎条，这样仍可继续利用。多次更新可连续利用 30～40 年。

2. 紫穗槐利用价值

紫穗槐用于绿化造林，可改造沙荒及旱薄盐碱地，并为农业提供大量绿肥、饲料、燃料和工副业原料等，对促进农、林、牧、副业发展具有重要意义。

（1）增加肥料。紫穗槐可利用荒废隙地及零星地种植。割青用于农田实行"以荒养田"，促进粮棉增产。一般每 667 平方米施500 千克紫穗槐绿肥，当季可增产粮食 50 千克左右。

（2）固土护坡，保持水土。紫穗槐根系密集，枝叶繁茂，冠幅大，具有良好固土护坡保持水土的作用。

（3）增加饲料，扩大蜜源。紫穗槐鲜茎叶营养丰富，是良好的饲料。花又是较好蜜源，广种紫穗槐有利养蜂业的发展。

（4）增加副业原料。紫穗槐茎条光洁，是编织多种包装筐、箱、农用筐具的好原料。种植紫穗槐既增加了绿肥，又提供副业原料，增加经济收入，从而又能促进农业发展。此外，紫穗槐茎叶以及种子又是造纸、颜料和农药等工业原料。

3. 紫穗槐栽培和采种技术

（1）育苗。

①种子处理：紫穗槐种子荚皮厚，又含油质，不易吸水发芽，播前须种子处理。可用 60～70℃温水浸种或用碾压刻伤种皮方法进行处理。

②播种方法：一般多采用穴播，挖直径 15～20 厘米、深 10 厘米的小穴，整平穴底，灌足底水，待水下渗后，每穴播种 10 粒左右，播深 1.5～2 厘米。如用沟播，即在整好地后，开 10 厘米深、15 厘米宽的沟，灌足底水，将种子撒下，每 667 平方米用种 0.5～1 千克。出苗后，注意除草，当苗高 5～10 厘米时，去掉弱苗。旱地可采用抢墒播种或雨前干播，等雨出苗。

③苗期管理：土壤水分适当，播种后 6～10 天即可出苗。当苗高 5 厘米时进行间苗，10 厘米时按每 667 平方米 3 万～4 万株定苗。

定苗后供给适当水分并施给少量化肥，以促幼苗生长。紫穗槐在苗期浇水或遇雨后，应及时进行中耕，以保持土壤表层疏松。苗期如发现蚜虫、灰象甲、蝼蛄、地老虎等虫害应及时防治。

④起苗：春季育苗，当年秋季或翌春即可起苗移栽。起苗时注意少伤根系，主根要保留 20 厘米左右。

（2）移栽。移栽的密度，因利用目的不同而有变化。作绿肥或水土保持用，行距 1 米，株距 0.5～1 米，每 667 平方米 660～1 300 墩（每墩栽 3～4 株，下同）；采种用的要稀植，行距 1.5～2.2 米，株距 1 米，每 667 平方米 290～440 墩；防风固沙用，应与乔木结合，在乔木间每0.5~1米种一墩，如风沙严重，也可采用多行密集式栽植，以提高防沙效果。移栽时间多在春、夏、秋三季进行，春季在解冻初期，秋季在落叶后至封冻前，雨季多在连阴季节（北方多在6月下旬至7月中旬）。紫穗槐苗挖出后剪去茎上部，留下10~20厘米。苗木在移栽前须保持湿润，随栽随取，以提高成活率。栽植时，将苗木直立于栽植坑或沟中，先培上一层土，再将苗木向上提一下，以免窝根，然后再随培土随踩实，使苗根与土壤密切结合，最后覆一层浮土，以减少水分蒸发。埋苗深度应根据环境条件而定，在一般地栽培，苗茎露于地面，沙地应将苗茎埋入土中4~5厘米，低湿地或雨季栽植时，苗茎可全部露出地面。坑植一般按三角形或方形挖穴（长、宽、深各30厘米），每穴栽3~4株。沟坡地移栽，以小坑种植成活率高，又较省工。其坑宽10~12厘米，长、深各20厘米，在红壤及黏重的丘陵坡地栽植，可打穴孔移栽，比挖坑栽植可提高成活率44%，同时，还可提高工效1倍以上。

（3）栽植后的管理。紫穗槐移栽或直播后，应进行保护，防止人畜损坏，并要适当管理，以加速生长，使其尽快收到效益。紫穗槐的管理因栽植目的不同而异。除护坡防风固沙利用外，一般应进行中耕灭草，以加速紫穗槐生长。作为绿肥及护坡用，第一年一般不进行平茬以促其生长，两年后再进行平茬，3~4年再实行一肥一条的利用；留种用紫穗槐，当年一般不平茬，到第二年再平，以促其多萌发新条，第三年则可留条，以备翌年结籽。如连续结籽数年，枝干粗大采摘种子困难时，须进行更新。即砍掉结籽母株，让其生长新条，再行留条收籽。

（4）留种。

①留种地选择：紫穗槐喜光耐湿，采种应选择阳光充足、土壤肥沃、生长良好的紫穗槐纯林地。

②选留采种条：经过2~3次平茬后，于秋末割条时，去掉弱条，每墩留下4~5个健壮茎条，作为采种母株。

③采种及贮存：紫穗槐种子成熟期因气候不同而异。在华北地区一般9月中下旬成熟，南方早些，东北、西北晚些。当荚果由黄

变褐时为采种适期。一般每 667 平方米紫穗槐可采种 50～75 千克。采收的种子需晾晒 5～6 天。

（十）油菜

油菜是我国主要油料作物之一，它适应范围广，繁殖系数大，适于多种耕作制中的茬口安排，并有一定活化和富集土壤养分的功能，因而很多省、区也栽培利用为绿肥。它不是一个种，而是包含十字花科芸薹属植物中的若干种。通常区分为三大类型：白菜型油菜、芥菜型油菜、甘蓝型油菜。3 种类型中所有油菜品种，均可作绿肥栽培。惯用为绿肥的，主要是前两种类型中的若干种品种。

白菜型油菜：

通称甜油菜、白油菜、油白菜或油菜白。栽培比较广的有两个种，一个是北方小油菜，分布于我国西北、东北、华北各春油菜区。

芥菜型油菜：

通称辣油菜、苦油菜、麻菜、臭油菜、高油菜和大油菜等。主要也有两个种，一个是小叶芥油菜；另一个是大叶芥油菜或称云芥，主要分布于我国西北与西南各省、区，南方一些省、区，旱作地只有零星栽培。这一类型的株型比白菜型的高大松散，分枝纤细而且部位高，生育期稍长，主根粗而入土较深，耐旱和耐瘠性能较强。

1. 植物学特征和生物学特性

（1）植物学特征。一年生或越年生直立性草本。株型随类型和品种不同而异。芥菜型品种一般高于白菜型的；南方油白菜一般高于北方小油菜。直根系，主根呈圆锥形，入土 30～50 厘米，最深可达 100 厘米以上。茎、苗期短缩，抽薹后旺盛伸长，次芽形成多数分枝；表面光滑，或披蜡粉。基出叶，白菜型品种多全缘，芥菜型的有锯齿和缺刻；抽薹的茎出叶，白菜型的基部全抱茎，芥菜型品种具短柄。花序总状，发育于主茎和分枝先端，每一花序着花数 10 朵。每一单花有花冠、花萼各四瓣，花冠鲜黄，呈十字形排列。角果长圆，长 3～7 厘米，宽 4～10 毫米；芥菜型的一般短且细。老熟果角分裂成两片狭长的船形壳状物，中有隔膜相连，种子着生于隔膜两侧，每一角果有种子 15～25 粒。种子圆形或成卵圆形，色有淡黄、金黄、淡褐、深褐乃至黑色；千粒重，蚧菜型品种一般 1～2 克；白菜型的 2～3 克，有的达 5 克以上。

（2）生物学特性。油菜喜温暖湿润气候。种子无休眠期，发芽最适温度 16～20℃，最低温度 2～3℃；发芽最适宜的土壤水分，为土壤含水量的 30%～35%。在最适宜的温度和土壤环境中，播种后 3～4 天可出苗；随着气温下降，发芽出苗日期相应延长。当日平均气温为 12℃，播种后需 7～8 天出苗；日平均气温为 8℃，出苗时间需 10 天以下，日平均气温降至 5℃ 以下，播种后需 20 天左右才能出苗。苗期稍耐低温，生育期长而冬性又强的品种，短期零下 8～10℃，可不受冻害；生育期短的春性品种，一般只能经受零下 2～3℃ 低温。而幼苗生长的最适气温仍为 12～18℃。苗期对土壤水分要求，为土壤持水量的 74% 左右。现蕾抽薹以后，最适宜气温为 14～18℃；最适土壤持水量为 75% 左右；适宜的大气相对湿度为 70%～80%。气温在 10℃ 以下，或 25℃ 以上；土壤持水量低于 70%，或高于 85%；大气相对湿度在 60% 以下，或在 90% 以上，对开花授粉均不利。角果发育和种子成熟期间，要求天气晴朗，日照稍强，气温能在 20～25℃。油菜，除低洼渍水地、沙砾土、含盐量高于 0.3% 的盐碱土外，多数土壤均能种植。而以土层深厚肥沃、pH 值为 6.5～7.5 的沙壤土、壤土或黏壤土生长发育最为良好。在北方很适于春季或麦收后作短期绿肥。它的生长需肥量较大，而耐旱、耐荫蔽等性能则不如紫云英、苕子、肥田萝卜。多数品种的抗病虫能力也弱，其中，白菜型品种表现更差。秋种全生育期 180～220 天，春、夏播作短期绿肥，60～70 天可进入花期。

2. 油菜利用价值

（1）混种与间作。在绿肥栽培中，混、间种油菜的目的要求大致有两点：一是多层利用光能，提高单位面积产草量，并调节其碳、氮比，使耕沤后养分释放与接茬作物的需肥比较趋于协调。二是油菜收种，其他混、间绿肥压青，或采收部分子实后再压青，用地与养地并举，并缓和绿肥与油料生产的争地矛盾。混、间作物全做绿肥的栽培技术。南方稻区，常采用紫云英、油菜；或紫云英、油菜、大麦等混种形式，单位面积产草量，比各品种单作，可提高30%~50%，对水稻供肥的强度与时间也有所改善，有利于水稻增产。江西省抚州地区农科所在冲积性稻田试验，油菜与紫云英混种做绿肥，后茬早稻田 667 平方米产 306.4 千克，比紫云英单作的，增产稻谷 17.85 千克，增产率 6.2%；比油菜单种，增产稻谷 36.4千克，合 13.5%。黑龙江省在麦收后采用油菜与民豌豆间作压青，667 平方米产鲜草 761 千克，对提高鲜草产量和品质，表现均良好。这一栽培形式，若在稻底套种，宜选轻松肥沃的土壤进行，黏重板结而又瘠薄的稻田，油菜扎根难，成苗率低，生长势差，混播效果不显著。耕地整地播种，则更易见成效，整地要求与单作油菜同。选用品种时，首先应考虑混、间组合中各品种的最适耕沤期能相互遇合，并能与后茬作物播种或移栽相协调。其次应根据具体环境、品种习性及种植的目的要求，以调节混、间品种的用种比例、播种时期和播种的方式方法。例如，油菜与紫云英、大麦等混、间种，在一般情况下，紫云英用种量较常规配比应适当提高，并适当早播，齐苗以后，加入油菜种子；而大麦的用种量，较常规配比应适当降低，若条件许可，应比油菜推迟播种。但在土肥等环境条件较差的地区种植，混、间组合中，提高耐瘠、耐寒品种的用种量，又往往有较好的效果。其他混、间绿肥作物压青的栽培技术。这一栽培形式，全国各地均有采用。南方一季早、中稻区，采用油菜与紫云英、金花茶或苕子混、间种，在一般情况下，每 667 平方米可收油菜籽 25~50 千克，绿肥鲜草 1 000~1 500 千克，种、草产量常有成负相关趋势。有的以油菜和豌豆或蚕豆间作，油菜收籽，蚕豆或豌豆采摘部分青荚后压青，每 667 平方米一般收油菜子25~40 千克，青豆荚 200~250 千克，绿肥鲜草 1 000 千克左右，经济效益高。辽宁省西北部地区，在苜蓿、草木樨、沙打旺等豆科牧草中，混种臭油菜（云芥），早春顶凌播种，当年收油菜子，翌年收牧草，一种两收，提高了收益和土地利用率。这一栽培形式，整地要求同油菜单作。品种的选用和组合，应考虑绿肥作物的翻压适期与后茬作物种植期相衔接；而油菜的成熟期，应略早于绿肥的翻压期。其次，事先应有明确的种植计划与目的要求。若以油菜收种为主要目标，如安徽省安庆地区的油菜与大荚箭筈豌豆间、混种，则耕作管理应按生产油菜子进行。若以绿肥为主要目标，则栽培管理应服从于绿肥作物的生育习性。若两者并重，则彼此均应有所照顾，使个体发育与群体结构相互协调。尽管目的和形式多样，但在混、间种中，都应重视基肥与种肥的施用；重视与豆科绿肥的搭配。

（2）肥用的效果。油菜植株的养分含量高于肥田萝卜或大麦，对后作有良好肥效。单位面积产肥量，以结角初期最高，留种栽培，由于其残落和副产品数量大，肥分高，若全部归还土壤，则取之于土壤的为数不多。另外，它在生育过程中，具有一定解磷特性，并能提高土壤养分的有效性。如油菜施用磷矿粉，不仅鲜草产量提高，植株含磷量和土壤速效磷较不施的也有明显增加。据测定，油菜连作地的土壤水解氮和速效磷，有高于苕子或大麦连作地的。所以，栽培利用油菜为绿肥，压青能供肥增产，收种亦不过分消耗地力。

（3）饲用与油用。油菜系油、饲、肥兼用作物，其经济价值主要在于油用。每 50 千克油菜子可产油 15~17.5 千克，产菜籽饼 32.5~35 千克，秸秆和种子的比值约 3.3。它的绿色体和油饼都含有丰富的粗蛋白质、氨基酸、维生素等营养物质，可供饲用。收种后的秸秆和果壳，经加工粉碎，亦可作家畜饲料。667 平方米收 100 千克油菜子，可供饲用和肥用的副产品、数量很高，菜籽饼除含粗蛋白等营养成分外，还含有氨基酸和脂溶性维生素，有较高的营养价值；但它也含有一定毒质，必须经过加温或其他处理，消除毒质，始可大量作猪、牛的精饲料。油菜绿色体和收籽后的副产品，还能沤制沼气，以通过饲喂牲畜和沤制沼气再肥田的经济效益高。

（十一）肥田萝卜

肥田萝卜又称满园花、茹菜、大菜、萝卜青等。主要以冬绿肥栽培于长江以南的湖南省、江西省、广西壮族自治区、广东省、福建省、湖北省和浙江省西部地区。秋末冬初播种，翌年春末耕沤或刈割利用。与紫云英、苕子同地栽培比较，表现生育期短，耐瘠性强，适播期长，耐迟播。所有栽培老区，都有相适应的地方优良品种。

1. 植物学特征和生物学特征

（1）植物学特征。肥田萝卜为一年生或越年生作物，苗期叶片簇生于短缩茎上，中肋粗大。现蕾抽薹后，渐次伸长为直立形单株。叶长椭圆形，疏生粗毛，缘有锯齿，柄粗长。茎粗壮直立，圆形或带棱角，色淡绿或微带青紫，高 100 厘米，分枝较多；老熟中空有髓，木质化程度增强。直根系，肉质，侧支根不发达，主根鼓大程度和形状，随品种与土壤质地等栽培条件而异。抽薹以后，各茎枝先端逐渐发育成总状花序，每一花序着花数 10 朵。花冠四瓣，呈十字形排列，色白或略带青紫；内含雄蕊 6 枚，雌蕊 1 枚；萼淡绿，四裂呈长条形。果角长圆肉质，长约 4 厘米，先端尖细，基部钝圆；老熟色黄白，种子间细缩，内填海绵质横隔；柄长 1.5 厘米左右。每角含种子 3～6 粒，不爆裂、也不易脱落。种子形状不一，多数为不规则扁圆形，夹杂少数圆锥形、多角形或心脏形；色红褐或黄褐；表面无光泽，有的现螺纹圈。种子千粒重，随品种、地区环境与栽培条件的变化、差异极大，一般 8～15 克，以栽培在质地轻松、排水良好、肥力中等的土壤上的千粒重高。

（2）生物学特性。肥田萝卜喜温暖湿润气候。种子发芽最适温度 15℃ 左右，最低温度 4℃。全生育期所要求的最适温度 15～20℃，低于 10℃，生长缓慢；高于 25℃，对开花结实不利。苗期较耐低温，日平均气温短期下降至 0℃，不显冻害；短期下降至零下 5～7℃，有冻害出现，仍不致严重死苗。气温在 15℃ 左右时，最适于肉质根的生长膨大。抽薹开花最适温度，多数品种在 18～20℃。对土壤要求不严，除渍水地和盐碱土外，各种土壤一般均能种植。对土壤酸碱度的适应范围为 pH 值为 4.8～7.5。由于它耐酸、耐瘠、生育期短，对土壤中难溶性磷、钾等养分利用能力稍强等特点，在我国红黄壤地区，栽培较广。稻田冬季种植，无论压青或收种，对晚稻接茬比较适时；对来年早稻适时插秧，影响较小。与现有其他冬季绿肥品种比较，耐渍、耐旱、耐低温与荫蔽等性能，均不如紫云英和苕子；对难溶性磷的利用能力，低于紫云英而强于苕子；对难溶性镁的利用能力，比两者均稍强。在同等栽培条件下，压青期土壤有效磷测定，种紫云英、光叶紫花苕子、蓝花苕子的耕层土壤，较之播种前均有所下降；而肥田萝卜的耕层土壤，却比播种前高出 1.45 倍。在稻田秋末耕地播种情况下，田间出苗率比较，紫云英一般为 80% ~90%，肥田萝卜为 70% ~80%。越冬前幼苗成活率比较，在正常情况下，紫云英和肥田萝卜均可达出苗数的 88% 左右；若秋冬长期干旱，紫云英仍可以保持在 80% 左右，而肥田萝卜则下降为 55% ~60%。秋播全生育期，早、中熟品种 180 ~200 天，晚熟品种在 210 天以上。

2. 肥田萝卜生产利用情况

肥田萝卜可单作，也可和豆科、禾本科多种绿肥混作或间作。在耕耙整地播种情况下，混、间作的鲜草产量与品质，一般优于单作的。

（1）单作。整地，要求深耕细耙，使耕层土壤疏松，水分含量干湿适度。播种后，种子能较快扎根出苗，是种好肥田萝卜的首要条件。质地较黏的土壤，精细整地更不容忽视。江西农谚有"九犁萝卜十犁瓜"，正说明群众对多耕多耙的重视。若整地粗放，对种子扎根、出苗和苗期生育均十分不利。播种时发芽所需的土壤水分不足，种子在土壤中停留时间稍长，即容易丧失发芽力。若土壤过湿，则幼苗生长势弱，成苗率也低。双季连作稻田接着种肥田萝卜，整地时间紧迫，若土质黏结难于耕耙散碎时，犁翻以后，可即开沟作畦，任其晒伐。土伐晒透，按一定行穴距离，碎土开穴，并用稀薄粪尿点穴，播种后再覆土，既是抗旱播种的有效措施；又可收到土壤晒伐、冻土的功效。

（2）混种。肥田萝卜可以同紫云英、金花菜、箭筈豌豆、苕子、黑麦草、大麦等绿肥混种。不同绿肥作物，地上部分和根系的生态各不相同，混种组合选择恰当，能较好地利用土壤，改良土壤；能较好地利用地面空间，提高鲜草产量。同时，不同绿肥植株的营养成分和碳、氮比也各不相同，混种绿肥翻压后，能调节分解速度，平衡和丰富对后茬作物的养分供应。此外，绿肥作物混种，对适应自然环境，抗御自然灾害也有利，是绿肥稳产高产的一项重要措施。

与肥田萝卜混种的常见组合，有肥田萝卜、紫云英（苕子、箭舌豌豆）；肥田萝卜、豌豆（蚕豆）；肥田萝卜、紫云英、大麦（黑麦草）；肥田萝卜、紫云英、大麦、油菜等。秋闲田地播种冬绿肥，有较充裕的时间耕耙整地，对多种混种组合，一般都相适应。但这类田地的水利和土壤肥力条件多数较差，在混种组合中，应选用比较耐旱、耐瘠的品种。双季稻田接着种冬绿肥，水肥条件一般较好，但换茬时间紧，土壤多板实，多数地区的冬绿肥是采取稻底套播。因肥田萝卜的侧支根欠发达，稻底套播，不易扎根成苗，故除少数疏松肥沃的冲积土稻田外，一般不宜采用肥田萝卜加入其他绿肥在稻底混种。同一混种组合中，要考虑各品种的生育习性和生育期。群众经验："肥田萝卜沤角，紫云英沤花，大麦沤芒。"若上述3种绿肥的品种组合恰当，则压青时，结角、盛花、齐穗3个生育期，将能相互遇合一致，发挥各自的生产潜力。混种绿肥的用种比列，一般是两种混播，采用各自单播用种量的1/2；3种绿肥混播，采用各自单播用种量的1/3。在这基础上，再根据混种的目的要求和品种的生育习性，斟酌增减。一般高矮草混种，高草可按上述用种量配比，保持应有的用种量，而矮草按上述配比，应适当加大用种量，则生产将更为利用。

（3）饲用与食用。肥田萝卜幼嫩时，可供食用与饲用。抽薹以后，其茎叶及肉质根，均渐趋木质化。但结角期以前，仍可直接用做青饲料，或加工制成青贮饲料，适口性良好，家畜都喜食。它是冬春牲畜青饲料的可靠来源，而且供应时间比较长。肥田萝卜的单位面积鲜草产量和氮、磷、钾总产量，概以结角初期为最高，这时也是它的最适翻压期。由于它株型高、茎枝多粗壮，耕沤之先，必须截成小段，匀撒田面，以利深压入土。同时，耕沤期植株的纤维素和木质素含量高，水溶性物质含量较低，故翻压入土后分解较慢。南方双季稻田带水条件下耕沤，分解高峰常在耕沤后的 1 个月左右，比紫云英供肥慢。为了满足后茬水稻分蘖的养分要求，插秧以前，必须适量增施氮、磷速效肥，以利于水稻返青与分蘖。旱地耕沤，往往由于土壤水分不足，较难腐烂，更应重视短截深埋，不让绿色体裸露地面。肥田萝卜的肥效，在对后茬作物的供肥增产，或对土壤的培肥改土，无论稻田或果园，也无论单作或与其他绿肥混作，表现均极为明显。

3. 肥田萝卜采种技术

肥田萝卜留种，多数在陆续收获萝卜作蔬菜后，将剩余植株留下采收种子，供下一年冬绿肥播种用，极少有专门留种栽培的。因而产种量不高，667 平方米产一般 60～80 千克，高产品种 120 千克左右。为了提高肥田萝卜的产草量和肥效，应有计划地进行留种栽培。留种田必须选用优良品种，在中等肥力的沙壤土或黏壤土上种植。同时，要求邻近较少其他十字花科植物。留种栽培的 0.3～0.4 千克中，要求保有 2 万左右苗，以后并分次除病去劣。播种方式，以条播或点播便于管理。条播行距 35～40 厘米；点播行穴距离 40 厘米×20 厘米。在轻松肥沃杂草又少的地块播种，也可采用撒播。种子带磷肥、灰肥、腐熟有机肥下种，能促进生长，提高产量。红黄壤和缺磷土壤种植，磷肥拌种或做基肥，是一项必不可省的增产措施。缺磷土壤不施磷肥，幼苗生长瘦弱，越冬死苗严重，即使冬后残存株，亦枝少色黄，难于成角结籽。如气候干旱，土质轻松，覆土可稍厚；若天气多雨，土壤黏重湿润，覆土宜浅，或仅用灰肥、腐熟有机肥盖籽。

肥田萝卜整个生育过程中，都要求比较疏松的土壤环境。当幼苗出现 2～3 片真叶时，应锄草松土 1 次；抽薹前再锄 1 次，结合追肥与培土。花期要求每 667 平方米保留 1 500～2 000株。如土质黏结，雨水频繁，或出苗前后土壤太湿，齐苗以后应提早松土，并增加次数。肥田萝卜耐瘠性虽稍强，但适量施用有机肥做基肥；播种时带磷肥和灰肥；苗期和薹期分次追施氮、钾肥，对提高产量仍有明显效应。肥田萝卜不耐渍，要求排水通畅，地面不渍水；但当表土过旱，也应适时进行沟灌。开花结荚期需水较多，宜保持较高的土壤湿度。肥田萝卜主要虫害有卷心虫、蚜虫、猪叶虫等；主要病害有霜霉病、白锈病，应及时防治。在长期渍水情况下，还易发生根腐病，务须排除渍水和降低地下水位。

肥田萝卜收种短期，果序先端果角多数已饱满，中、下部果角呈黄色，即可收割。由于它没有裂角落粒现象，接茬条件许可时，适当迟收，比提早收获更有利。植株刈割后，运至晒场摊放，不宜大堆堆积，待茎秆和果角现枯黄，即可选择晴天暴晒，用连枷或其他器械脱角脱粒，清除杂物，扬净晒干，贮存于阴凉高燥处，防止受潮和虫、鼠为害。

（十二）黑麦草

黑麦草为多年生和越年生或一年生禾本科牧草及混播绿肥。此属全世界有 20 多种，其中，有经济价值的为多年生黑麦草，又称宿根黑麦草和意大利黑麦草，又称多花黑麦草。

我国从 20 世纪 40 年代中期引进多年生黑麦草和意大利黑麦草，开始在华东、华中及西北等地区试种，50 年代初江苏省盐城地区在滨海盐土上试种，结果以意大利黑麦草耐瘠、耐盐、耐湿、适应性强；产草、产种量均比多年生黑麦草好。因此，栽培面积以意大利黑麦草为多。

黑麦草在我国长江和淮河流域的各省市均有种植，以意大利黑麦草为主。利用黑麦草发达的根系团聚沙粒，茎秆的机械支撑作用以及抗盐、耐寒等特点，与耐盐性弱的豆科绿肥苕子、金花菜、箭筈豌豆等混播，可克服这些豆科绿肥在盐土上种植出苗、全苗困难以及后期下部通风透光不良等问题。豆科绿肥与黑麦草混播，一般比单播可增产鲜草 20%～30%，地下根系增产 40%～70%。

1. 植物学特征与生物学特性

（1）根的生长。意大利黑麦草根系发达。根系由胚根和次生根组成发达的根群。从两叶期开始生长次生根。根系从出苗到种子成熟前其生长深度基本呈直线增长，旬增长量一般在 3 厘米以上，最高的可达 20 厘米，入土深度 100～110 厘米。水平根幅 45～75 厘米，侧向生长的速度略低于向下生长的速度。并有冬前（11 月上旬到 12 月下旬）和冬后（4 月上中旬）两个较明显的高峰期，到抽穗时，根系向下伸展与侧向水平伸展基本停止。在茎秆的中下部节上还可以产生不定根，在掩青翻埋不严时，裸露的茎秆节上可产生根系，发育成新的植株。

根系在土层中的分布。据孕穗期对单株黑麦草冲根观察结果：根系的垂直分布以 0～10 厘米处最多，11～20 厘米次之，21 厘米以下根系数较少。其重量分布，亦以 0～10 厘米片最多，占根系总量的 72.8%～86.50%，11 厘米以下，逐次递减。根系总重量与鲜草产量相比基本相近。但随着生长期不同有一定差异；返青旺长后地下部分较高，约等于地上部分的 1.22 倍；拔节期，地下部和地上部相近；到抽穗期地下部相对减少，只有地上部的 60% 左右。

（2）叶的生长。种子发芽以后，幼苗向上伸长，并逐步展平成叶片。叶鞘裹茎，叶片狭长，叶面可见平行叶脉，叶背光滑有光泽，中央有一突起的中脉。叶片长度一般在 10～15 厘米，最长可达 35 厘米，宽 2～3 毫米，少数达 11 毫米。一生中主茎上可生长 9～24 片叶子。不同播种期有一定差异，秋播在 16～24 片，春播较少。一般每一分蘖有 2～3 张叶片，叶面积在 10.6～14.4 平方厘米，生长旺的可达 22.8～23.4 平方厘米。早播的大于迟播的，稀植的大于密植的，地力肥的大于地力瘦的。黑麦草正常叶片由叶鞘、叶片、叶舌、叶耳组成。幼叶作包旋状，叶舌窄短，叶耳拟爪，不锐利。叶片数的增长和气温有密切关系。

（3）分蘖和茎的伸长。黑麦草分蘖力很强。在单株稀植、肥水较好的条件下，出苗后一个月分蘖明显加快，到抽穗前 10 天左右达最高峰。旬平均增加 13.2～47.0 个分蘖。分蘖的有效性和密度、长势及后期倒伏程度有关。大田栽培由于密度较大，有效性只有 30%～50%，而单株栽培的有效性一般在 60%～90%。各期分蘖的有效性并不一致。冬前和越冬期间产生的分蘖，长势旺，有效性高，一般在 65.5%～90.5%，高的可达 100%。返青、拔节期间产生的分蘖，生长较差，有效性一般只有 38.7% ~ 74.8%。拔节后产生的蘖，由于拔节后植株内部荫蔽条件得到改善，使后期分蘖得以正常生长，有效性又可达 80.3% ~ 98.2%，但这些分蘖穗小、粒少、粒轻、产种量较低。成熟时株高一般 70 ~ 90 厘米。

黑麦草茎秆呈圆柱形，中空、有节。秋播一般有 4 ~ 11 节，其中，70% 以上的植株地面以上只有 5 ~ 7 节。早春播种的有 5 ~ 8 节，其中 85% 以上的植株为 5 ~ 6 节。同一植株，因分蘖发生的时间不同，地面以上节数也不一致。冬前分蘖成熟时地面以上有 5 ~ 8 节，越冬期间的分蘖为 4 ~ 7 节，返青到拔节期间的分蘖为 4 ~ 7 节，拔节后产生的分蘖，地面以上只有 2 ~ 6 节。

2. 利用价值

黑麦草鲜草产量高，养分丰富，既可作绿肥，又是牲畜的好饲料。在江苏省盐城，一般春天刈割两次，667 平方米产鲜草 1 250 ~ 2 850kg，晒干率达 27% 左右。干草含粗蛋白 12.3% ~ 13.6%，脂肪 2.6%，粗纤维 27.8%，灰分 4.5%，鲜草可作青饲，制成干草后，其适口性也很好。

黑麦草鲜草含氮素 0.248%，磷（P_2O_5）0.076%，钾（K_2O）0.524%。生育期不同，植株与根系的氮素养分有明显差异，其中，以冬前、越冬和返青期的含氮量较高。根系发达，一般 667 平方米产鲜根达 1 000 ~ 1 750 千克。

（1）以黑麦草与豆科绿肥混播，可以提高土地和光能的利用率，生产更多绿色有机物。当采用黑麦草与豆科绿苕子、金花菜、箭筈豌豆、紫云英等混播，由于两者生物学特性不同，从而有利于充分利用水、肥、光，发挥种间互利的作用，增强绿肥的抗逆性，达到增加复合群体的密度和高度，提高绿肥总产量。

（2）种植黑麦草可以扩大肥料来源，改良土壤结构与增加土壤肥沃性，将黑麦草压青，能更新积累土壤有机质。江苏省农业科学院土壤肥料研究所在南京试验证明，豆科绿肥中加入黑麦草混播连续 3 年后，其土壤有机质比种前增加 0.21%，而只种紫云英地 3 年后土壤有机质只增加 0.15%。中国科学院南京土壤研究所试验，连种 3 年苕子与黑麦草混播地比连种 3 年苕子地，不仅土壤腐殖质含量增加，而且还可以提高土壤中小于 21 微米的复合体的数量，使吸收铵量增加 74 ~ 82 毫克，交换量增加 1.9 毫克。

（3）持续稳定增加粮棉产量，增多收益。黑麦草与豆科绿肥混播后，鲜草耕埋入土，由于碳氮比得到调节，在土壤中的分解速率平稳，养分释放缓长。据试验混播绿肥耕埋 25 天后分解率为 19%，而苕子分解率达 36%，两个月后，混播绿肥分解率为 56%，而苕子达 72%。其水解氮的释放同样是黑麦草与苕子混播在作物生长前期比苕子区低，后期高。因此，黑麦草与豆科绿肥混播比豆科绿肥单播的对后作物增产更多。江苏省新洋试验站 6 年试验，黑麦草与苕子混播比苕子单播的棉花产量增加 1.10% ~ 13.35%，比不种绿肥的增产 16.11% ~ 21.25%，尤以盐渍化较重的地，混播区比苕子单播增产率更大，增产 7.54% ~ 18.35%，比不种绿肥区增产 42.68% ~ 97.60%。江苏省农业科学院在南京 3 年试验，黑麦草与紫云英混播区平均 667 平方米产稻谷 354 千克，比不种绿肥对照区 3 年平均 667 平方米产稻谷 321.65 千克，增产 10.2%。

黑麦草与豆科绿肥混播能多产鲜草和根系，其主要原因是：豆科绿肥有根瘤菌固氮，根系排出的氮和分泌的酸性物质较多，对钙离子的代换吸收能力强，有助于黑麦草对土壤中氮、磷的吸收利用。加之黑麦草有在表土上产生白色须状根的特性，能增进表土层有机质的含量。因此，能使黑麦草生长良好；植株的含氮量增加。同时，黑麦草茎秆的机械支撑作用，能限制豆科绿肥匍匐，增加绿色层高度，改善通风透光条件，提高复合群体的产量。

3. 黑麦草采种技术

（1）环境条件。

①温度：黑麦草喜温暖湿润的气候。在气温 10℃ 以上能较好的生长，27℃ 以下生长最适宜，35℃ 以上生长不良。

种子发芽适宜温度为 13 ~ 20℃，低于 5℃ 或高于 35℃ 发芽困难。13℃ 以下发芽速度显著减慢。如在气温 20 ~ 22℃ 时，从种子萌动到幼苗长生至 5 ~ 10 毫米，只需 4 天时间；气温在 12.5 ~

18.4℃，幼苗长至5～10毫米需5～6天；气温降至3.9～5.8℃时，幼苗长至5～10毫米需14～21天。因此，黑麦草最好在平均气温13℃以上播种，有利于苗全、苗匀。

幼苗期，日平均温度在8℃以下生长很慢，低于5℃地上部生长基本停止。一般1月平均气温不低于0℃，绝对低温不低于零下16℃，对越冬较为有利。在零下5～10℃，叶尖出现冻害。在黑龙江、吉林、内蒙古和青海等省（区），秋播的黑麦草不能越冬，在北京市能在垄播下越冬，在江苏省北部，最低气温在零下16℃时，植株越冬仅叶尖枯萎，基部分蘖生长正常。分蘖期最适温度宜在15℃以上。越冬后，当日平均气温达到8℃时开始返花期适宜温度为20～25℃，当春季温度上升缓慢，并常有小雨，则营养生长旺，花期会推迟，有利于鲜草的增产。

②水分：黑麦草种子发芽需要吸足种子重1.52～1.63倍的水分。因此，在旱田播种须趁土壤潮湿，或下雨前播种均有利出苗。苗期以保持土壤含水率20%～25%为宜，低于15%将要受旱，开春后，营养生长旺盛时期需水要多。如在江苏盐城地区测定，拔节期。单株黑麦草株高36～50厘米，分蘖为232～308个，每天耗水量达233.3～483.5克。因此在干旱地区生长较差，一般在年降水量500～1 500毫米的地方均可生长，而以1 000毫米左右地区更为适宜。

③土壤：黑麦草耐瘠性较好，在新平整的生土或新开垦的盐荒地及红壤上均可生长。但以排水良好与肥沃的沙壤土、壤黏土生长最好。对酸碱性适应范围很大，在pH值为4.7～6.3的红壤和pH值为8.5～9的盐碱土均可正常生长，但在干旱贫瘠的飞沙土上生长较差。

黑麦草的耐盐性较强，在苏北滨海盐土地区，苗期耕作层土壤氯盐含量在0.20%～0.25%时，出苗率达74%～86%；土壤含氯盐超过0.3%时，出苗受抑制，出苗率只有45%左右；耕作层土壤含氯盐超过0.4%，则不能出苗生长。用不同矿化度的地下水进行的水培试验，矿化度在8 克/升的，发芽率达80%；矿化度在

8.3～10.3 克/升的，发芽率 56.3%～78.10%；矿化度在 10.3～13.9 克/升，发芽率只有 53.1%～56.3%；矿化度超过 16 克/升时则不能发芽。

（2）抽穗与开花。黑麦草为穗状花序。由带节的穗轴和着生其上的小穗组成。穗长 15～25 厘米，少数可达 33 厘米。穗轴上着生（互生）20～25 个小穗，穗轴节间长 9～15 毫米，基部的节间长达 45～65 毫米，每一小穗外侧有一长 5～8 毫米，5～7 脉的颖（护颖），小穗长 10～23 毫米，小穗轴节长约 1 毫米，光滑无毛。从见穗到整个穗全部伸出包叶，需 11～20 天，其中，有90%的穗子抽穗期只需 12～17 天，最先抽出的穗子经历的时间也最长。单穗平均每天抽出 1.01～2.44 厘米。黑麦草每一小穗内有 10～20 朵小花，也叫颖花，其中，以穗轴中部的小穗花朵最多。每一小花由一顶端有芒的外稃和内稃及其中的 3 个雄蕊（由花丝和具两室的花药组成）和一个雄蕊（柱头为羽毛状两分叉）组成。正常的穗子在抽穗后 12～13 天，穗轴的大部分伸出包叶时就开始开花。花期长 12～14 天。黑麦草开花最适宜的温度是 29～25℃，大气相对湿度 80%，晴朗微风对黑麦草开花授粉最有利，阴雨天气，低温多湿，开花迟缓，开花数少。开花时期时黑麦草一生中耗水最多时期。如气温超过 30℃，土壤干旱，会使柱头干枯，花药干瘪不裂开，妨碍授精结实。反之，如雨水过多，由于花粉内的渗透压力过大，会使花粉粒破裂死亡。

种子成熟：黑麦草开花后 1～2 天即完成受精过程，10 天后进入籽粒形成，乳熟期，14～16 天后进入蜡熟期，20～21 天后则种子完熟，这时穗轴的中部的种子已开始完熟落粒，就可收获。自抽穗到种子成熟约经 1 个月。全生育期，秋播一般在 240～265 天，总积温在 2 120～2 680℃；春播的为 80～120 天，总积温在 1 550～1 730℃。

意大利黑麦草的种子外颖有芒，内颖外缘有深刻的锯齿，种穗成熟时为淡黄色，种壳亦为淡黄色，种子千粒重为 1.5～2 克。

（3）栽培技术。

①整地：黑麦草种子小，要求浅播，因此，对整地的要求比较高。一定要清除杂草，达到土地平整，上虚下实保好墒，以利播种。还要做好田间排水沟，防止积水掩苗。若是套种的，则在前作行间先松土后播种，浅盖土。

②播种：

a. 播期　黑麦草春、秋播种均可。江苏省一般秋播在白露前后（9月下旬）；春播在2月下旬至3月上旬。以早秋播为佳，以提高鲜草与种子产量。在盐碱土地区更应抓紧在秋天雨季末期，表土盐分下降，土壤水分充足，气温较高的有利时机，及时整地播种，有利于获得全苗。据播期试验结果，黑麦草在盐土上秋播，出苗密度、鲜草产量和种子产量，均随播期推迟而相应递减。迟至10月中下旬播种的每667平方米出苗密度只有15.3万～13.2万苗，667平方米产鲜草163～217.5千克，产籽只有15.75～21千克。

b. 播种量　根据土地的肥瘦程度，在整地良好，墒情充足，种子发芽率在80%以上的条件下，作收草用的，每667平方米要求35万～40万基本667平方米，每667平方米播种量为1～1.5千克；与豆科绿肥混播的播种量为0.5～0.75千克；留种地每667平方米要有13万～16万基本苗，每667平方米播种量为0.5～1千克，据试验表明，在黑麦草每667平方米播种量0.25～2.5千克范围内，收草的1.5～2.5千克相差不明显，收种的以每667平方米播0.5～1千克为好。

c. 播种深度　黑麦草种子小，播深了出苗困难，根茎（地中茎）过分伸长，消耗大量养分，造成弱苗、晚苗；播浅了易受冻。因此，为了出苗整齐和顺利，播种深度应掌握在2厘米左右为宜。播后随即镇压接墒，使种子与土壤密切结合，以利发芽。

d. 播种方法　纯种黑麦草的播种方法，可分耕种和套种（寄种）两种形式。空茬地和早、中稻田可耕翻进行条播或撒播，以条播最好。行距因用途不同而异，收草用的行距15～30厘米；留种用的行距30～40厘米。旱棉田可结合最后一次中耕松土时套种；晚稻田可在收稻前于稻兜里寄种。与紫云英混播，先留浅水撒播紫云英，待紫云英种子已发芽水层刚落干，即可撒播黑麦草，使草种粘贴土面接墒出苗。若与大粒种豆科绿肥混播，如苕子、箭筈豌豆等，则先播黑麦草，以后再播苕子或箭筈豌豆，这样播种均匀。试验表明，采用同行混播有利于绿肥生长，适宜于大面积生产上应用。如与苕子同行混播的 667 平方米产鲜草 2 635.5 千克，比与苕子隔行间播的 667 平方米产鲜草 2 388 千克，增产 10.34%。如与蚕豆混播，则以蚕豆开行条点播，黑麦草撒播为好。

③施肥：为获得高产，要适当施用有机肥做基肥；施用少量氮肥做种肥，使苗期根系发达，增强越冬抗寒性。据试验，在肥力中等的地块上，于黑麦草返青期每 667 平方米施用 7.5 千克硫酸铵，667 平方米产鲜草 1 300 千克，667 平方米产种子 105.7 千克。比不施肥的对照 667 平方米产鲜草 560 千克，667 平方米产种子 29.8 千克，分别增产 132.14%，254.13%。在低肥力的地块上，施氮肥效果更明显，一般比不施氮肥的可增产 1.5～2 倍。高肥力地块，施氮肥同样具有良好的效果，一般每千克硫铵可增产鲜草 70 千克、种子 4.4 千克。施肥方法以开沟集中施用为好。肥料种类以氮肥为主，可适当施用磷肥。

④中耕管理：黑麦草生育期间消耗土壤水分较多，加上早春有些地方往往出现干旱，因此，必须及时浇水。一般可在 3 月下旬至 4 月份拔节生长期浇水 1～2 次，根据当时气候和土壤墒情而定。浇水后及时松土，破除板结，消灭杂草，并防止土壤返盐。试验证明，灌水与否对黑麦草产量影响很大。稻茬田春旱不灌水的 667 平方米产鲜草只有 363 千克，而灌水的达 750 千克。

（4）留种收获。黑麦草种子成熟后落粒性较强，因此，当穗子由绿转黄，中上部的小穗发黄，小穗下面的颖还呈黄绿色时，应及时收割。做到轻割随放，随割随运，随摊晒、脱粒、晒干、扬净、防止霉烂。有条件的地方，可采用谷物联合收割机或割洒机进行收割，以保证及时收获。

（十三）二月兰

华北地区主要是冬绿肥—春玉米（棉花）方式。本地区的冬绿肥品种可以采用二月兰、毛叶苕子，其中，北京、天津等偏北地区，以二月兰为主。

1. 种植技术

二月兰播种量每 667 平方米 1.5～2 千克。在华北偏北地区播种二月兰，一般采用最新研发的玉米绿肥全程套播技术，即在春玉米播种后，选择易于操作的任何时间，将二月兰种子撒入玉米行间即可。二月兰出苗后不再进行除草等中耕管理。可在墒情较好时将绿肥种子撒入玉米行间，也可在 9 月中、下旬收获玉米后，采用撒播方式播种绿肥，撒播后用旋耕机浅旋，等雨后出苗即可。采用小麦播种机播种二月兰也是非常好的播种方式。

棉田播种绿肥时，二月兰在 8 月至 9 月底，将种子撒入棉田即可，此时，可以借助后期采摘棉花时人工踩踏将种子与土壤严密接触，保证种子出苗。

二月兰耐瘠薄，但也喜肥，播种前每 667 平方米撒施 5 千克尿素，可以大幅提升二月兰鲜草产量，起到以小肥促大肥的目的。

2. 利用技术

作绿肥时，二月兰在玉米及棉花播种前进行翻压、整地。先用灭茬机进行灭茬，棉秆、玉米秆等一般可以同时加以打碎，所以收获季节来不及移出的棉秆，玉米可以留待第二年加以粉碎还田，然后用大型翻耕机深翻入土。二月兰翻压还田，可不减施化肥。

二月兰绿肥在华北地区还有更重要的生态环境和景观等综合效应功用。二月兰菜薹可以作为优质露地蔬菜，应充分加以利用。采摘菜薹应在现蕾期进行，此时，一般在第二年 4 月中上旬。二月兰花期 50 天左右，是观光的良好景观。

另外，粮食作物与豆科作物（或绿肥）轮作或间作条带种植是一种很好的轮作休耕方式，特别是在东北地区，应尽可能采用玉米—大豆轮作技术，即一年玉米、一年大豆的方式，这实际上是典型的绿肥种植技术之一。由于东北黑土地退化较为严重，要创造条件发展绿肥生产。目前，可以采用条带式玉米—豆科作物轮换技术进行。根据当地大型农机具的播种幅宽来安排条带的宽度，相邻一带种植玉米、一带种植大豆或其他豆科作物（包括草木樨等绿肥作物），来年交换条带即可。此种方式，可以实现同一田块两种以上作物共存，其好处在于：一是通过轮换种植达到用地养地、减缓耕地退化的目的；二是通过多种作物共存，可以降低单一作物的生产风险，起到稳产和减灾效果。

三、我国绿肥种植区划及主要种植绿肥名称

（一）分区依据

我国地域辽阔，幅员广大，各种条件千差万别，不同区域有不同的绿肥种植方式和依据，从全国范围内着眼，从全国农业区域差异大势出发，根据4个条件：①土壤肥力及自然条件（降水、温度、地貌等）相对的一致性。②社会经济条件（人均耕地、单产水平、农林牧业结构、商品肥料等）相对的一致性。③主要作物布局（各种作物比例、熟制、栽培制度和种植方式、耕作措施等）和发展方向相对的一致性。④在区界走向上，除个别地方，基本保持县级行政区划的完整。结合中国综合农业区划的分区界线走向，将全国共划分一级区9个，二级区47个。

（二）区划命名的原则

区划命名是一项科学性很强的工作，名称必须反映该地区的特点，同时，要给人以明确的概念。一级区命名原则是以地理位置和粮肥配置的种植特点为出发点的，如地理位置：东北、长城沿线、黄淮海等，粮肥配置的种植特点：粮肥（草）轮作、粮肥（草）复种、粮肥（草）间套种、粮肥（草）复间套种、粮肥（草）间套复种等，地理位置不足以说明问题的，又冠以补助名称如春小麦，一熟。二级区命名原则，在一级区命名原则的基础上，主要考虑了地貌特点和绿肥种类。对于一个因素以多种方式在一个区内出现的，则以排列前后而区别主次，例如，粮肥复间套种，说明这个区绿肥的主要栽培方式是以粮肥复种为主，而间套种则是次要地位。又如，粮草（肥）间套，说明这个区绿肥的利用是以饲草为主，作为绿肥翻压是次要的。再如，夏冬绿肥区，则以夏绿肥为主，冬绿肥次之，以此类推。

（三）中国绿肥区划分区具体情况

1. 北方粮草（肥）轮作区（Ⅰ）

本区位于东北西部，华北、西北北部的北方旱农地区。包括黑龙江、吉林、辽宁、内蒙古自治区、河北、山西、陕西、宁夏回族自治区、甘肃、新疆维吾尔自治区、北京等12个省区市的部分县市（旗）。

（1）东北西部粮草（肥）轮作夏春多年生绿肥区。本亚区位于嫩江—西辽河一线以西，古老图山以东，古利牙山以南的黑龙江、吉林、辽宁、内蒙古自治区4省（区）交界的农耕地区。适宜的绿肥种类有草木樨、箭筈豌豆、毛叶苕子、油茶等。

（2）内蒙古自治区（以下称内蒙古）及长城沿线粮草（肥）轮作春夏多年生绿肥区。本亚区位于白于山以东的长城沿线，行政上包括内蒙古、山西、陕西、河北4省（区）的部分县市（旗）。适宜的绿肥种类有草木樨、箭筈豌豆、毛叶苕子。

（3）黄土高原粮草（肥）轮作春夏多年生绿肥区。本亚区位于汾河以西，贺兰山—六盘山一线以东，白于山以南，泾河以北的黄土高原地带。行政上包括山西、陕西、甘肃、宁夏回族自治区（以下称宁夏）4省区的部分县市。适宜的绿肥种类有草木樨、箭筈豌豆、毛叶苕子、紫花苜蓿等。

（4）青海东部低山粮肥（草）轮作夏春多年生绿肥区。本亚区位于青海省东部，包括民和、乐都、化隆、遁化等县浅山地区。适宜的绿肥种类有草木樨、紫花苜蓿等。

（5）柴达木高寒灌区粮肥轮作夏绿肥区。本亚区位于青海省西北部的柴达木盆地。行政上属于海西紫、藏、哈自治州，包括天峻、乌兰、都兰、格尔木、大柴旦、冷湖、茫崖等县。适宜的绿肥种类有箭筈豌豆、大豆青。

（6）天山北麓粮草轮作多年生绿肥区。本亚区位于天山北麓沿天山一带，北至准格尔盆地，向西至伊犁河谷，行政上包括新疆维吾尔自治区（以下称新疆）的昌吉、塔城、伊犁、博尔塔拉等地（州）的部分县市以及乌鲁木齐市和石河子市。适宜的绿肥种类有草木樨、紫花苜蓿、箭箸豌斗、油茶、油葵、柽麻等。

2. 北方春麦绿肥复套种区（Ⅱ）

本区为我国春小麦的集中产地，包括黑龙江省三江平原、克拜丘陵、内蒙古河套、土默川平原、宁夏银北灌区、青海东部灌区以及甘肃河西走廊等县市（旗）。

（1）三江平原麦肥复套种夏秋绿肥区。本亚区地处黑龙江省东北部，北部和东部分别以黑龙江和乌苏里江与俄罗斯为界，包括合江全部、黑河、牡丹江、伊春等地的部分县市。适宜的绿肥种类有草木樨、豌豆、油菜、秣食豆等。

（2）克拜丘陵麦肥复套种夏秋绿肥区。本亚区为黑龙江省中西部的克山、拜泉一带丘陵春麦区。包括嫩江、黑河、绥化等地区的部分县市。适宜的绿肥种类有草木樨、豌豆、油菜。

（3）河套土默川麦肥复套种夏秋绿肥区。本亚区位于内蒙古高原中部，是由断层陷落后河流冲积而成的平原，海拔1 000米左右，西部称后套，东部称前套也称土默川。包括内蒙古的呼和浩特市全部和包头市、巴盟大部分旗县、伊盟边缘地区以及宁夏石嘴山市等。适宜的绿肥种类有草木樨、箭箸豌豆、红豆草、苕子等。

（4）河西走廊青东灌区麦草（肥）复套种夏秋绿肥区。本亚区包括甘肃省河西走廊的武威、张掖、酒泉等县市以及青海省东部灌区的民和、乐都、遁化、贵德、尖扎、化隆等县市的河谷地区。适宜的绿肥种类有草木樨、箭箸豌豆、苕子等。

3. 一熟地区粮肥间套种区（Ⅲ）

本区系我国北方一年一熟，以杂粮为主的广大地区。包括黑龙江、吉林、辽宁、河北、宁夏、新疆等省区以及北京、山西等部分市县。

（1）东北东部山区粮肥间套种夏绿肥野生绿肥区。本亚区位于张广才岭—龙岗山—千山一线以东的长白山地和丘陵地区。包括黑龙江、吉林、辽宁3省的部分县市。适宜的绿肥种类有草木樨、牧草等。

（2）松辽平原粮肥间套种春夏绿肥区。本亚区位于张广才岭—龙岗山—千山一线以西，小兴安岭—科尔沁沙地一线以东的松辽平原地区，包括黑龙江、吉林、辽宁等省的部分县市。适宜的绿肥种类有草木樨、油菜等。

（3）辽宁滨海丘陵粮果肥间套种夏春绿肥区。本亚区位于辽东半岛和辽西走廊滨海地区，包括大连市、锦州市所属部分县以及东沟县等。适宜的绿肥种类有草木樨、田菁、沙打旺、油茶、槟麻等。

（4）燕山山地粮果草（肥）间种春夏多年生绿肥区。本亚区位于大马群山以东，努鲁尔虎山以南的燕山山地和丘陵地区，包括河北、辽宁、北京、山西4省市的部分县市。适宜的绿肥种类有草木樨、小冠花、沙打旺、箭筈豌豆、槟麻等。

（5）宁夏引黄灌区粮肥间套复种春夏绿肥区。本亚区位于宁夏北部，贺兰山以南的黄河沿岸，包括银川市及中卫等县市。适宜的绿肥种类有草木樨、紫花苜蓿、压青、油葵、油菜等。

（6）南疆粮棉肥间套复种夏绿肥区。本亚区主要是南疆农业区，包括和田、喀什、阿克苏、巴音郭楞、吐鲁番、哈密等地区。适宜的绿肥种类有草木樨、紫花苜蓿、压青、槟麻、油菜等。

4. 黄淮海及汾渭谷地粮棉肥（草）间套复种区（Ⅳ）

本区位于长城以南，淮河以北，太行山及豫西山地以东的大面积黄河、海河、淮河流域，包括河北、河南、山东、天津、北京、苏北、皖北广大平原地区和太行山、伏牛山丘陵山地及属于晋中盆地和关中平原的山西汾河、陕西渭河谷地等。

（1）山东丘陵麦玉米果肥间套种春夏绿肥区。本亚区位于黄河以南，运河以东的山东半岛，包括烟台、威海、青岛、淄博、济南、泰安、济宁、枣庄等地。适宜的绿肥种类有草木樨、田菁、绿豆、苕子、箭筈豌豆、紫穗准、槟麻等。

（2）华北低洼平原麦玉米棉肥（草）复间套种夏秋绿肥区。本亚区位于华北中部，是冀鲁豫黄河、海河水系冲积的低洼平原。行政上包括河北、河南、山东、天津4省市的部分县市，适宜的绿肥种类有草木樨、田菁、绿豆、苕子、紫花苜蓿、紫穗槐、沙打旺、小冠花、柽麻等。

（3）燕太山麓平原麦田玉米棉肥（草）间套种春夏绿肥区。本亚区东起三海关，西南迄于黄河，包括河北、山西、河南、天津、北京5省市的部分县市。适宜的绿肥种类有草木樨、田菁、绿豆、苕子、紫花苜蓿、箭筈豌豆、紫穗槐、小冠花、柽麻等。

（4）太伏山地丘陵麦果肥（草）复间套种春夏绿肥区。本亚区位于太行山以东，伏牛山以北的豫西山地，山西、河南、河北3省的部分县市。适宜的绿肥种类有草木樨、田菁、荆条、紫花苜蓿、沙打旺、小冠花、柽麻等。

（5）汾渭谷地粮棉肥（草）间套复种冬夏绿肥区。本亚区位于晋中盆地和关中平原的山西汾河、陕西渭河谷地等部分县市。适宜的绿肥种类有紫花苜蓿、豌豆、苕子、黑豆、绿豆、柽麻等。

（6）黄淮平原粮棉肥（草）复间套种冬夏绿肥区。本亚区位于黄河以南，淮河以北，西至伏牛山，东到黄海之滨的广大平原地区，行政上包括河南、安徽、江苏、山东4省的部分县市。适宜的绿肥种类有草木樨、田菁、绿豆、苕子、紫花苜蓿、紫云英、沙打旺、小冠花、柽麻等。

5. 滨海稻麦肥（草）复种区（V）

本区位于我国渤海、黄海、东海之滨，北起辽宁省的营口、大洼，南至福建省的云霄县，地跨8省的部分县市。

（1）渤海湾稻肥复种春夏绿肥区。本亚区位于渤海湾沿岸，包括辽宁、天津、河北3个省市部分县市。适宜的绿肥种类有油菜、田菁、绿豆、箭筈豌豆、紫穗槐等。

（2）鲁东南苏北沿海平原滩涂稻麦棉肥（草）复间套种冬夏绿肥水生绿肥区。本亚区位于江苏省东北部，山东省东南部，长江入海口以北的黄海沿岸，包括山东、江苏两省的部分县市。适宜的绿肥种类有草木樨、田菁、苕子、紫花苜蓿、金花茶、黑麦草、高株狐茅等。

（3）江南沿海平原滩涂岛屿稻麦棉果肥（草）复种冬夏绿肥水生绿肥区。本亚区位于长江以南的东海沿岸，包括上海市以及浙江、福建的部分县市。适宜的绿肥种类有铺地木蓝、田菁、绿豆、箭筈豌豆、紫云英、沙打旺、金花菜、蚕豆、满江红、柽麻等。

6. 长江流域稻麦棉肥（草）复套间种区（Ⅵ）

本区位于秦岭—桐柏山—淮河一线以南，五岭以北，西至川西平原，东至太湖的长江流域三角洲平原、湖滨平原、沿江冲积平原和丘陵谷地。行政上包括江苏、浙江、安徽、河南、湖北、湖南、陕西、四川8省的部分县（市）。

（1）长江下游平原低丘稻麦棉桑肥（草）复套间种冬绿肥水生绿肥。本亚区位于淮河——苏北灌溉总渠以南，钱塘江口以北，大别山以东，滨海稻麦肥（草）复种区以西的长江中下游平原，低丘地区。包括江苏、浙江、安徽3省的部分县（市）。适宜的绿肥种类有紫云英、黑麦草、油菜、蚕豆、田菁、光叶苕子、箭筈豌豆、满江红、金花菜、紫穗槐、柽麻等。

（2）豫皖鄂丘陵谷地稻肥（草）复套种冬绿肥区。本亚区位于鄂豫皖3省交界处的桐柏山、大别山南北麓的低山丘陵、谷地、山间走廊，包括鄂豫皖3省的部分县市。适宜的绿肥种类有紫云英、三叶草、田菁、苕子、箭筈豌豆、满江红、紫穗槐、柽麻等。

（3）长江中游湖滨平原双季稻棉肥（草）复套间种冬绿肥水生绿肥区。本亚区位于长江中下游的湖北省江汉平原、湖南省洞庭湖平原和环湖丘陵以及江西省鄱阳湖平原。行政上包括鄂湘赣3省的部分县市。适宜的绿肥种类有紫云英、蚕豆、燕麦、黑麦草、油菜、蚕豆、箭筈豌豆、满江红、金花菜、紫穗槐等。

（4）川西汉中平原稻麦油草（肥）复种冬秋绿肥区。本亚区位于四川盆地西部，介于龙泉山与龙门山之间以及陕西省汉中盆地。行政上包括四川、陕西两省的部分县市。适宜的绿肥种类有紫云英、蚕豆、田菁、小葵子、苕子、箭筈豌豆、满江红、金花菜、柽麻等。

7. 南方丘陵谷地稻肥复种及茶果肥（草）间套种区（Ⅶ）

本区位于长江以南，珠江以北，湘江—融江一线以东，滨海稻麦肥（草）复种区以西的一系列低山丘陵和山间盆地。行政上包括安徽、浙江、江西、福建、湖北、湖南、广东、广西壮族自治区（以下称广西）8省区的部分县市。

（1）皖浙赣丘陵谷地粮茶果肥（草）间套复种冬绿肥区。本亚区位于长江以南，武夷山以北，鄱阳湖以东，天台山—雁荡山以西的皖浙赣3省交界的地区。行政上包括安徽、浙江、江西三省部分县市。适宜的绿肥种类有紫云英、蚕豆、乌豇豆、饭豆、胡枝子、大翼豆、知风草、苕子、箭筈豌豆、紫穗槐、满江红、水葫芦、柽麻等。

（2）福建山地盆谷稻茶果肥（草）复间套种冬绿肥区。本亚区位于武夷山以东，滨海稻麦肥（草）复种区以西，东北与浙江省接壤，西南与广东省为邻的福建省境内部分县市。适宜的绿肥种类有紫云英、蚕豆、肥田萝卜、大绿豆、印度豇豆、铺地木蓝、胡枝子、象草、肿柄菊、紫穗槐、满江红等。

（3）湘赣丘陵双季稻果肥（草）复间种冬绿肥水生绿肥区。本亚区位于长江以南，南岭以北，洪湖—雪峰山以东，武夷山以西的湘鄂赣3省交界地区，行政上包括江西、湖南、湖北3省的部分县市。适宜的绿肥种类有紫云英、燕麦、肥田萝卜、蚕豆、乌豇豆、豌豆、饭豆、印度豇豆、胡枝子、葛藤、大翼豆、知风草、苕子、箭筈豌豆、紫穗槐、满江红、田菁、柽麻等。

（4）南岭丘陵谷地稻肥（草）复间种冬绿肥水生野生绿肥区。本亚区位于九万大山—柳江以东，韩江以西，南岭以南，珠江以北的桂粤湘赣的部分县市。适宜的绿肥种类有紫云英、苕子、大麦、肥田萝卜、蚕豆、油菜、乌豇豆、豌豆、饭豆、黑饭豆、印度豇豆、箭筈豌豆、小葵子、满江红、田菁、柽麻等。

8. 西南山地丘陵粮肥（草）复间套种区（Ⅷ）

本区位于洮河—秦岭—伏牛山一线以南，凤凰山—南盘江—哀牢山一线以北，汉江—沮漳河—洞庭湖—雪峰山以西，高黎贡山—邛崃山—岷山以东的广大地区。行政上包括贵州省全部、四川、云南大部以及陇南、陕南、豫西南、鄂西、湘西、桂西北等部分县市。

（1）秦巴山地粮肥（草）间套复种冬夏绿肥野生绿肥区。本亚区位于陕、川、鄂、赣、豫5省交界的秦巴山区，行政上包括上述5省的部分县市。适宜的绿肥种类有草木樨、田菁、苕子、金花茶、黑麦草、蚕豆、箭筈豌豆、紫穗槐、满江红、田薄、柽麻等。

（2）川鄂山地旱粮肥（草）复间套种冬绿肥野生绿肥区。本亚区位于长江以南的川鄂两省交界的山区以及江北的部分县市。适宜的绿肥种类有田菁、苕子、金花茶、蚕豆、箭筈豌豆、满江红、紫云英、田菁、马桑、柽麻等。

（3）湘黔山地丘陵稻肥（草）复套种冬绿肥水生野生绿肥区。本亚区位于道真—凯里—三都一线以东，洞庭湖—雪峰山以西的湘黔两省交界的地区，行政上包括湖南、贵州两省的部分县市。适宜的绿肥种类有田菁、苕子、金花茶、蚕豆、箭筈豌豆、满江红、紫云英、田菁、印度豇豆、马桑、胡枝子、黄荆、柽麻等。

（4）川东南丘陵山地粮草（肥）复间套种冬绿肥水生绿肥区。本亚区位于秦巴山地以南的四川盆地东部丘陵地带，行政上包括四川、重庆两省市的部分县市。适宜的绿肥种类有田菁、苕子、金花茶、蚕豆、箭筈豌豆、小葵子、满江红、紫云英、田菁、马桑、黄荆、紫穗槐、柽麻等。

（5）云贵高原山地稻肥（草）复间套种冬夏绿肥野生绿肥区。本亚区位于道真—凯里—三都一线以西，金沙江以东的云贵高原山地。行政上包括贵州省大部，云南、四川、广西3省区的部分县市。适宜的绿肥种类有苕子、肥田萝卜、蚕豆、箭筈豌豆、小葵子、满江红、紫云英、柽麻等。

（6）川西南山地粮草（肥）复种冬秋绿肥区。本亚区位于四川省西南部，行政上包括四川省的攀枝花市和凉山州的全部以及雅安、甘孜、乐山等地区、自治州的部分县市。适宜的绿肥种类有苕子、金花茶、蚕豆、箭筈豌豆、小葵子、满江红、紫云英、田菁、柽麻等。

（7）滇中高原湖盆稻麦肥（草）复间套种冬夏绿肥水生绿肥区。本亚区位于云南省中部，包括昆明、丽江、大理等市、专、州全部和楚雄、曲靖、玉溪等专、州大部以及文山、怒江、红河、宝山、思茅等专州的部分县市。适宜的绿肥种类有田菁、苕子、金花茶、蚕豆、箭筈豌豆、小葵子、满江红、紫云英、草木樨、桎麻等。

9. 华南双季稻蔗果肥（草）复间套种区（Ⅸ）

本区位于我国南部，包括中国台湾全部，广东、广西两省大部以及云南福建两省的部分县（市）。

（1）粤东丘陵平原粮肥（草）复间套种兼用冬绿肥区。本亚区位于广东省东部的韩江和东江流域，行政上包括广东、福建诏安部分县（市）。适宜的绿肥种类有田菁、蚕豆、豌豆、铺地木兰、紫云英、毛蔓豆等。

（2）珠江三角洲粮食经作肥（草）复间套种冬夏绿肥水生绿肥区。本亚区位于广东省中部珠江入海口的三角洲地带，包括佛山地区全部，广州市郊及其辖属的增城、花仙、从化、番禺和惠阳地区的东莞市以及深圳、珠海、江门3市。适宜的绿肥种类有田菁、苕子、蚕豆、满江红、紫云英、水葫芦、水浮莲、桎麻等。

（3）粤西桂南丘陵盆地稻蔗肥（草）复间套种冬夏绿肥区。本亚区位于广东省境内青云山—潭江一线以西，广西境内的大瑶山—左江一线以东，北至大明山—浔江一线，南至北部湾及南海一线的粤桂两省部分县市。适宜的绿肥种类有苕子、蝴蝶豆、毛蔓豆、大叶相思、蚕豆、豌豆、满江红、紫云英、田菁、印度豇豆、木豆、猪屎豆、草木樨、桎麻等。

（4）桂西丘陵粮蔗肥（草）间套复种冬夏绿肥区。本亚区位于广西境内融江—大明山—左江一线以西的桂西岩溶丘陵山地，包括百色地区全部，河池地区大部以及南宁地区西北部5县和柳州地区的忻城。适宜的绿肥种类有苕子、花生、绿豆、紫云英、田菁、印度豇豆、饭豆、小葵子、草木樨、桎麻等。

（5）滇南宽谷盆地稻蔗肥（草）复间轮种夏秋冬绿肥水生绿肥区。本亚区位于我国西南边疆的云南省中南部山原、宽谷盆地。行政上包括临沧地区全部，红河、思茅、德宏、文山、宝山五地

（州）大部以及西双版纳、玉溪两地小部分。适宜的绿肥种类有苕子、紫云英、满江红、黑料豆、饭豆、猪屎豆、小葵子、草木樨、桱麻等。

（6）琼雷及南海诸岛稻经作肥复间种夏绿肥多年生绿肥区。本亚区位于广东省境内的雷州半岛南部以及南海诸岛。行政上包括海南省全部，广东省湛江地区小部。适宜的绿肥种类有苕子、毛蔓豆、铺地木兰、爪哇葛藤、热带苜蓿、木豆、猪屎豆、山毛豆、紫云英、田菁、草木樨、桱麻等。

第七章　科学的间作套种技术

生产实践证明，实行科学的间套种植，既是生态农业，也是一种良好的农业生态环境保护方式，需要因地制宜，科学发展。曾获诺贝尔奖的美国农业科学家布劳格认为，间套种植是"创造了世界上已知的最惊人的变革之一"。

第一节　间套种植的概念与意义

间套种植是我国农民在长期生活实践中，逐步认识和掌握的一项增产措施，也是我国农业精耕细作传统的一个重要组成部分。生产实践证明，由于人均耕地不断下降，耕地后备资源有限，靠扩大种植面积增加农作物总产的潜力甚小，而提高单一作物的产量，又受品种与作物的本身生理机制和现有科技水平等条件的限制。因此，在农业资源许可的情况下，运用间套种植方式，充分利用空间和时间，实行立体种植，就成为提高作物单位面积产量和经济效益的根本途径。立体间套种植的发展与农业生产条件和科学技术水平密切相关，随着生产条件的改善和科学技术水平的提高，立体间套种植面积逐渐扩大，种植方式不断增添新的类型，推动了耕作制度的改革和发展。20世纪70年代以来，农村广泛实行了家庭联产责任制，间套种植技术得到了更快的发展，广大农民在实践中创造了许多行之有效的立体种植模式，出现了一大批依靠种植业获得高经济效益的典型，展现了间作套种技术的广阔前景。

间套种植是相对单作而言的。单作是指同一田块内种植一种作物的种植方式。如大面积单作小麦、玉米、棉花等。这种方式作物单一，耕作栽培技术单纯，适合各种情况下种植，但不能充分发挥自然条件和社会经济条件的潜力。

间作是指同一块地里成行或带状（若干行）间隔地种植两种或两种以上生长期相近的作物。若同一块地里不分行种植两种或两种以上生长期相近的作物则称为混作。间作与混作在实质上是相同的，都是两种或两种以上生长期相近的作物在田间构成复合群体，只是作物具体的分布形式不同。间作主要是利用行间；混作主要是利用株间。间作因为成行种植，可以实行分别管理，特别是带状间作，便于机械化和半机械化作业，既能提高劳动生产率，又能增加经济效益。

套种则是指两种生长季节不同的作物，在前茬作物收获之前，就套播后茬作物的种植方式。此种种植方式，可使田间两种作物，既有构成复合群体共同生长的时间；又有某一种作物单独生长的时间；既能充分利用空间，又能充分利用时间，是从空间上争取时间，从时间上充分利用空间，是提高土地利用率、充分利用光能的有效形式，这是一种较为集约的种植方式，对作物搭配和栽培管理的要求更加严格。

在作物生长过程中，单作、混作和间套作构成作物种植的空间序列；单作、套作和轮作构成作物种植的时间序列。两种序列结合起来，科学的综合运用是种植制度的高速发展，也是我国农业的宝贵经验。为此，应该不断的深入调查研究，认真总结经验教训，反复实践，不断提高，使立体间套种植在现代化农业进程中发挥更大的作用。

正确运用立体间套种植技术，即可充分利用土地、生长季节和光、热、水等资源，巧夺天时地利，又可充分发挥劳力、畜力、水、肥等社会资源作用，从而达到高效的目的。我国的基本国情是人多地少，劳动力资源丰富，随着人口的不断增加，人均耕地相应减少，而人们对粮食和农产品的需要量却在日益增加，这就需要人们把传统农业的精华与现代化农业科学技术结合起来，赋予立体间套种植以新的时代内容，使其为现代化农业服务。当前出现的许多新的高产高效立体间套模式，已经向人们展示了传统农业的精耕细作与现代化农业科学技术相结合的美好前景，特别是在人口密集、劳动力充裕、集约经营、社会经济条件和自然经济条件较为优越的农区，立体间套种植将是提高土地生产率的最有效措施之一。因此，立体间套种植在农业现代化的发展中，仍具有强大生命力和深远的意义。

第二节　间套种植的增产机理

作物间套种植是人们在认识自然过程中，模拟自然群落的成层规律和演绎规律，逐步在农业生产实践中创造的形式多样的人工复合群体。间套种植的群落中包含有种内关系，也有种间关系，有同时共生的作物之间的关系，也有时间上前后接茬作物之间的关系。概括而言，就是两种或两种以上作物的竞争与互补关系。在农业生产中，只看到作物间套种植的互补关系而看不到竞争关系，或者只看到竞争关系而看不到互补关系，都是片面的，都不利于农业生产水平的提高。全面的研究与了解作物间套种植竞争与互补关系及其机理，有助于选择适宜的高产复合群体和制订相应的农业调控措施。只有根据当地现时生产条件，尽可能的协调好竞争关系，充分发挥其互补作用，巧妙地利用自然规律，充分利用土地、阳光和季节，减少竞争，趋利避害，农业生产水平才能得到不断提高，农业生产效益才能不断增加。

一般认为立体间套种植有以下 4 个增产效应。

一、空间互补效应

在作物间套种植复合群体中，不同作物的高矮、株型、叶型、叶角、分枝习性、需光特性、生育期等各不同。一是通过合理搭配种植，增加复合群体的总密度，能够充分利用空间，增加截光量和侧面受光，减少漏光与反射，改善群体内部的受光状况；二是通过不同需光特性作物的搭配（如喜光作物与耐阴作物搭配），可实现光的异质互补；三是通过不同生育期作物的搭配，可提高光热资源利用率。一般较为理想的复合群体表现为，上部叶片上冲，株型紧凑，喜强光；下部叶子稠密，叶片平伸，适应于较低光强，这样的群体可获得良好空间互补效应。

如玉米与矮秆豆类作物间套构成的复合群体，叶面结构镶嵌，变单种的平面受光为立体受光，增加了同化层的受光面积，间作玉米侧面受光量明显增加，从而延长了作物的光合作用时间，增加光合产物的合成和积累。据河北农业大学 1984 年研究，玉米大豆间作，间种玉米 61.4% ~73.6% 的叶面积位于距地面 80 ~20 厘米处，间种大豆 71.5% ~92.4% 叶面积位于 40 ~100 厘米处，构成镶嵌分布的叶层结构。而且间种玉米消光系数为 0.40 小于单种玉米消光系数 0.50，使群体中、下部光量增加。从拔节至乳熟期，间种玉米叶片净同化率平均为 8.08 克/平方米·日，高于单作玉米 7.15 克/平方米·日。另据中国农业大学测定，玉米、大豆间作平均透光率比单作玉米高 10% ~20%。

在复合群体中，作物有互补也有竞争。互补与竞争的特殊表现形式是边际效应，有边行优势也有边行劣势。一般种植在边际的高位作物，由于通风透光和营养条件较好，因而可产生边行优势。边行劣势一般在间套种植中处于高位作物下的矮作物上表现，其减产幅度决定于高位作物的高度和密度，矮作物的高度与高作物的距离、矮作物自身特性等。生产中要尽可能发挥边行优势，尽量减少边行劣势。

二、时间互补效应

立体间套种植能争取农时季节，相对地增加了作物的生长期和积温，可以充分利用环境资源，而且可以调剂农活。采取错期播种办法，使不同间套种植作物吸水高峰错开，可以减缓竞争，合理利用环境资源，提高产量。据调查，黄淮海平原套作玉米比复种玉米至少可以增加有效积温 400 ~650℃，并能把原来的早熟或中熟夏玉米品种更换为生育期更长、增产力更大的中熟或晚熟品种，充分发挥品种增产优势，而且全年积温保证率可达 90% ~97%。

三、土壤资源互补效应

作物立体间套种植不仅能充分利用地力，在一定程度上还有养地的效果。一是不同作物根系类型及分布特点有差异。一些作物根系扎的深，分布广，吸收能力强；一些作物扎根浅，分布集中，相对来说吸收力较差。如玉米、西瓜、棉花等作物根系较深，分布在40～50厘米表土层。而小麦、花生、白菜、芝麻、大豆、甘薯等作物根系密集，切分布浅，集中分布在15～30厘米土层中。因此，不同作物吸收不同层次土壤养分为间套种植提供了理论依据。二是不同作物或同一作物不同的生育阶段，吸收水、肥的能力及对水、肥的需求量以及吸肥的种类存在差异，如禾谷类作物需要氮素多而需磷、钾素相对较少，且需肥比较集中；豆类作物吸收氮素少而需磷、钾素较多；瓜菜类需氮钾较多且需求量较大。三是作物残茬的差异。各种作物残留物在质与量上均有明显差异，如豆类作物具有固氮根瘤菌，其破裂根瘤、残枝落叶、分泌物留于土壤中，不仅有益于间套种植作物的生长，而且可以培肥地力。四是不同作物根系分泌物及相互作用效应不同。每种作物在生长中都产生一些代谢物，通过挥发、淋洗、根分泌、残体分解等方式释放于周围环境中，对临近作物或下茬作物生长产生促进或抑制作用，某些分泌物甚至可以消除病虫、抑制杂草等。

四、作物适应性互补效应

各种作物对病虫及恶劣气候的适应能力不同。一般来说，单作抗御自然灾害的能力低，而根据各种作物抗逆力和适应性的差异，合理地进行间套种植，可以发挥互补作用，最大限度地减轻灾害造成的损失。在生产实践中，复合群体绝对的互补是很难找到的，往往是竞争与互补同时存在，但合理的竞争常会带来有益的互补，在一般情况下，作物间套种植的产量常介于单作种植时的高、低产量之间，即比高产作物单作产量低，比低产作物单作产量高，但总产高于单作联合产量。如果作物合理搭配，优化种植方式，可压低竞争损失，从而使间套种植产量不仅高于单作联合产量，而且也可高于高产作物的单作产量。

第三节　作物间套种植应具备的基本条件

作物立体间套种植方式在一定季节内单位面积上的生产能力比

常规种植方式有较大的提高，对环境条件和营养供应的要求较高，只有满足不同作物不同时期的需要，才能达到高产高效的目的。在生产实践中，要想搞好立体间套种植，多种多收，高产高效，必须具备和满足一定的基本条件。

一、土壤肥力条件

要使立体间套种植获得高产高效，必须有肥沃的土壤作为基础。只有肥沃的土壤、水、肥、气、热、孔隙度等因素的协调，才能很好地满足作物生长发育的要求，从结构层次看，通体壤质或上层壤质下层稍黏为好，并且耕作层要深厚，以 3 厘米左右为宜，土壤中固、液、气三相物质比例以 1 : 1 : 0.4 为宜，土壤总孔隙度应在 55% 左右，其中，大孔隙度应占 15%，小孔隙度应占 40%。土壤容重值在 1.1 ~ 1.2 为宜。土壤养分含量要充足。一般有机质含量要达到 1% 以上，全氮含量要大于 0.08%，全磷含量要大于 0.07%，其中速效磷含量要大于 0.002%。全钾含量应在 1.5% 左右，速效钾含量应达到 0.015%。另外，其作物需要的微量元素也不能缺乏。

同时，高产土壤要求地势平坦，排灌方便，能做到水分调节自由。土壤水分是土壤的重要组成部分，也是土壤中极其活跃的因素，除它本身有不可缺少的作用外，还在很大程度上影响着其他肥力因素。第一，土壤水分影响着土壤的养分释放、转化、移动和吸收；第二，土壤水分影响着土壤的热量状况，土壤水分多，土壤空气就少，通气不良，反之亦然；第三，土壤水分影响着土壤的热量状况，因为水的热容量比土壤热容量大；第四，土壤水分影响土壤微生物的活动，从而影响土壤的物理机械性和耕性。因此，它不仅本身能供给作物吸收利用，而且还影响和制约着土壤肥、气、热等肥力因素和生产性能。所以，在农业生产中要求高产土壤地势平坦、排灌方便、无积水、无漏灌现象，能经得起雨水的侵蚀和冲刷，蓄水性能好。一般中小雨不会流失，大雨不长期积存，若能较好地控制土壤水分，努力做到需要多少就能供应多少，既不多给也不多供，是作物高产高效的根本措施。

二、水资源条件

目前，对水资源定义的内容差别较大，有的把自然界中的各种形态的水都视为水资源；有的只把逐年可以更新的淡水作为水资源。一般认为水资源总量是由地表水和地下水资源组成的。即河流、湖泊、冰川等地表水和地下水参与水循环的动态水资源的总和。

世界各地自然条件不同，降水和经流差异也很大。我国水资源受降水的影响，其时空分布具有年内、年际变化大以及区域分布不均匀的特点。全国平均年降水总量为 61 889 亿立方米，其中，45%的降水转化为地表和地下水资源，55%被蒸发和蒸散。降水量夏季明显多于冬季，干湿季节分明，多数地区在汛期降水量占全年水量的 60%～80%。总的情况是全国水资源总量相对丰富，居世界第六位，但人均占有量少，人均年水资源量为 2 580 立方米，只相当于世界人均水资源占有量的 1/4，居世界第 110 位，是世界上 13个贫水国之一。另外，因时空分布不均匀，导致我国南北方水资源与人口，耕地不匹配。南方水资源较丰富，北方水资源较缺乏。而北方耕地面积占全国耕地面积的 3/5，水资源量却只占全国的 1/5。

从全球来看，70%左右的用水量被农业生产所消耗，我们要搞立体农业，首先要改善水资源条件，特别是在北方农业区只有在改善了水资源条件的基础上，才能大力发展立体农业；要在搞好南水北调大型水利工程前提下，同时，开展节水农业的研究与示范，走节水农业的路子，集约化农业才能持续稳步发展。

三、劳动力与科学技术水平条件

农作物间套种植是两种或两种以上作物组成的复合群体，群体间既相互促进，又相互竞争，高产高效的关键是发挥群体的综合效益。因此，栽培管理的技术含量高，劳动用工量大，时间性强，所以，农作物立体间套种植必须有充足并掌握一定的农业科学技术的劳动力，否则，可能造成多种不多收，投入大产出少的不良后果。

科学技术是农业发展的最现实、最有效、最具潜力的生产力。特别是搞间套种植生产更需要先进的、综合的农业科学技术来支撑。世界农业发展的历史表明，农业科技的每一次重大突破，都带动了农业的发展。20 世纪 70 年代的"绿色革命"，大幅度地提高了世界粮食生产水平，80 年代取得重大进展的生物技术和 90 年代快速发展的信息技术被应用到农业上，使世界农业科技的一些重要领域取得了突破性进展。进入 21 世纪，知识经济与经济全球化进程明显加快、科技实力的竞争已成为世界各国综合国力竞争的核心。面对人口持续增长、耕地面积逐年减少、人民生活水平逐步提高这三大不可逆转的趋势，新形势下要加快农业的发展，实现农业大国向农业强国的历史性跨越，我们必须不失时机地大力推进农业科技进步，从而带动立体间套农业生产的发展。

推进农业科技进步，要进一步深化科技体制改革，要按市场来配置科研资源，提高资源运行效率。按照自然区划逐步形成一批符合地域资源特色、产业开发特色的农业研究开发中心、农业试验站，创办各类科技示范点。建立多元化的农业科技推广服务体系，促进农业科技成果产业化，解决农业科技与经济脱节问题。要进一步加强对农业科技发展方向与重点的战略性调整。根据现代农业发展的必然趋势和我国经济发展的现实要求以及国际经济竞争的时代特征，农业科技的发展方向与重点应进行适应性战略性调整，从注重农业数量增长转向注重农业整体效益的提高；从为农业生产服务为主转向为生产、加工、生态协调发展服务；从以资源开发技术为主转向资源开发技术与市场开拓技术相结合；从面向国内市场提供服务转向面向国内、国际两个市场提供技术服务。农业科技要围绕发展优质、高产、高效、安全、生态农业，加强农产品质量标准体系和质量监测体系的研究，提升我国农业的国际竞争力水平。要进一步加强农业科研攻关，提高农业科技创新能力。农业科技创新形成生产力，一般体现于物化形式之中。而且任何一项技术措施，随着本身的不断改进、创新，其增产效益和作用不断提高，从而可为农业生产发展开辟更广阔的前景。要进一步加强农业科技与农业产业化的有机结合和相互促进。要多渠道、多层次增加对农业科技的投入。更要大力加强农业科技队伍建设，培养和造就大批高素质的农业科技人才。世界已经进入信息时代，经济全球化趋势日趋加快，知识经济初见端倪，创新浪潮在全球涌动，生产社会化程度不断提高，以知识创新为特征的新经济正在蓬勃兴起。人才特别是创新人才，已经成为生产力发展的核心要素，要下大力气改善人才队伍结构，加大中青年人才选拔培养力度，充分发挥中青年科技人才的积极性和创造性，为立体间套农业服务。

第四节　农作物间套种植的技术原则

农业生产过程中存在着自然资源优化组合和劳动力资源的优化组合的问题。由于农业生产受多种因素的影响和制约，有时同样的投入会得到不同的收益。生产实践证明，粗放的管理和单一的种植方式谈不上优化组合自然资源和劳动力资源，恰恰会造成资源的浪费。搞好耕地栽培制度改革，合理地进行茬口安排，科学地搞好立体间套种植才能最大限度地利用自然资源和劳动力资源。作物立体间套种植，有互补也有竞争，其栽培的关键是通过人为操作，协调好作物之间的关系，尽量减少竞争等不利因素，发挥互补的优势，提高综合效益，其中，要研究在人工复合群体中，分层利用空间，延续利用时间以及均匀利用营养面积等。总的来说，栽培上要搞好品种组合、田间的合理配置、适时播种、肥水促控和田间统管工作。

一、合理搭配作物种类

合理搭配作物种类，首先要考虑对地上部空间的充分利用，解决作物共生期争光的矛盾和争肥的矛盾。因此，必须根据当地的自然条件、作物的生物学特征合理搭配作物，通常是"一高一矮""一胖一瘦""一圆一尖""一深一浅""一阴一阳"的作物搭配。

"一高一矮"和"一胖一瘦"是指作物的株高与株型搭配，即高秆与低秆作物搭配，株型肥大松散、枝叶茂盛、叶片平展生长的作物与株型细瘦紧凑、枝叶直立生长的作物搭配，以形成分布均匀的叶层和良好的通风透光条件、既能充分利用光能，又能提高光合效率。

　　"一圆一尖"是指不同形状叶片的作物搭配。即圆叶形作物（如豆类、棉花、薯类等）和尖叶作物（多为禾本科）搭配。这里豆科与禾本科作物的搭配也是用地养地相结合的最广泛的种植方式。

　　"一深一浅"是指深根系与浅根系作物的搭配，可以充分利用土壤中的水分和养分。

　　"一阴一阳"是指耐阴作物与喜光作物的搭配，不同作物对光照强度的要求不同，有的喜光、有的耐阴，将两者搭配种植，彼此能适应复合群体内部的特殊环境。

　　在搭配好作物种类的基础上，还要选择适宜当地条件的丰产型品种。生产实践证明，品种选用得当，不仅能够解决或缓和作物之间在时间上和空间上的矛盾，而且可以保证几种作物同时增产，又为下茬作物增产创造有利条件。此外，在选用搭配作物时，应注意挑选那些生育期适宜、成熟期基本一致的品种，便于管理、收获和安排下茬作物。

二、采用适宜的配置方式和比例

　　搞好立体间套种植，除必须搭配好作物的种类和品种外，还需安排好复合群体的结构和搭配比例，这是取得丰产的重要技术环节之一。采用合理的种植结构，既可以增加群体密度，又能改变通风透光条件，是发挥复合群体优势，充分利用自然资源和协调种间矛盾的重要措施。密度是在合理种植方式基础上获得增产的中心环节。复合群体的结构是否合理，要根据作物的生产效益，田间作业方式，作物的生物学性状，当地自然条件及田间管理水平等因素妥善地处理配置方式和比例。

　　带状种植是普遍应用的立体间套种植方式。确定耕地带宽度时，应本着"高要窄，矮要宽"的原则，要考虑光能利用，也要照顾到机械作业。此外，对相间作物的行比、位置排列、间距、密度、株行距等均应做合理安排。

　　带宽与行比主要决定与作物的主次、农机具的作业幅度、地力水平以及田间管理水平等。一般要求主作物的密度不减少或略有减少，而保证主作物的增产优势，达到主副作物双丰收，提高总产的目的。

间距指的是作物立体间套种植时两种作物之间的距离。只有在保持适当的距离时，才能解决作物之间争光、争水、争肥的矛盾，又能保证密度，充分利用地力。影响间距的因素有：带的宽窄、间套作物的高度差异、耐阴能力、共生期的长短等。一般认为宽条带间作，共生期短，间距可略小，共生期长，间距可略大。

对间套种植中作物的密度不容忽视，不能只强调通风透光而降低密度。与单作相比，间套种植后，总密度是应该增加的。各种作物的密度可根据土壤肥力及"合理密植"部分所介绍的原则来确定。围绕适当放宽间距、缩小株距、增加密度，充分发挥边行优势，提高光、热、气利用的原则，各地总结出了"挤中间、空两边"和"并行增株""宽窄行""宽条带""高低垄间作"等很多经验。

三、掌握适宜的播种期

在立体间套种植时，不同作物的播种时期直接影响了作物共生期的生育状况。因此，只有掌握适宜播期，才能保证作物良好生长，从而获得高产。特别是在套作时，更应考虑适宜的播种期。套作过早，共生期长，争光的矛盾突出；套作过晚，不能发挥共生期的作用。为了解决这一矛盾，一般套作作物必须掌握"适期偏早"的原则，再根据作物的特性、土壤墒情，生产水平灵活掌握。

四、加强田间综合管理，确保全苗壮苗

作物采用立体间套种植，将几种作物先后或同时种在一起组成的复合群体管理要复杂得多。由于不同作物发育有早有迟，总体上作物变化及作物的长相、长势处于动态变化之中，虽有协调一致的方面，但一般来说，对肥、水、光、热、气的要求不尽一致，从而构成了矛盾的多样性。作物共生期的矛盾以及所引起的问题，必须通过综合的田间管理措施加以协调解决，才能获得全面增产，提高综合效益。

运用田间综合管理措施，主要是解决间套种植作物的全苗、前

茬收获后的培育壮苗以及促使弱苗向壮苗转化等几个关键问题。

套种作物全苗是增产的一个关键环节。在套种条件下，前茬作物处于生长后期，耗水量大，土壤不易保墒，此时套种的作物，很难达到一播全苗。所以，生产中要通过加强田间管理，满足套种作物种子的出芽、出苗的条件，实现一播全苗。

在立体间套种植田块，不同的作物共生于田间，存在互相影响、相互制约的关系，如果管理跟不上去或措施不当，往往影响前、后作物的正常生长发育，或顾此失彼，不能达到均衡增产。因此，必须要有科学的管理，才能实现优质、高产、高效、低成本。套种作物的苗期阶段，生长在前茬作物的行间，往往由于温、光、水、肥、气等条件较差，长势偏弱，而科学的管理就在于创造条件，促强转弱，克服生长弱，发育迟缓的特点。套种作物共生期的各种管理措施都必须抓紧，适期适时地进行间苗、中耕、追肥、浇水、治虫、防病等。管理上不仅要注意前茬作物的长势、长相，做到两者兼顾，更要防止前茬作物的倒伏。

前茬作物收获后，套种作物处于优势位置，充分的生长空间，充足的光照，田间操作也方便，此时是促使套种作物由弱转强的关键时期，应抢时间根据作物需要，以促为主地加强田间管理，克服"见粒忘苗"的错误做法。如果这一时期管理抓不紧，措施不得当，良好的条件就不能充分利用，套种作物的幼苗就不能及时得以转化，最终会影响间套种植的整体效益。所以，要使套种作物高产，前茬收获后一段时间的管理是及为重要的。

五、增施有机肥料

农作物间套种植，产出较多，对各种养分的需要增加，因此，需要加强养分供应，以保证各种作物生长发育的需要。有机肥养分全、来源广、成本低、肥效长，不仅能够供应作物生长发育需要的各种养分，而且还能改善土壤耕性。协调水、气、热、肥力因素，提高土壤的保水保肥能力。有机肥对增加作物营养，促进作物健壮生长，增强抗逆能力，降低农产品成本，提高经济效益，培肥地力，促进农业良性循环有着极其重要的作用。增施有机肥料是提高土壤养分供应能力的重要措施。有机肥中含氮、磷、钾大量营养元素以及植物所需的各种营养元素，施入土壤后，一方面经过分解逐步释放出来，成为无机状态，可使植物直接摄取，提供给作物全面的营养，减少微量元素缺乏症。另一方面经过合成，部分形成腐殖质，促使土壤中生成各级粒径的团聚体，可贮藏大量有效水分和养分，使土壤内部通气良好，增强土壤的保水、保肥和缓冲性能，供肥时间稳定且长效，能使作物前期发棵稳长，使营养生长与生殖生长协调进行，生长后期仍能供应营养物质，延长植株根系和叶片的功能时间，使生产期长的间套作物丰产丰收。

施用有机肥，一方面不但能提高农产品的产量，而且还能提高农产品的品质，净化环境，促进农业生产的良性循环；另一方面还能降低农业生产成本，提高经济效益。所以，搞好有机肥的积制和施用工作，对增强农业生产后劲，保证立体间套高效农业健康稳定发展，具有十分重要的意义。

六、合理施用化肥

在增施有机肥的基础上，合理施用化学肥料，是调节作物营养，提高土壤肥力，获得农业持续高产的一项重要措施。但是，盲目地施用化肥，不仅会造成浪费，还会降低作物的产量和品质。应大力提倡经济有效地施用化肥，使其充分有效发挥化肥效应，提高化肥的利用率，降低生产成本，获得最佳产量。

七、应用叶面肥喷肥技术

叶面喷肥是实现立体间套种植的重要措施之一，一方面间套种植，生产水平较高，作物对养分需要量较多；另一方面作物生长初期与后期根部吸收能力较弱，单一由根系吸收养分已不能完全满足生产的需要。叶面喷肥作为强化作物营养和防治某些缺素症的一种施肥措施，能及时补充营养，可较大幅度的提高作物产量，改善农产品品质，是一项肥料利用率高、用量少而经济有效的施肥技术措施。生产实践证明，叶面喷肥技术在农业生产中有较大增产潜力。

八、综合防治病虫害

农作物间套种植，在单位面积上增加了作物类型，延长了土壤负载期，减少了土壤耕作次数，也是高水肥、高技术、高投入、高复种指数的融合；从形式上容粮、棉、油、果、菜各种作物为一体，利用了它们的时间差和空间差以及种质差，组成了多作物多层次的动态复合体，从而就有可能促进或抑制某种病虫害的滋生和流行。为此，对立体间套种植病虫害的防治，在坚持"预防为主，综合防治"的基础上，应针对不同作物、不同时期、不同病虫种类采用"统防统治"的方法，利用较少的投资，控制有效生物的影响，并保护作物及其产品不受污染和侵害，维护生态环境。

总之，农作物间套种植病虫害的防治应在重施有机肥和平衡施肥的基础上，积极选用抗病虫害的品种，从株型上和生育时期上严格管理，以期抗虫和抗病。管理上，加强苗期管理，采取一切措施保证苗全、苗齐、苗壮，并注重微量元素的喷施，解决作物的缺乏营养元素问题。从而达到抗病抗虫，减少化学农药施用量的目的。中后期，防治中心应以重点性、重发性病虫害防治为主线，采取人工的、机械的、生物的、化学的方法去控制病虫害的发生。

第五节　间套种植模式应不断完善与发展

间套种植与一般的农业技术相比，涉及的因素很多，技术上比较复杂，有其特殊之处。随着我国农业生产的发展，尤其是在建设现代化农业的过程中，应当正确地认识和运用这项技术。在实际运用过程中，要因地制宜，充分利用当地自然资源，并结合各个地区不同特点不断地进行完善，真正在实现高产高效的同时，并保护好生态环境。

一、因地制宜，充分利用自然资源

因地制宜是农业生产的一项基本原则，立体间套高产高效种植模式在具体运用过程中，也必须遵循这一原则。其一，各种种植模式，都是由不同种植模式构成的复合群体，既利用有利的种间生物学关系，充分利用自然资源提高生产效率的可能性，同时，也往往包含着不利于增产的因素，并且不同的种植模式又各有其特点，各有自身的适应范围和需要的条件。所以，在具体运用过程中，必须结合当地实际，深入细致地研究其特点，获得理想的效果。其二，立体间套高产高效种植模式的应用，必须强调与当地土壤肥力与水肥条件相适应，只有这样才能充分发挥间套种植的优势，充分利用光能和提高生产效率的潜力。其三，在选择立体间套高产高效种植模式时，要综合考虑当地的农业生产条件、土壤肥力水平、劳动力的素质和数量以及产业优势，以充分利用自然资源。

二、不断创新和完善发展间套种植技术

任何事物都处于不断发展变化之中，间套高产高效种植模式也同样要在实践中进一步创新发展和完善。在创新发展和完善的过程中，要重点考虑4个方面的问题：第一，加强理论研究。深入研究立体间套种植作物种间和种内的相互关系，表现在地上部和地下部的边际效应；在重视对光能的利用效应研究的同时，加强对间套种植在不同条件下对土壤肥力的要求和影响的研究。第二，把间套种植与精耕细作和现代农业科学技术有机结合起来。第三，正确处理间套种植与农业机械化的关系。农业机械化是现代农业的重要内容，间套种植模式的发展必须与农业机械化相适应，在提高土地产出率的同时，提高劳动生产率。第四，及时总结农民群众的实践经验。在现代农业的发展中，农民的科技意识不断增强，在种植实践中创造了许多新的间套种植模式，成为间套种植技术不断发展的重要源泉。农业科技工作者，要及时总结农民群众的实践经验，并加以科学的改进和提高。